"十四五"职业教育国家规划教材

现代创意新思维
DESIGN
十三五高等院校
艺术设计规划教材

U0233730

◎ 艾萍 张亚先 主编

◎ 赵博 戚彬 副主编

Rhino 5.0 产品造型设计立体化实例教程（附微课视频）

人民邮电出版社

北 京

图书在版编目（CIP）数据

Rhino 5.0产品造型设计立体化实例教程 ：附微课视频 / 艾萍，张亚先主编. -- 北京 ：人民邮电出版社，2019.11
（现代创意新思维）
十三五高等院校艺术设计规划教材
ISBN 978-7-115-50494-4

Ⅰ．①R… Ⅱ．①艾… ②张… Ⅲ．①产品设计－计算机辅助设计－应用软件－高等学校－教材 Ⅳ. ①TB472-39

中国版本图书馆CIP数据核字(2018)第289519号

内 容 提 要

本书重点介绍利用 Rhino 5.0 进行产品建模的方法和技巧，大致可分为 3 部分：基础理论部分（第 1 章～第 4 章）介绍点、线、面的构成及点、线对最终模型精度与连续性的影响因素等；渲染部分（第 5 章）重点介绍 KeyShot 渲染器的相关知识；案例部分（第 6 章～第 8 章）则选择了工业设计领域较为经典的几类产品，对其设计过程进行讲解。在设计理念和设计思路的引导下，本书通过简洁的设计知识介绍和实用的案例解析，引领读者掌握各种设计表达理念及技巧，轻松步入专业设计的新领域。

本书内容翔实，图文并茂，操作性和针对性较强，可作为高等院校工业设计等相关专业及社会工业设计初、中级培训班的教材，也可供对工业设计感兴趣的读者自学参考。

- ◆ 主　编　艾　萍　张亚先
　　副主编　赵　博　戚　彬
　　责任编辑　王丽美
　　责任印制　马振武
- ◆ 人民邮电出版社出版发行　　北京市丰台区成寿寺路 11 号
　　邮编　100164　电子邮件　315@ptpress.com.cn
　　网址　https://www.ptpress.com.cn
　　三河市君旺印务有限公司印刷
- ◆ 开本：787×1092　1/16
　　印张：18.5　　　　　　　2019 年 11 月第 1 版
　　字数：450 千字　　　　　2024 年 8 月河北第10次印刷

定价：59.80 元
读者服务热线：**(010)81055256**　印装质量热线：**(010)81055316**
反盗版热线：**(010)81055315**
广告经营许可证：京东市监广登字 20170147 号

前言　FOREWORD

　　本书以 Rhino 5.0 软件建模为重点，旨在让读者从基础理论开始透彻理解 Rhino 5.0，重在培养读者自行分析与研究创新能力。本书选择了工业设计领域中较为经典的几类产品设计案例来进行讲解，强调建模的精确度；建模之前通过展示二维效果图、建模分步图及最终渲染效果图等，使读者能对建模思路有一个清晰的了解并掌握产品设计的一般程序和方法。渲染部分针对 KeyShot 渲染器进行讲解，围绕典型案例主要讲解各种典型材质的表现技巧，对于常用的材质特点与调节的要点做经验总结，使读者理解得更为透彻。

　　本书精心设计，因势利导，依据专业课程的特点采取了恰当方式自然融入文化素养、科学精神和爱国情怀等元素，坚定文化自信，弘扬精益求精的专业精神、职业精神和工匠精神，培养学生的创新意识，将"为学"和"为人"相结合。

　　本书精选典型案例，并及时更新专业技术，同时引进了不少的企业实际产品设计案例。将实际工作过程真实再现到本书中，在教学过程中培养学生的项目开发能力。项目实践与理论知识相结合，体现了"做中学，做中教"等职业教育理念，保证了教材的职教特色。以循序渐进的方式安排每个案例的学习，每个案例都有详细的操作步骤，读者只要根据这些操作步骤一步步操作，就可完成每个案例的制作，轻松掌握软件的有关操作技巧。随着学习的深入，案例综合性越来越强，读者学完后，能够真正达到学以致用的目的，既有了一定的成就感，也培养了学习兴趣。

　　另外，本书提供了书中相关案例用到的素材文件、最终渲染效果图和模型、渲染源文件，供读者在学习过程中参考使用，以便能更快、更轻松地完成学习任务。本书部分实例的操作步骤配有微课视频，视频录制高清、配中文语音。读者可以用手机扫书中二维码，在线观看视频。

　　本书配套了丰富的课程资源：包含 PPT 课件、教案、教学大纲、考试题库、习题答案与微课视频，并能做到实时更新。利用这些线上资源，可以开展线下线上混合授课模式，符合"互联网 +"新形态立体化教材理念。

　　本书分为 8 章，各章内容简要介绍如下。

- 第 1 章：介绍了计算机辅助工业设计概述。
- 第 2 章：介绍了 Rhino 5.0 的基础知识。
- 第 3 章：介绍了 NURBS 基础概念。
- 第 4 章：介绍了线与曲面的创建与编辑。
- 第 5 章：介绍了 KeyShot 渲染基础。
- 第 6 章：介绍了小产品建模案例。
- 第 7 章：介绍了小家电建模案例。
- 第 8 章：介绍了电动工具建模案例。

　　本书由艾萍、张亚先主编，赵博、戚彬任副主编。参加本书编写工作的还有沈精虎、黄业清、宋一兵、谭雪松、冯辉、计晓明、董彩霞、滕玲、管振起等。由于作者水平有限，书中难免存在疏漏之处，敬请读者批评指正。

编　者

2021 年 12 月

目录　CONTENTS

CONTENTS

CONTENTS

CONTENTS

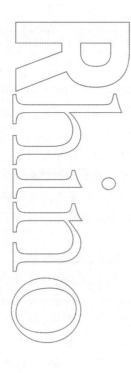

第1章
计算机辅助工业设计概述

【学习目标】

- 了解计算机辅助工业设计的概念及其特征。
- 了解计算机辅助工业设计的发展历程。
- 了解计算机辅助工业设计常用软件。
- 了解Rhino平台下常用插件。
- 了解计算机辅助技术对工业设计的影响。

【素质目标】

1. 树立文化自信，弘扬本土文化，自觉传承和弘扬中华优秀传统文化。

2. 了解产品设计相关的政策、法规知识，严格遵守国家规范、规程和标准。

设计是人类为了实现某种特定的目的而进行的创造性活动，它包含于一切人造物品的形成过程当中。用明确的手段来构思和建立切实可行的实施方案，以实现设计的过程称为广义的工业设计，它包含了一切使用现代化手段进行生产和服务的设计过程。计算机技术的迅猛发展和计算机辅助设计的广泛应用，极大地改变了工业设计的技术手段、程序与方法，使得工业设计师能更方便、更快捷、更透彻地表达自己的设计理念和创意。

1.1 计算机辅助工业设计的概念与特征

计算机辅助设计与制造（Computer Aided Design and Manufacturing，CAD/CAM），是指利用计算机从事分析、仿真、设计、绘图并拟订生产计划、编制程序、控制生产过程等活动的总称，也就是从设计到加工生产，全部借助计算机的助力，因此 CAD/CAM 是自动化生产的中枢，极大地影响着工业生产力与生产质量。经过几十年的发展，计算机已成为设计与制造中必不可少的伙伴，CAD/CAM 技术使产品的设计制造和组织生产的传统模式产生了深刻的变革，成为产品更新换代的关键技术。

计算机辅助工业设计（Computer Aided Industrial Design，CAID）是在计算机技术和工业设计相结合形成的系统的支持下进行的工业设计领域内的各类创造性活动，它是采用计算机进行设计活动的 CAD 技术，特别是指能够进行包含设计的系统。普通的 CAD 工具主要用来制作产品内部零部件设计图等，而 CAID 工具主要着眼点在于开发设计整体的形状和外观。它装载了面向工业设计的建模功能以及绘制完整图像的功能等。

由于工业设计是一门涉及诸多学科的综合性交叉学科，因此 CAID 也涉及 CAD 技术、人工智能技术、多媒体技术、虚拟现实技术（Virtual Reality，VR）、敏捷制造技术、优化技术、模糊技术及人机工程等众多信息技术领域。从广义上来讲，CAID 是 CAD 的一个分支，许多 CAD 领域的方法和技术都可加以借鉴和引用。从整个产品设计与制造的发展趋势看，并行设计、协同设计、智能设计、虚拟设计、敏捷设计及全生命周期设计等设计模式代表了现代产品设计模式的发展方向。随着技术的进一步发展，产品设计模式在信息化的基础上，必然朝着数字化、集成化、网络化、智能化的方向发展。计算机辅助工业设计的发展趋势也必然与上述发展趋势相一致，最终建立统一的设计支撑模型；工业设计师之间也将逐步融合，走向统一化。图 1-1 和图 1-2 所示为计算机虚拟现实技术实现的设计效果示例。

吉利汽车数字化工厂

图 1-1 利用虚拟现实技术模拟产品处在不同环境下的效果

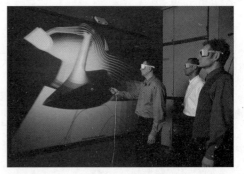

图 1-2 利用虚拟现实技术进行方案的工程评估

CAID 以工业设计知识为主体，以计算机和网络等信息技术为辅助工具，实现了产品形态、色彩、宜人性设计和美学原则的量化描述，有助于设计出更加实用、经济、美观、宜人和创新的产品，满足不同层次人们的需求。应用 CAID 技术进行产品设计，早已成为设计流程上标准作业的一环，设计师的设计理念并未因作业工具采用计算机而有所改变，对于构想与创造力输出的质与量甚至有更高效率的提升，并且极大地增进了生产效益。

CAID 有别于传统的工业设计，具有以下一些特点。

（1）系统性

工业设计是一个系统。计算机本身也是一个系统，它由中央处理器、存储器、显示系统及各种输入、输出设备组成，各部分相互依赖、相互协调，共同完成信息处理工作。计算机的软件也是一个系统，无论是系统软件还是应用软件，其自身都有非常严密的结构和功能，缺一不可。在计算机中进行的一切操作都是在这些系统中实现的，一旦某个部分出现问题，整个工作都会受到影响。所以，系统性是 CAID 的第一个重要特点。

（2）逻辑性

计算机进行的工作是一种逻辑运算，任何一个动作都要通过接受指令、高速运算来完成。逻辑性也是计算机工作的本质特征，用户在操作计算机时必须按照严格的顺序逐步操作，不能颠倒、省略，不能有跳跃性。所以，学习 CAID 技术时要培养严谨的逻辑思维习惯。

（3）准确性

计算机的工作方式不同于人的工作方式。计算机工作过程中没有人为因素的干扰，只要操作平台和软件系统正常，它的结果基本不会有差错，绘图的尺寸都可以精确到小数点后 4 位。这样的工具无疑给设计带来了极强的可靠性，为将来的生产制造创造了必要的条件。

（4）高效性

计算机问世的初衷就是为了减轻人的工作负担，提高工作效率。设计中经常碰到诸如复制或阵列某一对象等重复性的工作，计算机瞬间就可完成，人工几个月甚至更长时间完成的工作，现在利用计算机在几天甚至几小时内即宣告完成。随着网络的应用，设计产品不同部分还可分别由不同的计算机完成，这样的效率是人工所无法比拟的。

（5）交互式

CAID 是设计师与计算机相互配合，综合运用多学科的技术方法有效地解决问题的一种工作方式。这种方式需要在人 – 机之间相互交换信息，设计师操作计算机，计算机将运算结果反馈给设计师，设计师做出判断后再把自己的要求传达给计算机……如此循环往复。在这里，人的判断、决策、创造能力与计算机的高效信息处理技术得到了充分的结合。所以，交互式是 CAID 的主要特征之一。

（6）周期性

计算机技术的高速发展使 CAID 的方式和方法也产生了周期性的变化。计算机硬件及软件的迅速发展和不断更新，更是缩短了 CAID 系统的生命周期。随着计算机技术不断更新换代，设计工作也变得愈加轻松高效。

（7）标准化与学习的贯通性

随着计算机硬件换代周期越来越短，软件的开发速度也是毫不逊色。所有软件开发商每隔一段时间就会推出新的版本，有的是局部完善，有的是全面更新，总的来说，软件的功能越来越强。但是，无论其发展如何迅速，软件的更新换代总是有继承性的，绝大部分操作习惯和界面布局都保留了下来，对于新增的功能也有详尽的说明。因此，用户大可不必为其更新的速度感到无所适从，只要深入掌握了一个版本，对新的版本会很快掌握和适应的。

这种学习的贯通性还表现在一旦熟练掌握了一个软件，在学习其他软件时就会容易很多，计算机软件的标准化使得大部分软件的基本操作都是相似的。CAID 包括许多软件，只要对一款软件学得扎实，运用自如，相似的软件就能无师自通，学习会变得非常轻松。

1.2 计算机辅助工业设计的历史与现状

CAID 的历史其实就是计算机技术的发展历史。自从 1946 年第一台电子计算机出现以来，人们就一直致力于利用计算机强大的功能进行各种设计活动。20 世纪 50 年代，美国人成功研制了第一台图形显示器。20 世纪 60 年代，美国麻省理工学院的萨瑟兰（Ivan Sutherland）在其博士论文中首次论证了计算机交互式图形技术的一系列原理和机制，正式提出了计算机图形学的概念，从而奠定了计算机图形技术发展的理论基础，同时也为 CAD 技术开辟了广泛的应用前景。20 世纪 80 年代，随着科学技术的进步，计算机在硬件及软件方面都产生了巨大的飞跃，CAID 也因其高效、准确、精密、易存储、交互性强等优势而广泛应用于工业设计的各个领域，大大提高了设计工作的效率。

CAID 相对于 CAD 发展得较晚，CAID 的名称最早出现在 1989 年发行的 *Innovation* 杂志中，当时立刻引起了工业设计者的热烈反响，自此 CAID 的理论与应用技术不断得到扩充与发展。

由于 CAID 技术的出现，工业设计的方式发生了根本性的变化，这不仅体现在用计算机来绘制各种设计图、用快速的原型技术来替代油泥模型或者用虚拟现实技术来进行产品的仿真演示等，更重要的是建立了一种并行结构的设计系统，将设计、工程分析、制造优化集成于一个系统，使不同专业的人员能及时相互反馈信息，从而缩短开发周期，并保证设计、制造的高质量。这些变化要求设计师具有更强的整体意识和更多的工程技术知识，而不是仅仅局限于效果图表现。

在计算机等数字输入设备普及以前，所有产品设计创意过程都是在纸张上展开的，借助湿性和干性介质及绘图工具进行设计表现，这便是最为传统的产品设计表达方式。随着 CAID 技术的出现，传统的设计表达方式已逐渐被淘汰，仅保留了其中的马克笔或色粉等简单、快速的表现手法来帮助设计师快速捕捉稍纵即逝的灵感。

数字技术下的产品设计表达方式，一般是将产品模型的形体转化为计算机中的数据，利用这些数据，配合软硬件接口构建产品的虚拟模型，预览产品效果，模拟机构运动，同时还能够与生产环节的上下游紧密地结合起来。由于数字化的产品设计空间是虚拟的，因此对方案的评估与修改就比较方便，这样有助于设计师对所设计的产品进行全方位、多角度的调整与把握。在虚拟阶段针对可能出现的生产问题进行解决，也是数字化设计方式的优势之一。

目前，CAID 在硬件方面形成了如下所述三大主流。

第一，CAD 工作站具有强大的信息处理能力，属于设计的高端设备，价格昂贵。它在 20 世纪 70 年代由著名的施乐（Xerox）公司首次推出，并实现了联网工作。现在 SGI、SUN、IBM、DEC、HP 等公司均已推出了高性能的工程工作站系统。工作站是企业进行设计、制造的主要硬件系统，与之相配的设计软件也是当今优秀、著名的软件，如 Alias、Pro/ENGINEER、Intergraph、I-DEAS、CATIA 等。

第二，苹果计算机是平面设计者喜爱的产品之一，主要用于平面设计和桌面出版。由于其独具设计品位的操作界面具有较高的专业水准，因此在出版、印刷界有大量的应用，独树一帜。但苹果计算机硬件的不兼容性和较高的价格，使得为苹果计算机系统而开发的设计软件也相对较少。较早应用于苹果计算机系统的平面设计软件有 Photoshop、FreeHand、Painter、Illustrator 等。

　　第三，个人计算机（Personal Computer，PC）技术发展速度惊人，因具有良好的兼容性、低廉的价格和优良的性能，广泛应用于设计领域。PC 品种繁多，型号齐全，设计师既可根据自己的工作需要组装兼容机，又可选购服务较好的国内外品牌机，而且升级换代方便易行。PC 的软件非常丰富，除了专为 PC 开发的软件，许多 CAD 工作站和苹果计算机的软件也纷纷移植到 PC 上，加上网络、多媒体技术的发展，PC 市场达到了空前的繁荣。

1.3　计算机辅助工业设计常用软件介绍

　　伴随着数字技术的成熟，能够应用于工业设计的相关软件也越来越多，按其在设计环节中的应用可以划分为数字草绘软件、二维图形图像软件、三维造型 / 渲染与动画软件、CAD/CAM 软件和设计演示评估软件 5 类。下面对常用的相关软件做简要介绍。

1.3.1　数字草绘软件

　　数字草绘软件的最大特点是完全以数字模拟的方式将纸上作业的传统过程转移到计算机上来，通过模拟各种传统绘画工具的特性和图层的叠加来达到表现目的，在过程和效果上更加自由、出色，但前提是必须配备专门的数字输入设备，如数位手绘板（屏）等。

一、Alias SketchBook Pro

　　曾荣获美国电影艺术与科学学院奖项的 Alias SketchBook Pro 是一款高品质数字草绘软件，专为数位手绘板（屏）用户设计，其优点在于围绕 Alias 的 Marking Menu 技术专门开发的友好、基于手势的工作界面（见图 1-3），在数位手绘板（屏）上用笔轻点便可使用该软件的工具（见图 1-4），包括铅笔等 30 种笔触效果、随笔移动的图层、背景模板及一个独特的全景 / 缩放工具。Alias SketchBook Pro 操作简便，支持多种图片格式，可以作为设计概念的草图构思工具。

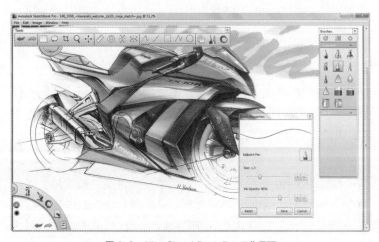

图 1-3　Alias SketchBook Pro 工作界面

图 1-4　Alias SketchBook Pro 人性化的工具选择方式

二、Corel Painter

Corel Painter 是自然笔效绘画软件，是目前世界上较完善的计算机美术绘画软件，以其特有的 Natural Media 仿天然绘画技术，在计算机上首次将传统的绘画方法和计算机设计完整地结合起来，形成了独特的绘画和造型效果。Corel Painter 除了作为世界上首屈一指的自然绘画软件，在影像编辑、特技制作和二维动画方面也有突出的表现。对于专业设计师、出版社美编、摄影师、动画及多媒体制作人员和一般的计算机美术爱好者，Corel Painter 都是一个非常理想的图像编辑和绘画工具，其主界面如图 1-5 所示。

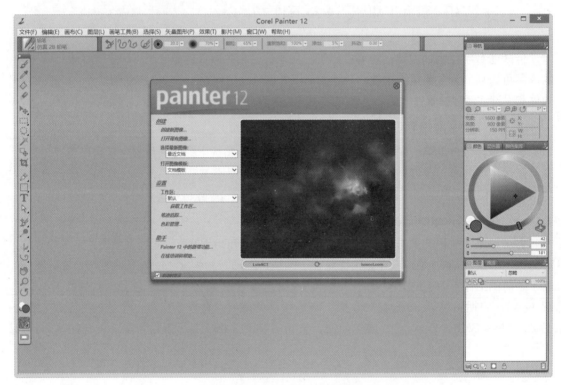

图 1-5　Corel Painter 12 主界面

1.3.2　二维图形图像软件

二维图形图像软件的最大特点是可在二维平面内进行图形、图像的绘制与编辑。按照文件格式的不同，分为矢量软件和位图软件，二者都具有修改简便、工作效率高的优点，区别就在于前者不失真但表现效果一般，后者表现效果优异却易失真，且后者的文件尺寸远大于前者。

一、Photoshop

Photoshop（常简称为 PS）是一款由 Adobe 公司开发的、应用广泛的位图处理软件，提供了从图像编辑、合成，到校色、调色及特效制作的完美解决方案。虽然 Photoshop 的专长在于编辑处理，而不是设计创作，但在设计师们的不断摸索下，使用 Photoshop 也能够绘制出精细的产品二维效果图。Photoshop CS3 工作界面如图 1-6 所示。

图 1-6　Photoshop CS3 工作界面

二、Illustrator

Illustrator（常简称为 AI）作为 Adobe 公司首推的专业矢量绘图软件，是一个强大的艺术设计工具，无论是在出版、多媒体，还是在在线图像的工业标准矢量插画领域，都有着广泛的应用。它与 Photoshop 完美的数据对接，为产品二维效果图制作提供了较高的效率和较好的控制，适合用于进行任何规模的设计项目。Illustrator CS3 工作界面如图 1-7 所示。

图 1-7　Illustrator CS3 工作界面

三、CorelDRAW

CorelDRAW（常简称为 CD）与 Corel Painter 同是加拿大 Corel 软件公司的旗舰产品。作为一款基于矢量绘图与平面排版的专业软件，CorelDRAW 被广泛用于商标设计、插图描画、排版及分色输出等诸多领域。CorelDRAW 独有的交互式工具为用户提供了极大的便利，而其文字处理功能是迄今所有软件中最为优秀的。但笔者个人认为它并不如 Illustrator 操作流畅，更何况它与 Photoshop 进行色彩交换时会发生偏色的现象。图 1-8 所示为 CorelDRAW X3 工作界面。

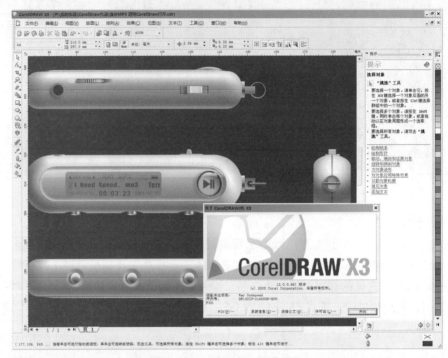

图 1-8　CorelDRAW X3 工作界面

1.3.3　三维造型 / 渲染与动画软件

相对于二维图形图像软件而言，三维造型 / 渲染与动画软件的优点在于能够在虚拟的三维空间中直观地表现物体的体量感和质感，实时模拟各种环境氛围，同时能够输出逼真的静帧图像和虚拟动画。但因其工作效率低、修改不便和对硬件要求较高等缺点，使得三维造型及动画软件的便利性有所降低。

一、Rhino 与 KeyShot

Rhino（Rhinoceros，犀牛）是美国 Robert McNeel & Associates 公司开发的功能强大的专业三维建模软件，目前的最新版本为 Rhino 6.0。它可以广泛地应用于工业设计、建筑设计、珠宝设计、机械设计、科学研究等领域。Rhino 的三维建模功能强大，界面简洁，操作简便，对于准确、快速地表现设计创意有着无可比拟的优势。

由于 Rhino 有短小精悍、硬件要求较低及易于上手的优点，因此其在工业设计领域有着极为广泛的应用，同时也可以作为学习 Alias StudioTools 的入门软件。从设计稿、手绘再到实际产品，或只是一个简单的构思，都可以应用 Rhino 所提供的曲面工具精确地制作出模型，图 1-9 所示为 Rhino 5.0 工作界面。

Rhino 软件的建模功能非常强大，设计师可以选择基于 Rhino 软件为平台的渲染插件做效果图输出，也可以选择独立的渲染器来输出效果图。目前与 Rhino 5.0 搭配较好的渲染软件为 KeyShot。KeyShot 是一款互动性的光线追踪与全域光渲染软件，相对于其他渲染软件，KeyShot

具有界面简洁、设置简便、渲染速度快和兼容性好等优点，能够满足一般软件用户进行产品快速渲染表现的需求，图 1-10 所示为 KeyShot 的工作界面。

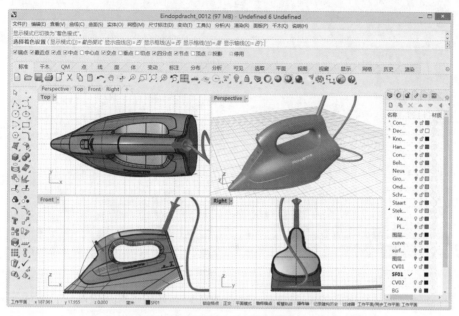

图 1-9　Rhino 5.0 工作界面

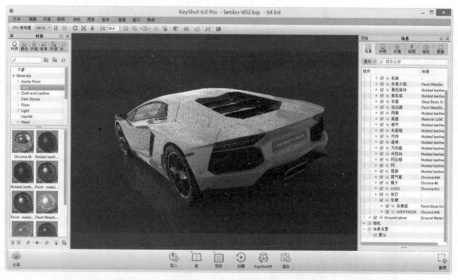

图 1-10　KeyShot 工作界面

二、3ds Max 和 V-Ray

3ds Max（3D studio Max）是 Autodesk 公司出品的一款著名的老牌三维动画软件，是世界上应用较为广泛的三维建模、动画和渲染软件，被广泛应用于游戏开发、角色动画、电影电视视觉效果和设计等领域。3ds Max 具有较强的角色动画功能和种类较为丰富的外挂插件，相对于其他多边形（Polygon）建模软件来说，它是最容易上手的，图 1-11 所示为 3ds Max 2019 的工作界面。

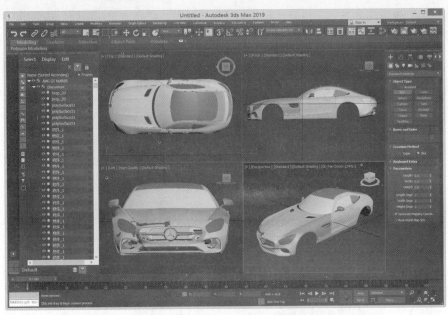

图 1-11　3ds Max 2019 工作界面

　　由 Chaosgroup 公司出品的 V-Ray 是一款优秀的外挂光线追踪渲染软件。相对于其他渲染软件而言，V-Ray 具有设置简单、渲染速度快、兼容性好和效果出众等优点，能够满足产品表现、建筑表现、CG 表现等不同需求。V-Ray 分为 Basic Package 和 Advanced Package 两种包装形式，分别面向初级用户和专业人士。最近针对 CINEMA 4D 的 V-Ray for CINEMA 4D（VFC）渲染软件和针对 Rhino 的 V-Ray for Rhino（VFR）渲染软件相继问世，内嵌在 3ds Max 中的 V-Ray 渲染器工作界面如图 1-12 所示。

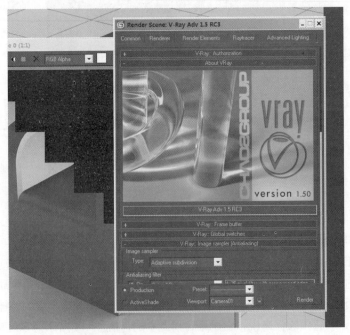

图 1-12　内嵌在 3ds Max 中的 V-Ray 渲染器工作界面

三、CINEMA 4D

CINEMA 4D 是由德国 Maxon 公司开发的一款三维动画软件，以较高的运算速度、极好的稳定性和强大的渲染插件而著称。CINEMA 4D 应用广泛，在广告、电影及工业设计等领域都有出色的表现。它提供了 NURBS、Polygon 细分和变形球（Metaballs）3 种建模工具，并且具有强大的内置光线追踪引擎，同时还提供了大量官方插件，针对不同领域开发了相应的捆绑包（Bundle）。例如，针对产品设计的 Engineering Bundle 为设计师提供了上百种产品渲染、动画解决方案，所以成倍地提高工作效率，其工作界面如图 1-13 所示。

图 1-13　CINEMA 4D 工作界面

1.3.4　CAD/CAM 软件

CAD/CAM 软件相对于前文所述软件来说，显得更加严谨而理性。它们引入了参数化和历史记录等技术，模型的创建和编辑及产品结构的设计功能相对来说更强大。同时还具有专业的文件转换与工程分析模块，因此能够与生产制造过程紧密地联系在一起。

一、Alias StudioTools

Alias StudioTools 家族产品系列包括 Paint Studio、Design Studio、Surface Studio 和 Autodesk Studio 四大部分，提供了可适用于任一阶段的广泛工具，如造型定义、早期的创意草图，工程生产等各个阶段。从二维概念草图到三维模型和 A 级曲面，StudioTools 利用单一的套装软体，提供了完整的数位设计流程，经由软件完美地整合，巧妙地将设计与工程连接起来。就目前而言，StudioTools 在我国的使用率还不是很高，但作为专业的 CAID 软件来说，它却是世界上众多汽车公司的行业标准。图 1-14 所示为 Autodesk Alias AutoStudio 2019 的工作界面，图 1-15 所示为 Alias Studio Tools 实时硬件渲染功能界面。

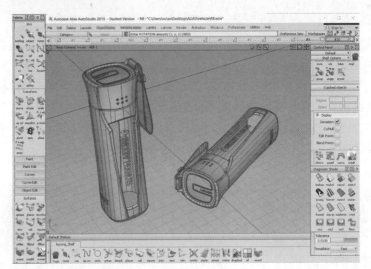

图 1-14　Autodesk Alias AutoStudio 2019 工作界面

二、SolidWorks

SolidWorks 是全球领先的三维产品设计解决方案，提供了机械设计、工程分析、运动仿真、数据管理和通信工具，也是全球首款基于 Windows 平台开发的 CAD 软件。其具有优异的性能，易用性和创新性极大地提高了产品及机械设计工程师的设计效率。其在与同类软件的激烈竞争中已经确立了在中端市场中的地位，成为 CAD 软件的标准，被誉为中小型企业产品设计的完美解决方案，图 1-15 所示是 SolidWorks 2014 工作界面。

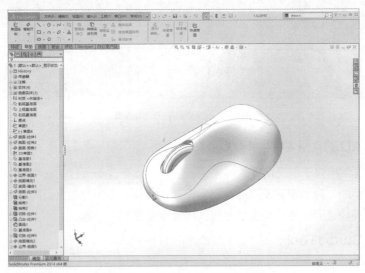

图 1-15　SolidWorks 2014 工作界面

三、Pro/ENGINEER（Creo Parametric）

Pro/ENGINEER（通常简称 Pro/E）是美国参数技术公司（Parametric Technology Corporation，PTC）旗下的 CAD/CAM/CAE 一体化的三维软件。Pro/ENGINEER 软件以参数化著称，是参数化技术的最早应用者，在目前的三维造型软件领域中占有着重要地位。并作为当今世界机械、产品设计 CAD/CAM/CAE 领域的新标准而得到业界的认可和推广，是现今最成功的 CAD/CAM 软件之一。它第一个引入了参数化设计的概念，并采用模块方式，可以分别进行草图绘制、零件制作、装配设计、钣金设计及加工处理等，保证用户能够按照自己的需要进行选择使用。Pro/ENGINEER 的行业简称是 Pro/E。2010 年 10 月 29 日，PTC 公司宣布，推出 Creo™ 设计软件。也就是说 Pro/E 正式更名为 Creo。Creo 是整合了 PTC 公司的三个软件 Pro/ENGINEER 的参数化技术、CoCreate 的直接建模技术和 ProductView 的三维可视化技术的新型 CAD 设计软件包。图 1-16 所示为 Creo Parametric 的界面。

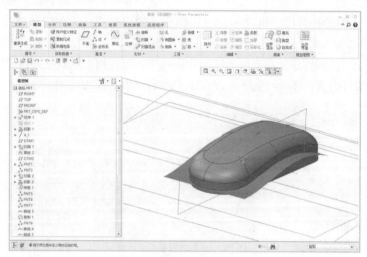

图 1-16　Creo Parametric 工作界面

四、Unigraphics

Unigraphics（通常简称 UG）是美国 Siemens PLM Software 公司推出的集 CAD、CAM、CAE 功能于一体的软件集成系统。它是一个产品工程的解决方案，可以为产品设计及加工过程提供数字化造型和验证手段，同时针对用户的虚拟产品设计和工艺设计需求提供经过实践验证的解决方案。与 Pro/E 易于设计变化的特点不同，Unigraphics 的特点是精度高，强于 CNC 加工。图 1-17 所示为 Unigraphics NX 7 的工作界面。

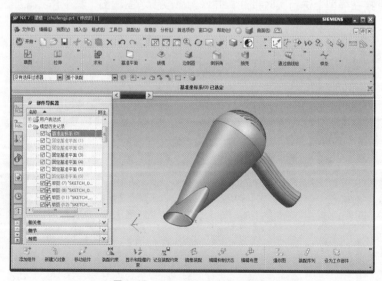

图 1-17　Unigraphics NX 7 工作界面

1.3.5 设计演示评估软件

设计演示评估软件用于辅助设计师进行设计方案的展示与评估，通过动画和交互手段将设计方案直观地表现在客户面前，一方面方便决策层进行设计评审，另一方面使得设计方案的感染力和表现力得以加强。

一、Alias ProtfolioWall 和 Alias Studio Viewer

Alias ProtfolioWall 是一款独特、专业化的演示与设计审核软件，允许用户快速审核项目、重新安排、以实际比例检视草图、批注和比较影像相关的视觉源，简化审核程序，并减少延误。ProtfolioWall 同时具有二维 / 三维影像检视、实际比例调整、影像比较及拖放功能，能轻松组织数据、批注与标记、打包传送及启动协力厂商应用程序，可根据视觉数据进行决策，还可向团队成员、客户展示设计方案，图 1-18 所示为 Alias ProtfolioWall 3.0 的工作界面。

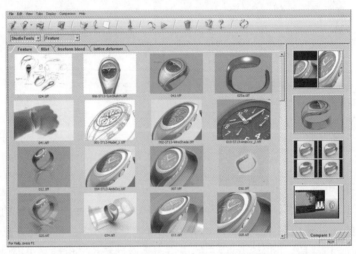

图 1-18 Alias ProtfolioWall 3.0 的工作界面

Alias Studio Viewer 作为 Alias StudioTools 的附加软件，允许用户快速浏览符合工程标准的模型数据，能够直接在模型上进行实时批注，并作为修改参考图输出，其工作界面如图 1-19 所示。

图 1-19 利用 Alias Studio Viewer 进行方案批注

二、Cult3D Designer

Cult3D Designer 可以在建立好的模型上添加互动效果。它是一种新的三维虚拟网络技术，允许用户将交互产品通过互联网实时送到客户手中。通过 Cult3D Designer，设计师仅需创造设计方案的三维压缩模型，并将交互功能、动画和声音加到模型上即可。Cult3D Designer 作为一种 VR 方案，允许客户实时触摸、感受和评估每一款设计方案，其工作界面如图 1-20 所示。

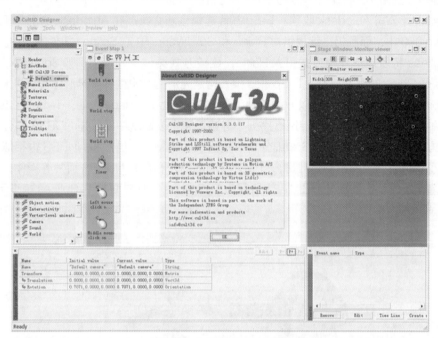

图 1-20　Cult3D Designer 界面

1.4 Rhino 平台下常用插件介绍

Rhino 是基于非均匀有理 B 样条曲线（NURBS）的三维自由曲面造型软件，可以建立、编辑、分析及转换 NURBS，以先进的自由曲线和曲面等元素进行模型构建，因此可以有较小的文件尺寸。Rhino 软件本身小巧灵活，对运行环境要求不高，可以输出 OBJ、DXF、IGES、STL、3DM 等格式的文件，与其他三维软件完成格式转档。Rhino 拥有众多插件，这是其他软件无法比拟的，这些插件大大增强了 Rhino 的建模、渲染与动画等功能，使其应用领域更加广泛。Rhino 平台下的插件如下所述。

- 多边形建模插件：T-Splines。
- 参数及限制修改插件：RhinoDirect。
- 参数化建模插件：Grasshopper。
- A 面建模插件：Autodesk Shape Modeling（VSR）。
- 各个行业专业插件：珠宝插件 Techgems、机械插件 Alibre Design、鞋业插件 RhinoShoe、船舶插件 Orca3D、牙科插件 DentalShaper for Rhino、逆向工程插件 RhinoResurf、摄影测量插件 RhinoPhoto。

- **渲染插件**：Flamingo，Penguin，V-Ray for Rhino 与 Brazil。
- **动画插件**：Bongo，RhinoAssembly。

下面将主要介绍几款基于 Rhino 平台应用较多、功能强悍的插件。

1.4.1 T-Splines 插件

T-Splines 是由 T-Spline 公司开发的一种全新的建模插件。T-Spline 公司于 2011 年被世界领先的三维设计公司 Autodesk 收购。T-Splines 建模也随之集成在 Autodesk 的下一代三维设计软件 Fusion 360 中，而且仍继续提供对 Rhino 和 SolidWorks 中 T-Splines 插件的支持。

T-Splines 将多边形建模方式引入 Rhino，建模方式类似于 Poly（例如 3ds Max、MAYA）。T-Splines 是 Rhino 的有力补充。T-Splines 擅长构建光滑的有机生物类异形体和有机形态。

在 Rhino 中 T-Splines 模型以一种单独的格式 T-Spline Surface 存在。T-Spline Surface 可以看作一种 NURBS 曲面，允许控制点序列不必遍历整个表面就中断，是 NURBS 细分形式补充的新建模方式，它结合了 NURBS 和细分表面建模技术的特点，虽然和 NURBS 很相似，但它极大地减少了模型表面上的控制点数目，可以进行局部细分和合并 NURBS 面片等操作，使建模操作速度和渲染速度都得到提升。图 1-21 所示为 T-Splines 插件界面与 T-Splines 模型示例。

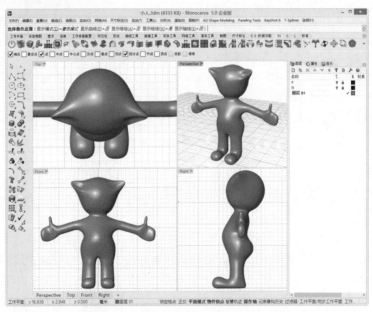

图 1-21　T-Splines 插件界面与 T-Splines 模型

1.4.2 Autodesk Shape Modeling 插件

Autodesk Shape Modeling 是将 Autodesk 公司收购的 Virtual Shape Research 公司开发的一款建模软件整合后推出的基于 Rhino 平台的建模辅助插件，可以帮助设计师快速建立曲面并修改曲面到 A 级别。

Autodesk Shape Modeling 提供了很强的几何物件创建和变形功能，当利用 Autodesk Shape Modeling 工具栏提供的修改功能对存在的几何对象进行修改时，所有定义的分析是完全实时动态更新的，可以让设计师立即评估所做的修改是否会提高几何对象的质量。该插件与 Autodesk 实时渲染器 Autodesk Realtime Renderer 无缝集成，以便用户同时使用这两个插件。

Autodesk Shape Modeling 还包含强大的综合分析评估功能，而且几乎所有分析功能都是关联的，每一次修改应用了分析功能的几何模型，计算的分析结果将立即更新。结合这些动态更新，模型的修改会更加有目标导向性，并得到即时的反馈，这些功能可以为设计师节省大量时间，同时提高建模质量。图 1-22 所示为 Autodesk Shape Modeling 插件工具栏与命令面板的使用状态示例。

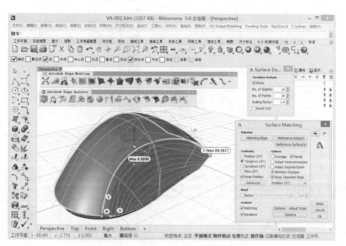

BIM 技术的应用

谢亿民科技研发的变形虫（Ameba）插件

图 1-22 Autodesk Shape Modeling 插件

1.4.3 Grasshopper 插件

Grasshopper（GH）是一款采用程序算法生成模型的插件，是目前设计类专业人员学习参数化设计的入门软件。与传统建模软件相比，Grasshopper 最大的特点是可以向计算机下达更加高级且复杂的逻辑建模指令，使计算机根据拟定的算法自动生成模型效果。通过编写建模逻辑算法，机械性的重复操作可被计算机的循环运算取代，同时设计师可以向设计模型植入更加丰富的生成逻辑，与传统工作模式相比，无论在建模速度还是在水平上都有较大幅度的提升。Grasshopper 目前主要应用在建筑设计领域，可以帮助建筑师表现复杂纹理表皮的建筑构想。图 1-23 所示为 Grasshopper 插件的使用界面，图 1-24 所示为借助 Grasshopper 插件表现的建筑效果示例。

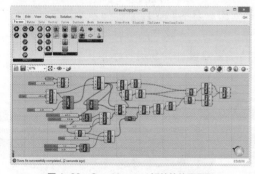

图 1-23 Grasshopper 插件的使用界面

图 1-24 Grasshopper 插件建筑效果示例

1.4.4 V-Ray for Rhino 插件

V-Ray for Rhino 是一种结合了光线跟踪和光能传递的插件，包含可产生正确物理照明的自然面光源、自然光系统和全局光照明，通过光线计算创建专业的照明效果。它还支持摄像机景深效果、散焦功能、G- 缓冲、运动模糊等特效，能够渲染出极具真实感、艺术效果极高的图像。图 1-25 所示为借助 V-Ray for Rhino 渲染的产品效果示例图。

图 1-25　借助 V-Ray for Rhino 渲染的产品效果示例图

1.5 计算机辅助技术对工业设计的影响

计算机辅助技术的发展推动了工业设计的不断进步，一方面，计算机的应用极大地改变了工业设计的技术手段，改变了工业设计的程序与方法，与此相适应，设计师的观念和思维方式也有了很大的转变。另一方面，先进的技术必须与优秀的设计结合起来，才能使技术人性化，真正服务于人类，以计算机辅助技术为代表的高新技术开辟了工业设计的崭新领域，对推动高新技术产品的进步起到了不可估量的作用。

CAD/CAID 技术的出现使工业设计产生了深刻的变革，CAD/CAID 技术已渗透到工业产品设计的每一个环节中。

与传统的工业设计相比，CAID 技术使工业设计在设计方法、设计过程、设计质量和效率等各方面都发生了质的变化；传统设计技术与现代科学呈现不断融合的趋势，并对工业设计研究、教育和应用产生深远的影响，产品设计更加人性化，传统工业设计师所需的专业技能，如草图绘制、精密描绘，已然随着计算机软硬件技术的迅速发展逐渐被 CAD/CAID 软件的强大功能所替代。

由于计算机辅助技术（CAD、CAM 等）的导入与应用，原来的设计流程与方法发生了结构与观念上的改变，也影响了产品造型设计的趋势与风格。现在，一款产品从设计、加工到最后的装配，每一个环节都可以通过计算机进行精准控制。传统工业设计简易流程示意图如图 1-26 所示。

图 1-26　传统工业设计简易流程示意图

图 1-27 所示为以三维造型为基础的产品设计流程，可以发现，相较于图 1-26 所示的传统的线性流程，图 1-27 所示流程是以类似于同步工程（Simultaneous Engineering）的平行开发观

念进行产品设计的开发流程。借助 CAID 技术，现代的设计开发与生产制造可进行应力 / 应变分析、质量属性分析、空间运动分析、装配干涉分析、模具设计、NC 编程及可加工性分析、二维工程图的自动生成、外观效果以及造型效果评价等工作。

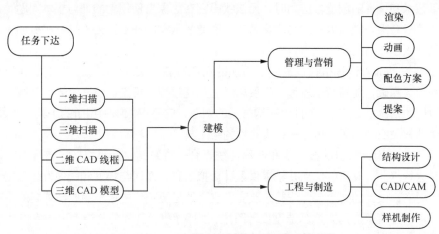

图 1-27　以三维造型为基础的产品设计流程

　　现今，利用计算机辅助技术，设计师能直接以三维造型来表达设计，模型师也可依据三维几何模型数据完成产品原型的制作，工程设计人员更可直接采用相关的三维模型数据进行结构的设计与模具的开发，整个设计流程在时效上获得了提升，设计的品质也可以更好地加以控制。现在，应用 CAD/CAID 已能做到逼真的产品预想呈现，甚至材质模拟、背景变换、贴图渲染等，都大幅跨越了设计师手绘预想图的水平。更重要的是，利用其模拟动态的功能，可以在立体空间里以虚拟的几何模型（Virtual Model）呈现以往图纸平面所不易表现的角度，可以进行检查修正的工作。此外，利用计算机三维几何模型，设计师可直接在其建构的三维空间里进行思考，并经由适当的平台界面直接转换为工程制造上的应用，缩减了传统设计开发周期。

　　计算机工具的应用加速了设计的发展与实现的可能，透过屏幕窗口内的虚拟呈现，不必等到制作出原型，即可预览产品，对细节进行了解与修正，这对于制造程序而言，无疑大幅降低了许多错误与开发时间。

　　CAID 系统的导入可让设计师充分发挥自己的设计概念。在 CAID 系统内部由设计师设计的三维造型可在系统的透视视窗中即时显示各种视角，使得与客户及其他部门间的沟通更加顺利，尤其是对一些立体概念及能力较欠缺的非相关专业人员而言。而一个产品的三维造型数据资料可通过各种合适的转换格式传输至机构模拟系统或 CAE/CAD/CAM 系统，无须绘制三视图，只要资料传输严谨，资料的失真率几乎等于零，不论是塑胶模流分析、机构设计模拟、机械结构应力分析、CNC 编程、刀具路径的模拟等，设计师皆可在计算机内依据 CAID 三维模型的原始资料以极为精确的方式对其加以处理。

　　CAID 技术对设计师创意产生的影响，业界一直存在着两种观点。一种观点认为 CAID 技术会阻碍设计师的创造力的产生与发展。曾有一项关于计算机对工业设计的冲击的调查，其结论是如果计算机辅助技术在设计过程中使用不当，或用得太快，则会抑制创造力；在试着把它当作一个创造性工具使用前，计算机辅助技术需要相当程度的使用技巧，以及一些适当的设计参数。还有一些人认为计算机无法处理模糊资讯，建立计算机模型的精确性对创造力是有害的，计算机辅助设计系统的精确性质使多数三维模型在建立和修改上都很困难，而使用界面也没能保存传统设计中所用的隐喻和习惯。一项关于在计算机上从事初始的设计思考的测试结论：在设计初期的阶段使用计算机，并没有达到和使用笔及纸相同的水准，也难产生新奇和有创造性的思考。

另外一种观点对 CAID 技术之于设计师的创意的影响则相对乐观。有些设计师认为，在探讨计算机对于艺术和设计的创造性应用时，无法找出它在想象力使用上的任何根本问题，只有少数证据支持计算机会阻止创造力，或者意味着较狭窄或受限制的作业，也不是一种威胁，除了那些本身就没有什么创造力的人。

还有一些设计师对计算机在设计中所扮演的角色有着更实际的看法。他们认为计算机可以用过去的知识为基础，能够帮助思考、拓展思路、加速过程；但是，没有个人的意图，它无法做任何事。他们的结论是 CAID 能够提供在构想上的刺激，它不仅能够利用新的工具来做原来的事，而且能较快地解决旧的问题，也是一种实验性的新工具。

如果设计师使用计算机的技巧能和使用传统媒介一样熟练，计算机就应该可以让设计师更有创意地表达构想。计算机的优点在于提供设计虚拟工具，及时与模型和图像发生互动，对于产品造型工作而言，设计的理念与方法并未改变，改变的是更精良的输出品质与更高的生产效益。

目前 CAID 主要是应用在产品造型设计阶段，即采用 CAD 软件构建产品数字模型，并通过相关的数字输出设备转变成平面效果图和三维实体的形式，以提高产品设计的效率，保证产品制造的准确性。这只是对 CAID 的部分应用，随着计算机技术的不断发展和设计领域的不断拓展，CAID 的作用将越来越多，内容也将不断扩展。

目前常用的跟工业设计有关的软件包括平面设计软件（如 Photoshop、Illustrator、CorelDRAW 等）和三维设计软件（如 Rhino、3ds Max、CINEMA 4D、Alias、Pro/E、UG、SolidWorks 等）。在众多三维设计软件中，Rhino 以建模方式简便、界面清晰、稳定性好、针对工业设计专业等特点受到广大用户的好评，本书将基于 Rhino 5.0 中文版与 KeyShot 6.0 中文版阐述 CAID 曲面建模的相关知识与技术。

对于学习工业设计相关专业的学生来说，要从全局的眼光来认识工业设计专业的整体框架和脉络，感悟工业设计的精髓。首先从基础做起，一方面必须具备必要的设计理论知识，掌握相关的设计原理和设计思维方法，这是设计产品的前提；另一方面必须掌握手绘及计算机创意表达能力，这样才能进行设计创意的交流，包括与同行的交流、与工程技术人员及普通消费者的交流，这是设计产品的手段。因此，计算机辅助产品建模与渲染是设计者必须具备的基本能力之一。

小结

本章讲述了 CAID 的相关概念、历史与现状；简要介绍了工业设计常用数字草绘软件、二维图形图像软件、三维造型 / 渲染和动画软件、CAD/CAM 软件和设计演示评估软件及 Rhino 软件平台下的常用插件。

习题

1. CAID 常用软件有哪些？其特征分别是什么？
2. Rhino 平台下常用插件有哪些？

美的集团旗下智能制
造数字化工厂

Chapter

2

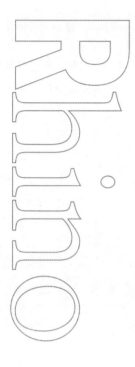

第2章
Rhino基础知识

【学习目标】

- 熟悉Rhino 5.0的工作界面。
- 掌握Rhino中对象的选择方式。
- 了解Rhino中建模辅助相关选项的含义。
- 学会设置Rhino的工作环境。
- 学会识别Rhino中的坐标系。
- 学会坐标输入的方式。
- 熟练掌握物体变动的操作方式。

【素质目标】

1. 理解并遵守工程职业道德和行为规范，具有法律意识。
2. 培养爱岗敬业、精益求精的工匠精神。

本章主要讲述Rhino 5.0的工作界面与基本操作等基础知识，这些是学习建模前首先要掌握的基本内容。

2.1 Rhino 5.0 工作界面

安装好 Rhino 5.0 后，双击 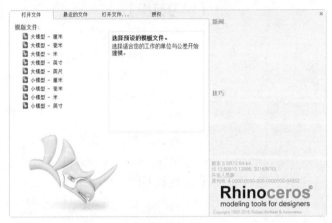 图标，即可启动软件，每次启动软件前都会显示 Rhino 的预设窗口，如图 2-1 所示。

- 【打开文件】：单击模板文件名，可以以一个模板文件新建文档，若没有选择模板文件，直接关掉该窗口，会以默认的模板新建文档。默认模板放置在安装目录下的"suppert"文件夹内。
- 【最近的文件】：可以快速打开最近使用过的文件。
- 【打开文件...】：可以自动定位到最后一次保存文件的目录下。

图 2-1　预设窗口

进行相应操作后，闪过欢迎界面，然后自动进入 Rhino 5.0 的工作界面，如图 2-2 所示。Rhino 默认的界面主要由标题栏、菜单栏、指令提示栏、工具列、工作视窗、状态栏和右侧面板 7 个部分组成。

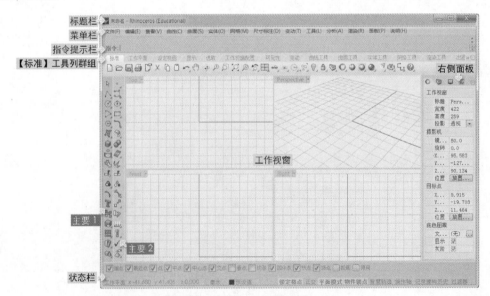

图 2-2　Rhino 5.0 工作界面

Rhino 5.0 界面的显示项目可以自定义，单击【标准】工具列【选项】按钮![按钮]，在弹出的【Rhino 选项】对话框的左侧窗格中选择【外观】选项，在右侧窗格的【显示下列项目】选项栏中可以设置工作界面要显示的项目，如图 2-3 所示。用户可以根据自己的需求配置界面中要显示的项目，建议初学者以默认的界面开始学习使用。

图 2-3　【选项】/【外观】面板

2.1.1　标题栏

标题栏位于界面最上方，左侧显示的是软件图标、当前文件名以及软件版本，右侧是用来控制窗口状态的 3 个按钮，从左至右分别为【最小化】按钮![按钮]、【向下还原】按钮![按钮]（或【最大化】按钮![按钮]）和【关闭】按钮![按钮]。

2.1.2　菜单栏

菜单栏位于标题栏下方，如图 2-4 所示。几乎所有操作命令都可以在归属类型的菜单中找到，例如【曲线】菜单中包含了所有曲线创建工具与编辑工具命令。有些插件在安装完成后，还会提供相应的命令菜单。

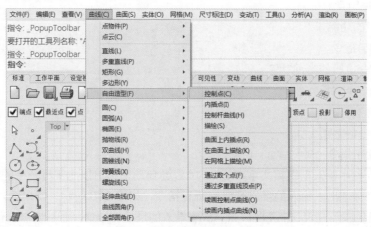

图 2-4　菜单栏

- 菜单名称后面的括号内有字母，执行菜单命令时，按 Alt 键 + 字母组合键可弹出相应的菜单，如按 Alt + C 组合键，弹出【曲线】菜单。
- 菜单名称后面有 , 符号的，表示该菜单下面还有下级菜单。
- 菜单名称后面有 ... 的，表示执行该命令后会弹出独立的对话框。
- 菜单名称后面有组合按键的，表示该组合键为执行该命令的快捷键。
- 当菜单名称显示为灰色时，表示当前菜单不可用。

2.1.3 指令提示栏

指令提示栏如图 2-5 所示，它是 Rhino 重要的组成部分，位于菜单栏下方，包括指令历史栏与指令输入栏。

图 2-5 指令提示栏状态

一、指令历史栏

指令历史栏的功能如下。

- 显示执行过的命令。
- 显示命令的分析结果，图 2-6 所示显示的是两条曲线几何连续性的分析结果。
- 显示命令操作失败的原因等信息，图 2-7 显示的是执行【平面曲线】命令失败的原因提示。
- 在此区域右击，可以显示执行过的命令的名称，单击名称可以再次执行此命令。

已加入 2 条曲线至选取集合。
指令：_PlanarSrf
未建立任何曲面，曲线必须是封闭的平面曲线。
指令：

图 2-6 分析结果　　　　　　　图 2-7 显示命令操作失败的原因

二、指令输入栏

指令输入栏的功能如下。

- 输入文字指令。
- 显示命令执行的当前状态。
- 提示下一步的操作。
- 输入参数。
- 设置命令的选项配置。

（1）输入文字指令

在指令输入栏中输入前缀英文字母后，Rhino 会自动筛选出以此字母开头的命令代码列表。再增加字母，会筛选出以输入的字母开头的所有指令，如图 2-8 所示。如果输入的指令在下拉列表中并未列出，表示 Rhino 中无此命令，或者输入的是插件命令，而系统中没有安装此插件。

输入文字指令并不是常用的命令执行方式。但是有些命令只提供了文字指令输入方式，并没有提供菜单命令或图标命令。这些命令通常是老旧的或不稳定的、还在开发测试中的一些命令。

未提供图标与菜单的常用指令如下所示。

- Testtoggleroundpoints：该指令可以设置控制点是否以圆形显示。
- UseExtrusions：设置【挤出】命令挤出的是挤出物件（Extrusion Objects）还是多重曲面（Polysurfaces）。

所有文字指令代码都可以在官方帮助文件中检索到。

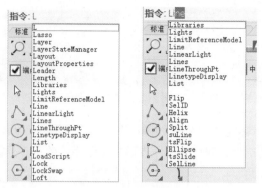

图 2-8 输入文字指令

（2）设置命令的选项

许多工具在指令提示栏中提供了相应的选项，执行命令后，用户可以直接在指令输入栏输入选项后括号内带下划线的字母或鼠标直接单击选择（靠近参数时鼠标指针会变化成点选手势符号，如图 2-9 所示）来修改选项，图 2-9 所示为通过鼠标单击更改选项的参数设置。

选取第一个边缘的第一段（自动连锁(A)=是 连锁连续性(C)=位置 方向(D)=两方向 接缝公差(G)=0.001 角度公差(N)=1）: 自动连锁=否

选取第一个边缘的第一段（自动连锁(A)= 否 连锁连续性(C)=位置 方向(D)=两方向 接缝公差(G)=0.001 角度公差(N)=1）: |

图 2-9 设置命令的选项

2.1.4 工具列

Rhino 工作界面（见图 2-2）中默认显示的工具列是【标准】工具列群组及【主要 1】、【主要 2】工具列。

【标准】工具列群组以选项卡的形式集合了 13 个工具列的群组，位于指令提示栏的下方。【标准工具列群组】放置了 Rhino 中常用的一些非建模工具，如新建、打开、保存、视图控制、图层及物件属性等。【主要 1】、【主要 2】工具列中放置了建模用的创建、编辑、分析及变换等工具。选择相应命令的具体方法如下所述。

- 将鼠标指针停留在一个按钮上，将会显示该按钮的操作提示。

Rhino 中很多按钮集成了两个命令，左键单击该按钮和右键单击该按钮执行的是不同的命令。如图 2-10 所示，工具名称前显示图标 ⊕ 表示左键单击 按钮执行【分割】命令，工具名称前的 ⊕ 表示右击 按钮执行【以结构线分割曲面】命令。

 要点提示

在本书后面的操作叙述中将以类似于 "单击【分割】按钮 " 与 "右击【以结构线分割曲面】按钮 " 的形式来进行区分。

- 工具列中有很多按钮图标右下角带有小三角符号，如 按钮，表示该工具下还隐藏有子工具列。在图标上按住鼠标左键不放可以弹出其子工具列。如图 2-11 所示，在工具列中的 按钮上按住鼠标左键，展开子工具列，单击【单轨扫掠】按钮 。

 要点提示

本书后面对此类操作的叙述将简述为类似 "单击工具列中的 /【单轨扫掠】按钮 " 的形式。

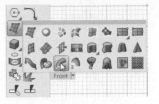

图 2-10　显示操作提示　　　　　　　　　图 2-11　显示子工具列

- 选择【工具】/【工具列配置】命令，弹出图 2-12 所示的【Rhino 选项】对话框。在【工具列】列表框中勾选某复选框，即可在工作界面中显示相应的工具列。

图 2-12　【Rhino 选项】对话框

默认工作界面中显示的按钮数量有限，有时通过单击工具列中的按钮执行命令的操作方法有些烦琐。鉴于此种情况，用户可以根据个人的习惯来自定义工具列，将常用的按钮放置在工具列中，自定义工具列的方法如下所述。

- 移动按钮：按住 Shift 键的同时，按住鼠标左键拖曳按钮到其他工具列或同一个工具列的其他位置，然后释放鼠标左键，即可移动该按钮到目标位置。
- 复制按钮：按住 Ctrl 键的同时，按住鼠标左键拖曳按钮到其他工具列或同一个工具列的其他位置，然后释放鼠标左键，即可将该按钮复制到目标位置。
- 删除按钮：按住 Shift 键的同时，按住鼠标左键拖曳按钮到工具列外的任意位置，即可删除该按钮。

更改工具列的配置后，可以在【Rhino 选项】对话框左侧【工具列】选项的右侧面板中选择【文件】/【另存为】命令，将自定义的工具列保存起来，以便以后调用。注意，不要覆盖系统原来的设置文件。

2.1.5　工作视窗

默认状态下，Rhino 的工作视窗中会显示 Top（顶视图）、Perspective（透视图）、Front（前视图）和 Right（右视图）4 个视图，具体建模的操作与显示都是在视图区中完成的。

- 平行视图：Top、Front、Right 都属于平行视图，也称为正交视图，平行视图中对象不会产生透视变形效果，通常都在其中完成绘制曲线等操作。

- 透视图：一般不用于绘制曲线，在该视图中可以观察模型的形态，有时在该视图中通过捕捉来定位点。

用户可以根据需要更改视图，右击视图名称，在弹出的快捷菜单中选择【设置视图】级联菜单中的相应选项即可。

一、视图的平移

单击工具列中的【平移视图】按钮 🖐，在视图中按住鼠标左键拖曳可平移视图。通常使用快捷键可以提高作图速度，快捷操作如下。

- 平行视图：按住鼠标右键拖曳。
- 透视图：按住 Shift 键的同时，按住鼠标右键拖曳，后文简称为 "Shift + 右键"。

二、视图的缩放

单击工具列中的【动态缩放】按钮 🔍，在视图中按住鼠标左键拖曳即可缩放视图，快捷键为 Ctrl + 右键，也可以通过拨动鼠标滚轮缩放视图。

工具列中其他缩放按钮功能说明如下。

- 【框选缩放】按钮 🔍：单击该按钮，在视图中按住鼠标左键拖出矩形范围，视图将会把框选范围进行放大，适用于对模型某个局部的观察。
- 【缩放至最大范围】按钮 🔍：单击该按钮，可将该视图中的所有物体调整到该视图所能容纳的最大范围内，便于对模型整体的观察。
- 【缩放至选取物体】按钮 🔍：单击该按钮，可将所选择的物体缩放至相对于该视图的最佳大小。

三、视图的旋转

单击工具列中的【旋转视图】按钮 ✛，在视图中按住鼠标左键拖曳可旋转视图，快捷操作如下。

- 平行视图：按住 Ctrl + Shift 组合键的同时按住鼠标右键进行拖曳，简称为 "Ctrl + Shift + 右键"。一般不建旋转平行视图。
- 透视图：按住鼠标右键拖曳。

四、切换视图

建模过程中，用户一次只能激活一个视图，将鼠标指针移动到某个视图中单击，该视图自动激活，视图标题高亮显示。双击视图名称可以最大化显示窗口。

当视图最大化以后，可以按 Ctrl + Tab 组合键在视图之间切换，Ctrl + F1、Ctrl + F2、Ctrl + F3、Ctrl + F4 则分别对应切换为 Top、Front、Right 和 Perspective 视图。单击视窗下面的工作视窗标签也可切换视图。

2.1.6　状态栏

状态栏是 Rhino 的一个重要组成部分，其中显示了当前坐标、捕捉、图层等信息，熟练地使用状态栏能够提高建模效率。状态栏的组成如图 2-13 所示。

1．坐标系统

单击该图标，即可在世界坐标系和工作平面坐标系之间切换。其中，世界坐标系是唯一的，工作平面坐标系是根据各个视图平面来确定的，网格中红色的轴为 x 轴，网格中绿色的轴为 y 轴，与 xy 平面垂直的为 z 轴。

图 2-13　状态栏的组成

2. 光标状态

前 3 个数据显示的是当前鼠标指针的坐标值，用 x、y、z 表示。注意，数值的显示是基于所选坐标系的。最后一个数据表示当前鼠标指针定位与上一个鼠标指针定位之间的间距值。

3. 图层快捷面板

单击该图标，即可弹出图层快捷面板，可快速地切换、编辑图层，每个图标的含义如图 2-13 所示。

4. 建模辅助面板

该面板在建模过程中使用非常频繁，单击相应的按钮即可切换其状态，字体显示为粗体时为激活状态，字体正常显示时为关闭状态。

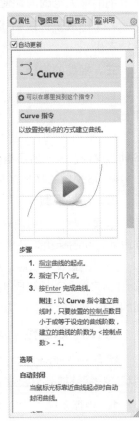

- 【锁定格点】：激活此按钮时，可以限制鼠标指针只在视图中的格点上移动，这样可以控制绘制图形的数值和图形的精确性，使图形的绘制更加快捷、准确。

- 【正交】：激活此按钮时，可以限制鼠标指针只在水平和竖直方向移动，即沿坐标轴移动，绘制水平或竖直的图形时十分有用。

- 【平面模式】：激活此按钮时，可以限制新的光标点的 z 值与前一光标点的 z 值相同。

- 【物件锁点】：单击此按钮，可以开启或关闭物件锁点工具栏。

5. 物件锁点工具栏

通过物体锁点工具栏可以激活所需要的物件锁点，单击【物件锁点】按钮，可以开启或关闭该工具栏。每个选项的功能参见"2.4 建模辅助"一节的内容。

在使用某个命令前激活 记录建构历史 按钮，可以记录建构历史。需要注意的是，目前的版本只有极少的命令支持该功能。

2.1.7　右侧面板

默认工作界面右侧显示的是即时联机【说明】面板，当在 Rhino 中执行某个命令时，这里会即时显示该命令的说明与帮助，方便初学者快速掌握 Rhino 的工具与命令。用户也可以将常用的对话框（如【图层】【属性】对话框）放置在此处，以方便操作，如图 2-14 所示。

图 2-14　即时联机【说明】面板

2.2　命令执行基础操作

在 Rhino 中执行某个命令的方法有以下 3 种。

- 选择相应菜单中的相应命令。
- 在指令提示栏中输入文字指令。
- 单击工具列中的按钮选择相应命令。

不管以哪种方式执行命令，都是在调用这个命令对应的指令代码，在本书的叙述中将主要使用工具列图标方式来描述命令的位置。

2.2.1　鼠标左右键功能

Rhino 中很多命令执行时会有很多步骤，在执行过程中单击与右击的作用也不相同。用户需要了解左键与右键的区别，做到熟练操作。

一、左键功能

- 当指令提示栏提示选择对象时，在工作视窗中单击选取要操作的物件。
- 当指令提示栏提示输入点时，可以在工作视窗中单击确定点的定位，还可以以输入坐标值的方式来定位点。
- 命令执行过程中，当指令提示栏中提供了相应的选项时，可以单击选项来修改选项的设置。

二、右键功能

- 当指令提示栏包含"按 Enter 完成"时，可以右击或按 Enter 键确认操作。
- 当以坐标值等方式输入参数完成后，可以右击或按 Enter 键确认输入的参数。
- 当提示输入数值时，可以不用输入数值，直接右击或按 Enter 键重复使用上一次用过的数值。
- 当指令提示栏为空时，右击或按 Enter 键可以重复执行上次的命令。
- 画线等命令可以输入多个点的定位，右击或按 Enter 键后才可结束命令。

要点提示

按 Esc 键可以退出命令，表示中断命令，和结束命令是不同的。

2.2.2　执行命令与选择对象的先后顺序

在执行命令时，可以先选择对象，再执行命令；也可以先执行命令，再选取对象。有些命令会因为执行命令和选取对象的先后顺序不同而有少许差别，这些小细节的不同会使初学者产生困惑。下面以执行【修剪】命令为例进行说明。

一、先执行命令后选取对象

先执行命令，指令提示栏会提示"选取切割用物件，按 Enter 完成"，这时需要先选用于切割的物件，按 Enter 键或右击后再单击选择被修剪对象。

二、先选择对象，再执行命令

先选择对象，再执行命令时，会将之前选择的对象视为切割用物件，这时指令提示栏会直接提示"选取要修剪的物件"。这时只要直接单击选择被修剪对象就可以了。

2.3 对象的选择方式

Rhino 为用户提供了多种对象选择方式，包括点选、框选、按类型选取、全选和反选等。其中，前 3 种选择方式比较常用。

2.3.1 点选

点选单个物体的方法非常简单，只需在所要选取的物体上单击即可，被点选的物体将以亮黄色显示。与点选相关的操作如下。

- 取消选择：在视图中的空白处单击，可取消所有对象的选取状态。按 Esc 键也可以用于对象的取消选择。

- 加选：按住 Shift 键的同时点选其他对象，可将该对象增加至选取状态。

- 减选：按住 Ctrl 键的同时点选要取消的对象，可取消该对象的选取状态。

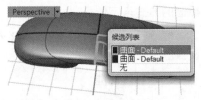

当场景中有多个对象重叠或交叉在一起时，若要选取其中某个对象，执行点选操作后会弹出图 2-15 所示的【候选列表】面板，视图中待选的对象会以粉色框架显示，在【候选列表】面板中选择待选物体的名称，即可选取该对象。如果【候选列表】面板中没有要选择的对象，选择【无】选项，或直接在视图中空白处单击后重新进行选取即可。

图 2-15　点选重叠物体

2.3.2 框选

当场景中的物件特别多时，点选效率太低，这时可以以鼠标群组选取，即以框选的方式快速选取，操作方法与 AutoCAD 中的框选方法十分类似。按住鼠标左键拖曳出一个选择框来选择对象即可。单击工具列的【选项】按钮，弹出【Rhino 选项】对话框，可在此对话框中设置鼠标群组选取的相关参数，如图 2-16 所示，其中提供了 3 种方式，默认为【复合】方式。

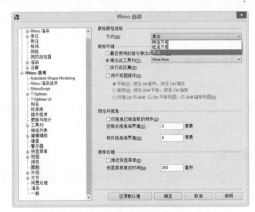

图 2-16　设置鼠标群组选取方式

- 【跨选方框】：按住鼠标左键拖曳出一个选择框，选择框只要与待选取的物体有接触就可以被选中。
- 【框选方框】：按住鼠标左键拖曳出一个选择框，只有被完全框住的物体才能被选中。
- 【复合】：当按住鼠标左键从左上方向右下方拖曳选择框时，执行的是框选模式，只有被完全框住的物体才能被选中。而从右下方向左上方拖曳选择框时，执行的是跨选模式，只要选择框与待选取的物体有接触就可以将其选中。

　　【复合】方式是最有效率的选取方式，灵活运用【复合】群组选取方式，可以大大提高选取效率。

2.3.3　按类型选取

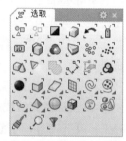

图 2-17　【选取】子工具列

　　一个场景中的所有物体，系统能够按类型将其分为曲线、曲面、多边形、灯光等几类，按类型选取的方法可以很方便地选取场景中的某一类物体。在工具列中的 按钮上按住鼠标左键不放，即可弹出图 2-17 所示的【选取】子工具列，在其中单击需要的命令按钮即可。这些选择方式也可以通过选择【编辑】/【选取物体】命令找到。

2.4 建模辅助

　　在使用 Rhino 进行设计的过程中，可以使用捕捉设置提高建模的精度。捕捉设置主要在状态栏的物件锁点工具栏中进行操作，如图 2-18 所示。

| □端点 | □最近点 | □点 | □中点 | □中心点 | □交点 | □垂直点 | □切点 | □四分点 | □节点 | □投影 | □智慧轨迹 | □停用 |

图 2-18　物件锁点工具栏

各选项的具体作用如下。

- 【端点】：勾选该复选框时，将鼠标指针移动到相应曲线或曲面边缘的端点附近，将自动捕捉到该曲线或曲面边缘的端点。注意，封闭曲线或曲面的接缝也可以作为端点被捕捉到。
- 【最近点】：勾选该复选框时，可以捕捉到曲线或曲面边缘上的某一点。
- 【点】：勾选该复选框时，可以捕捉到点对象或物体的控制点（按 F10 键，显示物体的控制点；按 F11 键，关闭物体的控制点）、编辑点。
- 【中点】：勾选该复选框时，可以捕捉到曲线或曲面边缘的中点。
- 【中心点】：勾选该复选框时，可以捕捉到曲线的中心点，一般限于用圆、椭圆或圆弧等工具所绘制的曲线。
- 【交点】：勾选该复选框时，可以捕捉到曲线或曲面边缘间的交叉点。

要点提示

单击工具列中的【选项】按钮 ，弹出【Rhino 选项】对话框，在左侧窗格中选择【Rhino 选项】/【建模辅助】选项，右侧窗格的【物件锁点】选项栏中【可作用于视角交点】复选框默认为勾选状态，此时，在某个视图中若能看到可视交点，即可捕捉到该交点，无论这两个对象是否真正相交，如图 2-19 所示；取消勾选该复选框，只有两个对象存在实际的可视交点时才能被捕捉到。

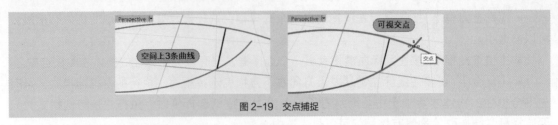

图 2-19 交点捕捉

- 【**垂直点**】：勾选该复选框时，可以捕捉曲线或曲面边缘上的某一点，使该点与上一点形成的方向垂直于曲线或曲面边缘。
- 【**切点**】：勾选该复选框时，可以捕捉曲线上的某一点，使该点与上一点形成的方向和曲线正切。
- 【**四分点**】：勾选该复选框时，可以捕捉到曲线的极限点，极限点是曲线在工作平面中 x、y 轴坐标最大值或最小值的点，即曲线的最高点或最低点。
- 【**节点**】：勾选该复选框时，可以捕捉曲线或曲面边缘上的节点。节点是 B-Splines 多项式定义改变处的点。
- 【**投影**】：勾选该复选框时，所有锁点会投影至当前视图的工作平面上，透视图会投影至世界坐标系的 xy 平面。
- 【**智慧轨迹**】：Rhino 新增的建模辅助功能，可以以工作视窗中不同的 3D 点、几何图形及坐标轴向建立暂时性的辅助线和辅助点。
- 【**停用**】：勾选该复选框时，将暂时停用所有锁点捕捉。按 Alt 键也可以临时使捕捉失效。

Rhino 还提供了其他捕捉功能，在【标准】工具列中的 ⊙ 按钮上按住鼠标左键不放，即可弹出图 2-20 所示的【物件锁点】子工具列，其中提供的捕捉功能是一次性的，执行一次后捕捉功能会失效，而物件锁点工具栏中的捕捉选项只要勾选就一直处于启用状态。

图 2-20 【物件锁点】子工具列

在建模过程中灵活使用捕捉功能，可以提高作图效率与精确度，读者可以自己试验，以体会其有何不同。

2.5 Rhino 工作环境设置

在开始建模之前，需要针对建模的内容来设定工作环境，Rhino 默认的工作环境并不一定是最合适的，这就需要用户根据个人习惯和建模的需要进行相应的设置。本节将对 Rhino 工作环境的设置方法进行系统的讲解。

选择【工具】/【选项】命令，或单击工具列中的【选项】按钮 🔧，弹出图 2-21 所示的【Rhino 选项】对话框。Rhino 工作环境的设置工作主要在该对话框中完成。

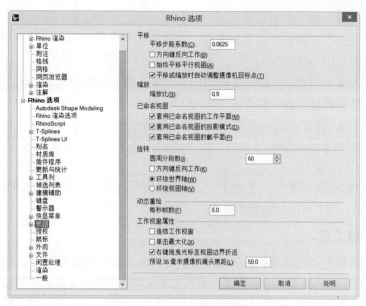

图 2-21　【Rhino 选项】对话框

2.5.1　单位与公差

建模之前，根据建模的内容，先设定好所基于的单位与公差。选择【Rhino 选项】对话框左侧窗格中的【单位】选项，即可在对话框右侧窗格设置单位与公差，如图 2-22 所示。

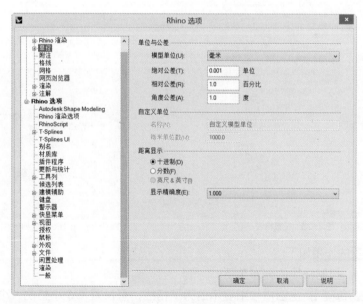

图 2-22　设置单位与公差

各选项的作用如下。

- 【模型单位】：用来设置模型的单位，用户可以任意选择或自定义。对于尺寸较大的产品，单位可以选择"厘米"或"米"；当建模对象尺寸较小时，可以基于"毫米"进行建模。

- 【绝对公差】：绝对公差也叫单位公差，是在建模中建立无法绝对精确的几何图形时所容许的误差值，它是影响建模精度的一个主要因素。当两个物体之间的坐标差小于该值时，系统才认为二者是重合的。绝对公差值越大，误差也越大，导入或导出模型到其他软件中时，也可能因为公差值的不当而出现大量的错误。根据模型对象的不同，可以设定不同的公差值，一般将公差设定在 0.01 ~ 0.001。

- 【相对公差】：相对公差的单位是 %，系统默认值为 1.0。其作用及设置方式基本与绝对公差相同，只是判断结果为相对值。

- 【角度公差】：角度公差的单位是"度"，系统的默认值为 1.0。一般情况下这个值不需要做改动，例如两条曲线在相接点的切线方向差异角度小于或等于角度公差时，会被视为相切。

Rhino 提供了多个模板文件，这些模板文件根据模型的尺寸分别设定了不同默认的【单位】与【绝对公差】值，用户可以根据需要调用。

2.5.2 格线设置

在工作视窗背景中，纵横交错的灰色网线称为格线，这些格线可以帮助用户观察物体之间的位置关系。透视图中的格线代表水平面，可以直观地观察物体的高度，其中以红色与绿色显示的格线是工作平面坐标系的 x 轴和 y 轴。

单击【Rhino 选项】对话框左侧窗格中的【格线】选项，即可在对话框右侧窗格中设置格线的范围与间隔，如图 2-23 所示。视图中格线、格线轴与世界坐标轴图标示意图如图 2-24 所示。

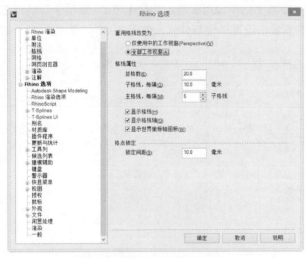

图 2-23 设置格线

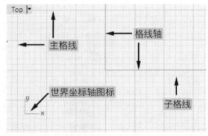

图 2-24 格线、格线轴与世界坐标轴图标示意图

格线设置选项的作用如下。

- 【总格数】：控制格线的分布范围。

- 【子格线，每隔】：视图中较细显示的为子格线，可设置每个小格的大小。

- 【主格线，每隔】：视图中较粗显示的为主格线，可设置每隔多少子格线显示一根主格线。

- 【锁定间距】：设定状态栏中【锁定格点】选项所基于的锁点间隔大小。

2.5.3 显示精度设置

在 Rhino 中，NURBS 模型不能直接显示，需要转化为网格（Mesh）模型方式后再显示，单击【Rhino 选项】对话框左侧窗格中的【网格】选项，即可在右侧窗格中设置模型的显示精度，如图 2-25 所示。图 2-26 所示为系统默认选项与自定参数时的不同显示精度效果，默认为【粗糙、较快】方式，该显示方式精度较低，但是速度很快。用户可以选择【自订】选项，更改【自订选项】选项栏中的数值来提高显示精度。

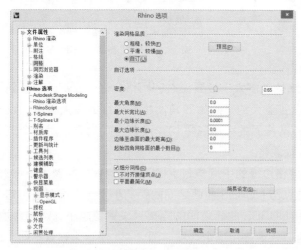

图 2-25　设置精度

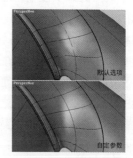

图 2-26　不同显示精度效果对比

网格设置选项的作用如下。

* 【密度】：控制网格边缘与原来的曲面之间的距离，数值范围为 0 ~ 1，数值越大，建立的渲染网格的网格面数越多。图 2-27 所示为设置不同【密度】值的效果对比（其他参数为默认）。

* 【最大角度】：两个网格面的法线方向允许的最大差异角度。这个选项的默认值为 20，建议取值 5 ~ 20。该选项和物件的比例无关，设置值越小，网格转换越慢，网格越精确，网格面数越多；设置为 0，代表停用这个选项。图 2-28 所示为设置不同【最大角度】值的效果对比（其他参数为默认）。

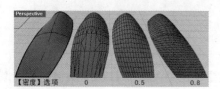

图 2-27　不同【密度】值的效果

图 2-28　不同【最大角度】值的效果

* 【最大长宽比】：曲面一开始会以四角形网格面转换，然后进一步细分。起始四角网格面大小较平均，这些四角网格面的长宽比会小于设置值。设置值越小，网格转换越慢，网格面数越多，网格面形状越规整。这个设置值大约是起始四角网格面的长宽比，设置为 0 代表停用这个选项，网格面的长宽比将不受限制；不设置为 0 时建议值为 1 ~ 10。图 2-29 所示为设置不同【最大长宽比】值的效果对比（其他参数为默认）。

* 【最小边缘长度】：当网格边缘的长度小于设置值时，不会再进一步细分网格，预设值为 0.0001。设置值需要依照物件的大小做调整，设置值越大，网格转换越快，网格越不精确，

网格面数越少；设置为 0 代表停用这个选项。图 2-30 所示为设置不同【最小边缘长度】值的效果对比（其他参数为默认）。

图 2-29 不同【最大长宽比】值的效果

图 2-30 不同【最小边缘长度】值的效果

● 【最大边缘长度】：当网格边缘的长度大于设置值时，网格会进一步细分，直到所有网格边缘的长度都小于设置值。这个设置值大约是起始四角网格面边缘的最大长度，设置值越小，网格转换越慢，网格面数越多，网格面的大小越平均；设置为 0 代表停用这个选项。预设值为 0，设置值需依照物件的大小做调整。

● 【边缘至曲面的最大距离】：网格边缘的中点与 NURBS 曲面之间的距离大于设置值时，网格会一直细分，直到网格边缘的中点与 NURBS 曲面之间的距离小于这个设置值。这个设置值大约是起始四角网格面边缘中点和 NURBS 曲面之间的距离，设置值越小，网格转换越慢，网格越精确，网格面数越多；设置为 0 代表停用这个选项。图 2-31 所示为设置不同【边缘至曲面的最大距离】值的效果对比（其他参数为默认）。

● 【起始四角网格面的最小数目】：此选项表示网格开始转换时，每一个曲面的四角网格面数。也就是说，每一个曲面转换的网格面数至少是设置值的数目。设置值越大，网格转换越慢，网格越精确，网格面数越多而且分布越平均；设置为 0 代表停用这个选项；预设值为 16，建议取值范围为 0 ~ 10000。图 2-32 所示为设置不同【起始四角网格面的最小数目】值的效果对比（其他参数为默认）。

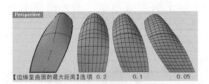

图 2-31 不同【边缘至曲面的最大距离】值的效果

图 2-32 不同【起始四角网格面的最小数目】值的效果

在设置显示精度时，最重要的两个参数为【密度】与【最大角度】，其他设置可保持默认，若显示效果不能满足要求，可以再针对实际情况提高【起始四角网格面的最小数目】的数值。注意，显示精度与模型本身的精度没有关系，不能通过提高显示精度来提高模型本身的精度。

2.6 显示模式

Rhino 提供了【线框模式】、【着色模式】、【渲染模式】、【半透明模式】、【X 光模式】以及【工程图模式】、【艺术风格模式】、【钢笔模式】8 种视图显示模式，用户可以根据建模的需要来任意切换。

右击视图名称，在弹出的快捷菜单中选择命令可设置所需要的显示模式，如图 2-33 所示。

【Shade Selected Objects Only】选项是 Rhino 5.0 SR3 新增的选项，是仅着色显示选取的对象，图 2-34 所示为不同显示模式的效果对比。

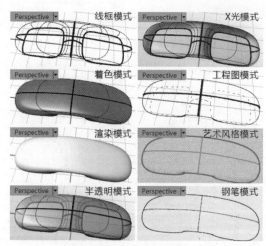

图 2-33　快捷菜单　　　　　图 2-34　8 种显示模式效果

一、线框模式

线框模式是系统默认的显示模式，是一种纯粹的空间曲线显示方式，曲面以框架（结构线和曲面边缘）方式显示，这种显示模式最简洁，刷新速度也最快。线框模式可以按 Ctrl + Alt + W 组合键来进行切换。

二、着色模式

着色模式中曲面显示是不透明的，曲面后面的对象和曲面框架将不显示，这种显示方式看起来比较直观，能更好地观察曲面模型的形态。着色模式可以按 Ctrl + Alt + S 组合键来进行切换。

在【Rhino 选项】对话框左侧窗格中选择【视图】/【显示模式】/【着色模式】选项，可在对话框右侧窗格中自定义着色模式的显示选项，如图 2-35 所示。每种模式都可以自定义背景颜色、对象的可见性、对象的显示颜色、点的大小及曲线的粗细等。

三、渲染模式

渲染模式显示的颜色基于模型对象的材质设定，可以不显示曲面的结构线与曲面边缘，这样可以更好地观察曲面间的连续关系。渲染模式可以按 Ctrl + Alt + R 组合键来进行切换。

四、半透明模式

半透明模式和着色模式很相似，但是曲面以半透明方式显示，可以看到曲面后面的形态。在【Rhino 选项】对话框中可以自定义透明度。半透明模式可以按 Ctrl + Alt + G 组合键来进行切换。

五、X 光模式

X 光模式和着色模式很相似，但是可以看到曲面后面的对象和曲面框架。X 光模式可以按 Ctrl + Alt + X 组合键来进行切换。

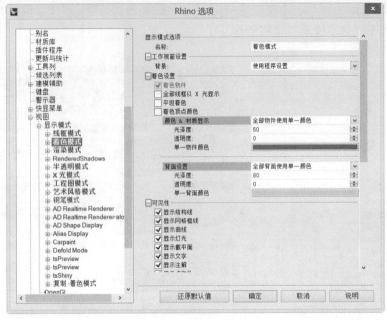

图 2-35　设置着色模式

2.7　坐标系

Rhino 工作界面的状态栏会显示鼠标指针的位置坐标，最左边可以切换光标坐标值显示基于的坐标系。Rhino 中提供了多套重要的坐标系供用户使用。

2.7.1　世界坐标系

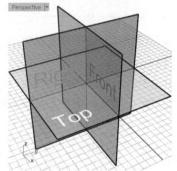

Rhino 内建了一个无限大而又全空的虚拟三维空间。这个三维空间是基于笛卡儿坐标系构成的，Rhino 虚拟空间中的任意一点都可以用 x、y、z 3 个值来定位。

x、y、z 3 个轴两端都无限延伸，并且 3 轴相互垂直，3 轴交点就是虚拟空间的中心点，称为世界坐标系原点，如图 2-36 所示。世界坐标系是绝对坐标系，是固定的、不可以改变的。默认的透视图状态就是世界坐标系原型，默认的 Top 视图恰好与世界坐标系重合，称为"世界 Top 视图"。

图 2-36　世界坐标系

2.7.2　工作平面坐标系

任何定位都使用世界坐标系是不现实的，也是不方便的。将世界坐标系和工作平面坐标系与我们熟悉的方位来比较，世界坐标系坐标轴方向相当于现实世界的东南西北，原点好比地心；工作平面坐标系坐标轴方向就是前后左右，原点依据参考点可以任意指定，例如可以以自身为原点来描述距离、角度与方位。很显然，大部分情况以自身为基点来执行操作会容易很多，例如向我左前方行进 50m（以自身为基点的工作平面坐标系）比移动到以地球地心为基点的某坐标点更容易。

2.7.3　识别坐标系

软件给用户提供了便捷的坐标系识别标识。世界坐标系可以通过每个视图左下角的世界坐标系图标来识别。如图 2-36 左下角的小图标即为世界坐标系图标。这个图标可以自定义是否启用，具体可在【Rhino 选项】对话框左侧窗格中选择【视图】/【显示模式】选项后在右侧窗格的【格线设置】选项栏中进行设置，如图 2-37 所示。默认情况下，3 轴都是灰色显示的，推荐将 3 轴用不同颜色来区分，x 轴为红色，y 轴为绿色，z 轴为蓝色，具体可在【Rhino 选项】对话框左侧中选择【外观】/【颜色】选项后在右侧窗格中进行调整，如图 2-38 所示。

工作平面坐标系是基于不同视图的坐标系，每一个视图都有不同的观察角度，每个视图内可以通过网格和轴的颜色来识别工作平面坐标系。

平行视图内是看不见 z 轴的，因为 z 轴正好与视角（视线）平行。透视图内的 z 轴可以在【Rhino 选项】对话框内设定是否开启显示，默认为不开启。

不同视图的工作平面各自独立，不会互相影响。

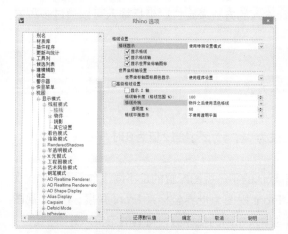

图 2-37　设置显示模式

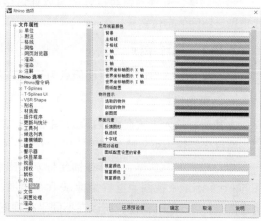

图 2-38　设置坐标轴外观

2.7.4　自定工作面坐标系

每一个视图都拥有默认配置的工作平面坐标系，但是当默认的工作平面不能满足调整需求时，可以在【标准】工具列的 ▦【工作平面】子工具列内修改工作平面，如图 2-39 所示。

图 2-39　【工作平面】子工具列

例如，利用【以 3 点设定工作平面】工具 ▦ 可将 Front 视图的工作平面修改为图 2-40 所示的效果。

对于 Rhino 初学者，不建议先学习修改工作平面，因为经常会误调整工作平面，所以需要先学会复原的方式。要复原默认的工作平面配置，可以在【工作平面】子工具列内单击【设定工作平面为世界 Top】按钮 ▦、【设定工作平面为世界 Bottom】按钮 ▦、【设定工作平面为世界

Front 】按钮、【设定工作平面为世界 Back 】按钮、【设定工作平面为世界 Right 】按钮、【设定工作平面为世界 Left 】按钮等进行相应操作。

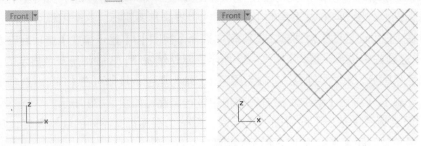

图 2-40　修改工作平面

2.8 坐标输入

绘制线条、变换对象等操作都可以通过坐标输入的方式来定位。坐标输入可以通过多种方式来满足不同的定位需求。

2.8.1　绝对坐标

绝对坐标输入是以工作平面原点为基点的输入方式。

一、直角坐标输入

直角坐标输入方式在指令提示栏中的输入格式为"x，y，z"；当 z 值为 0 时，可以省略为"x，y"。原点坐标输入可省略为"0"。

坐标输入时默认基于工作平面坐标系。由于默认的平行视图配置的是不同工作平面，Top 视图与 Perspective 视图为世界坐标系 Top 角度，Front 视图为世界坐标系 Front 角度，Right 视图为世界坐标系 Right 角度，所以在不同平行视图内输入相同的坐标值，得到的定位点并不一致。

若希望以世界坐标值来定位点，可以在坐标值前加上前缀 w，格式为"wx，y，z"。世界坐标原点坐标输入为"w0"。

需要注意的是，坐标数值与符号均要在英文输入法状态下输入，否则为无效输入。

二、极坐标输入

极坐标以工作平面原点为基点通过距离与方位来定位点，格式为"$d<a$"，d 为长度值，< 表示后面跟随的是角度，α 为角度值。

如果输入格式为"w$d<\alpha$"，则会以世界坐标系原点为基点定位 xy 平面上的点。

2.8.2　相对坐标

相对坐标是以前一个定位点为原点的坐标输入方式，相对坐标输入格式为在绝对坐标输入格式前加前缀 r 或 @。

一、相对直角坐标输入

相对直角坐标输入方式：在指令提示栏中输入，格式为"rx，y，z"或"@x，y，z"。

二、相对极坐标输入

相对极坐标输入方式：在指令提示栏中输入，格式为"r$d<\alpha$"或"@$d<\alpha$"。

2.9　物件的变动

凡是涉及对物件进行移动、旋转、缩放、复制以及形态改变的操作都称为变动。Rhino 提供了丰富的变动工具来满足建模过程中对物件进行变换和定位的各种需求。所有变动工具都集成在【主要2】工具列的【变动】子工具列内，如图 2-41 所示。

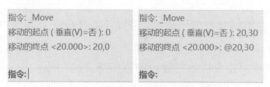

图 2-41　【变动】子工具列

2.9.1　移动

用户可以通过按住鼠标左键拖曳对象的方式来移动对象，但是这种方式是随性的，无法进行精确的定位。

- 按住 Shift 键拖曳，可以限制对象只做与工作平面 x、y 轴平行或垂直的移动。
- 按住 Ctrl 键拖曳，可以限制对象只做与工作平面 z 轴平行的移动。

【移动】工具 除了可以通过捕捉或随意定位的鼠标取点的方式移动对象之外，还可以以间距、角度或坐标点定位的方式来精确移动对象。

移动工具通过指定两点（起点和终点）来变换对象，执行的步骤可参看指令提示栏的提示，分别指定起点和终点即可。

一、直角坐标方式

通过绝对直角坐标移动对象的指令输入格式为"x, y, z"，相对直角坐标移动对象的指令输入格式为"rx, y, z"或"$@x, y, z$"，当 z 值为 0 时，指令输入格式可以省略为"x, y"，原点输入格式可省略为 0。图 2-42 所示分别为通过绝对直角坐标与相对直角坐标移动对象时指令提示栏的提示信息。

```
指令: _Move                     指令: _Move
移动的起点（垂直(V)=否）: 0      移动的起点（垂直(V)=否）: 20,30
移动的终点 <20.000>: 20,0        移动的终点 <20.000>: @20,30

指令:                           指令:
```

图 2-42　通过直角坐标输入方式移动对象

二、极坐标方式

通过极坐标值来移动对象的指令输入格式为"$d<\alpha$"。图 2-43 所示为通过极坐标值来移动对象的指令提示栏。

代表角度与长度的两个值可以分开输入，角度格式为"$<\alpha$"，长度格式为"d"，如图 2-44 所示。

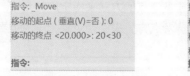

```
指令: _Move                     指令: _Move                   指令: _Move
移动的起点（垂直(V)=否）: 0      移动的起点（垂直(V)=否）: 0    移动的起点（垂直(V)=否）: 0
移动的终点 <20.000>: 20<30       移动的终点 <20.000>: <30       移动的终点 <20.000>: 20
                                移动的终点 <20.000>: 20        移动的终点 <20.000>: <30
指令:                           指令:                         指令:
```

图 2-43　通过极坐标值来移动对象　　　　　图 2-44　分开输入

也可以只输入角度与长度两个参数中的一个，另一个参数通过鼠标取点来完成，如图 2-45

所示。只输入一个数值时表示长度，输入角度值时要注意前缀"<"。

指令：_Move	指令：_Move
移动的起点（垂直(V)=否）: 0	移动的起点（垂直(V)=否）: 0
移动的终点 <20.000>: 20	移动的终点 <20.000>: <30
移动的终点 <20.000>:	移动的终点 <20.000>:
指令：	指令：

图 2-45　分开输入

只输入长度值后按 Enter 键，会需要再指定方位，这时可以通过鼠标取点。

只输入角度条件后按 Enter 键，会需要再指定间距，如果通过鼠标取值，角度方位可以成倍增加。

三、指令提示栏参数说明

• 【垂直（V）＝否】：在确认移动起点时，指令提示栏提供了【垂直（V）＝否】选项，默认为否，单击开启后，可以以垂直于工作平面的方向移动对象，这样对于终点的输入只需要给出间距值就可以了。

• 【移动的终点 <>】：在确认移动起点时，指令提示栏【移动的终点 <>】内的参数为上一次移动的间距值，若多次移动间距相等，可以在此直接按 Enter 键或右击取用相同参量。

2.9.2　旋转

旋转是指绕着基点改变对象的角度。Rhino 提供了两种旋转工具：【2D 旋转】和【3D 旋转】。这两个工具共用一个图标，分别以通过单击和右击切换。这两个工具的区别在于【2D 旋转】是绕着与激活的视图工作平面的 z 轴平行的轴为旋转轴来旋转对象；【3D 旋转】命令则需要先指定旋转轴后再旋转对象。

一、2D 旋转

利用【2D 旋转】命令旋转对象的示意图如图 2-46 所示。蓝色竖线与环形箭头分别表示旋转轴与旋转方向。

执行旋转命令的过程中，指令提示栏显示内容如图 2-47 所示。

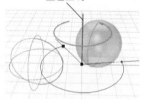

蓝色竖线

指令：_Rotate	已加入 1 个曲面至选取集合。
选取要旋转的物件：	指令：_Rotate
选取要旋转的物件，按 Enter 完成：	旋转中心点（复制(C)=否）：
旋转中心点（复制(C)=否）：	角度或第一参考点 <300>（复制(C)=否）: 300
角度或第一参考点 <300>（复制(C)=否）: 300	
指令：	指令：

图 2-46　旋转示意图　　　　　　　　　图 2-47　旋转对象指令

【旋转中心点】：可以以光标指定，也可以以输入点坐标指定。

【角度或第一参考点】：旋转对象可以通过角度数值或参考点的方式来指定旋转角度。若输入数值，直接以角度旋转对象；若单击一个点，表示通过参考点方式来旋转对象，这时需要再单击另一个点来确定第二参考点。

图 2-48 所示为以两个参考点方式旋转对象。

二、3D 旋转

使用【3D 旋转】命令选择了要旋转的对象后，还要通过指定两点的方式来确定旋转轴，然后再旋转对象。

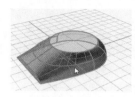 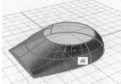 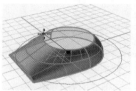 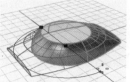

图 2-48 参考点方式旋转对象

2.9.3 缩放

Rhino 提供了 5 种缩放对象的工具，如图 2-49 所示。

缩放工具使用非常简单。缩放对象需要先选择缩放基点，再设定缩放比数值或参考点。下面以【单轴缩放】工具 为例讲述需要注意的参数，图 2-50 所示为使用【单轴缩放】工具的指令步骤。

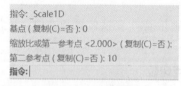

图 2-49 【缩放】子工具列 　　　　图 2-50 单轴缩放对象

- 【基点】：缩放中心，可以通过输入坐标值或移动鼠标指针取点确定。
- 【缩放比或第一参考点 <2.000>（复制（C）=否）】：两种缩放方式，即缩放比或参考点。

缩放比：直接输入数值表示缩放比例，按 Enter 键后还需要指定缩放方向（以鼠标指针指定）。

参考点：若此时在视图内以鼠标指针定点，则表示用参考点方式缩放对象。按 Enter 键后还需要再指定第二参考点（可以再以鼠标指针指定第二参考点），完成缩放操作。若第二参考点通过输入数值确定，输入的数值表示第二参考点到基点的距离。这一技巧很有用处，通常可以用来将任意大小的物件缩放到指定的规格。

2.9.4 复制与阵列

利用 Rhino 的【复制】工具 ，可以快速制作物件的副本，其使用方式与【移动】工具相似，也是通过确定起点和终点来复制对象。

很多变换工具在指令提示栏中提供了复制选项，可以在保留源物件的同时变换对象的副本。

若要按照一定规律来制作多个副本，可以利用【阵列】子工具列内的工具来完成，如图 2-51 所示。

图 2-51 【阵列】子工具列

2.9.5 定位

定位是更为高效的变换对象的方式，包含【两点定位】 和【三点定位】 。更复杂的定位方式有【定位至曲面】 、【垂直定位至曲线】 、【定位曲线至边缘】 ，工具功能将在后续章节讲述。

一、两点定位

两点定位是通过两个参考点和两个目标点变换选取对象的位置、大小和方位。图 2-52 所示为使用【两点定位】命令的指令提示栏步骤。

```
指令: _Orient
参考点 1（复制(C)=否 缩放(S)=无）:
参考点 2（复制(C)=否 缩放(S)=无）:
目标点 1＜参考点 1＞（复制(C)=否 缩放(S)=无）:
目标点 2（复制(C)=否 缩放(S)=无）:
指令:
```

```
1 点物件, 1 多重曲面 已加入至选取集合。
指令: _Orient
参考点 1（复制(C)=否 缩放(S)=无）: 缩放
缩放 ＜无＞（无(N) 单轴(D) 三轴(A)）:
```

图 2-52　使用【两点定位】命令

参照指令提示栏的提示，分别输入参考点 1、参考点 2 与目标点 1、目标点 2 的定位。

指令提示栏提供的【缩放（S）＝无】选项有如下所述 3 个参数。

- 【无】：仅变换位置与方位，物件大小不变。
- 【单轴】：除了变换位置与方位，还依据两参考点间距与两目标点间距的比值单轴缩放对象。
- 【三轴】：除了变换位置与方位，还依据两参考点间距与两目标点间距的比值三轴缩放对象。

二、三点定位

三点定位是通过 3 个参考点和 3 个目标点变换选取对象的位置和方位，不会改变物件大小。

两点定位与三点定位的区别在于，两点定位通过一个旋转轴来变换方位；三点定位则需要两根不同的旋转轴来变换方位。也就是说，两点定位是基于两组平面点来变换对象，三点定位基于 3 组空间点来变换对象。

2.9.6　镜像

利用【镜像】工具 ![icon] 可通过两点指定镜像轴来对称复制对象。右击【镜像】工具按钮则调用【三点镜像】工具，可通过 3 点指定一个平面来镜像对象。当产品为对称造型时，一般只需要创建一半模型后再镜像即可。将镜像轴位于 x 轴或 y 轴可使操作更高效、准确。以 x 轴或 y 轴为轴进行镜像是非常频繁的操作，可以将这个过程编写为巨集指令，并制作成图标。

2.9.7　设定 xyz 坐标

【设定 XYZ 坐标】工具 ![icon] 是一个使用频率非常高的命令，常用于调整曲线、曲面控制点。选择并右击对象，弹出图 2-53 所示的【设置点】对话框，参数含义如下。

对于【设置 X】、【设置 Y】、【设置 Z】复选框，单击为复选，右击为单选。

- 【设置 X】：设置点的 x 坐标值相同。所以单选【设置 X】复选框是将所选择的点垂直向对齐。

图 2-53　【设置点】对话框

- 【设置 Y】设置点的 y 坐标值相同。所以单选【设置 Y】复选框是将所选择的点水平向对齐。
- 【设置 Z】设置点的 z 坐标值相同。

在对话框下边的选项栏中可以选择是以世界坐标对齐还是以工作平面坐标对齐。

在调整曲线或曲面控制点时，很多情况是想将所选控制点在某个视角对齐到一条直线上，同时其他视角高度不变，并不是对齐到默认视图的 x、y、z 轴，可以通过绘制辅助线进行调整，这里提供一种更为高效的方式，具体方法如下。

先利用【工作平面】子工具列中的【以 3 点设置工作平面】工具 ⬛ 自定义工作平面，再结合【设定 XYZ 坐标】工具 ⬛ 调整控制点。

小结

本章讲述了 Rhino 的界面配置方式、Rhino 的工作界面与 Rhino 的基础操作，包括对象的选择方式、建模辅助功能详解、Rhino 工作环境设置、坐标系及坐标输入方式、物件的变动命令以及常规的编辑工具。这些知识是 Rhino 建模的基础，大家应能熟练掌握。

习题

一、填空题

1. 平行视图的平移快捷键是_____；透视图的平移快捷键是_____。

2. 自定义工具列时，按住_____键的同时，按住鼠标左键拖曳按钮到工具列外的位置，即可删除该按钮。

3. 直角坐标输入方式在指令提示栏中的输入格式为_____；当 z 值为 0 时，可以省略为_____；原点可省略为_____。

4. 相对坐标的输入格式为在绝对坐标输入格式前加前缀_____。

二、简答题

1. 指令提示栏功能有哪些?

2. 简述坐标系的类型以及如何识别坐标系。

3. 简述坐标输入的类型与格式。

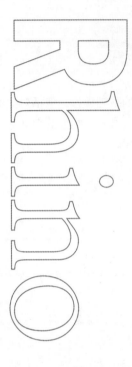

3 Chapter

第3章
NURBS概述

【学习目标】

- 了解NURBS的概念。
- 了解曲线结构。
- 掌握曲线阶数、控制点、节点的概念。
- 了解连续性概念及其特征。
- 学会查看曲线的曲率图形。

【素质目标】

1. 树立节能环保意识，了解前沿技术。
2. 培养爱岗敬业、精益求精的工匠精神。

Rhino是以NURBS为核心的曲面建模软件，NURBS在表示与设计自由型曲线、曲面形态时显示了强大的功能，是一种出色的建模技术。在利用Rhino建模的时候，如果对以上学习目标中所提到的概念不是很了解，也可以建出满意的模型，但是，了解这些概念与Rhino命令的运作规律有助于理解曲面命令运算的规则与原理，可以更好地规划建模思路、高效地创建模型，提前预判曲面形成结果，并可有意优化曲面，提高模型质量。

3.1 NURBS 概念

非均匀有理 B 样条曲线（Non-Uniform Rational Basis-Spline，NURBS）。在所有合成曲线中，属于较晚发展且较完备的一种。NURBS 的曲线与曲面在近年来，被广泛运用在各种不同的工业领域，尤其是航空、造船、汽车及需要复杂曲面的各类工程领域。

一、非均匀分布（包含均匀分布）

均匀（Uniform）与非均匀（Non-Uniform）是 NURBS 曲线节点赋值的方式。以两条相同的曲线为例，如图 3-1 所示，第一条曲线是均匀曲线，它是以每一个节点（Knot）或每一跨距（Span）为曲线铺设的参数依据，故第一条曲线每一个节点的参数刚好是整数，而不论节点之间距离的长短；第二条曲线则是（非均匀）曲线，它是以节点与节点之间的弦长为曲线铺设的参数依据，故其曲线上每一个节点的参数值随距离而改变。

非均匀 B 样条曲线的节点参数沿参数轴的分布是不等距的，因为不同节点矢量形成的 B 样条曲线各不相同，要单独计算，所以其计算量比均匀 B 样条曲线大得多。但非均匀 B 样条曲线有很多优点，如可以通过控制点和权值来灵活改变形状，具有透视投影变换和仿射变换的不变性；对自由曲线与自由曲面提供了统一的数学表示，便于工程数据库的存取和应用。

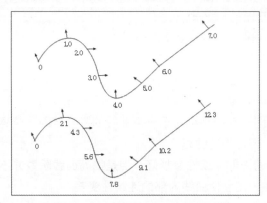

图 3-1 NURBS- 非均匀性有理式塑形曲线

均匀与非均匀在使用上有没有不同呢？基本上采用均匀曲线的参数较易控制，例如分割（Split）、插入（InsertKnot）及创建曲面命令的运算等，都比非均匀快而且简单。在贴图上，非均匀则比均匀更符合需求，例如一张图若贴在均匀的曲面上，可能造成变形的结果，但若贴在非均匀的曲面上就不会有这些困扰了。不过这些贴图的困扰，在目前已有很多方法可以克服，故若以模型的建构而言，笔者较偏好用 Uniform 来建几何模型。

二、有理（包含非有理）

有理（Rational）与非有理（Non-Rational）指 NURBS 曲线的控制点对曲线的影响权值比。NURBS 曲线每个控制点都带有一个权值，除了少数的特例，权值大多是正数。当一条曲线的所有控制点有相同的权值时（通常是 1），称为非有理曲线，否则称为有理曲线。一条 NURBS 曲线有可能是有理的或者非有理的，在实际情况中，大部分 NURBS 曲线是非有理的，但有些 NURBS 曲线永远是有理的，如圆和椭圆就是最明显的例子。Rhino 也有检查和改变控制点权值的工具，但是不建议修改曲线的权值，因为很多 3D 软件并没有权值的概念，如果将修改过权值的模型转入这些软件中，会发生模型变形的情况。

三、B 样条曲线

B 样条曲线（B–Spline）是贝塞尔（Bezier）曲线的拓展，贝塞尔曲线常被应用在二维矢量软件中，例如 Photoshop 的钢笔工具及 CorelDRAW 贝塞尔曲线都属于贝塞尔曲线。

类似于 B 样条曲线用样条函数使曲线拟合时可以在接头处保证其连续性，与贝塞尔曲线相比，B 样条曲线的主要优点在于曲线形状可以局部控制，并可随意增加控制点而不提高曲线的阶数。

3.2 NURBS 的属性

NURBS 以数学的方式定义曲线、曲面和实体。对于 NURBS 曲线，每个软件都有各自不同的定义，但一般都是由：阶数、控制点、节点所控制的，有时由阶数、控制点、节点及估计法则（估计验算法）4 项控制，通常称这 4 项为曲线的属性。

3.2.1 阶数

阶数，也称度数（Degree），是个正整数，是描述曲线的函数的最高次数，例如下述曲线。

- Degree=1 直线方程：$y=ax+b$。
- Degree=2 圆的方程：$(x-a)^2+(y-b)^2=R^2$。
- Degree=2 椭圆方程：$x^2/a^2+y^2/b^2=1$。
- Degree=2 抛物线方程：$y=ax^2+bx+c$。

曲线的阶数对曲线的影响如下。

- 曲线的阶数关系到一个控制点对于一条曲线的影响范围。越高阶数的曲线的控制点对曲线形状的影响力越弱，但影响范围越广。
- 越高阶数的曲线的内部连续性会越好，但是提高曲线阶数并不一定会提高曲线内部的连续性，而降低曲线阶数一定会使曲线内部的连续性变差。

要点提示

这里的内部连续性指曲线节点处的连续性，连续性的概念会在后面介绍。

- 越高阶数的曲线越顺滑，但是所需的计算时间也越久，所以，曲线阶数不宜设置过高，通常在 3 ~ 5 阶即可，对连续性有较高要求的可以达到 7 阶。
- 升阶数曲线不会改变曲线的造型，但是对曲线降阶数一定会改变曲线造型。这一点需要特别注意。

3.2.2 控制点

在 Rhino 中，可以通过控制点来控制曲线的形态。绘制自由造型的曲线时，也是通过定位一系列的控制点实现的。控制点（Control Points，CP）也叫控制顶点（Control Vertex，CV），CV 位于曲线的外面之外。按键盘的 F10 键可以打开曲线的 CV 显示。图 3-2 所示为曲线构成的示意图（注意：图 3-2 仅为示意图，CV 与编辑点（Edit Point，EP）并不能同时显示）。

CV 之间有虚线（Hull）连着，有助于分辨 CV 的顺序。

单击【开启编辑点】按钮↷，可显示曲线的 EP。EP 位于曲线上。用户也可以通过调整 EP 的位置来改变曲线的形态。但是通常使用 CV 来调整曲线，因为 CV 影响的曲线形态的范围较小，而 EP 影响曲线形态的范围较大。如果只需

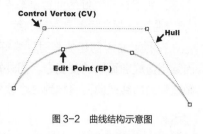

图 3-2　曲线结构示意图

要对曲线的局部形态进行调整，利用 CV 会容易很多。图 3-3 所示为 CV 与 EP 影响曲线形态的范围比较。

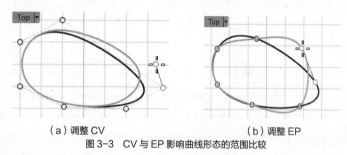

（a）调整 CV　　　　　　　　　　（b）调整 EP

图 3-3　CV 与 EP 影响曲线形态的范围比较

CV 与 EP 不能同时显示，只能分别显示。用户有时会自定一些快捷键，可以设置按 Esc 键关闭 CV 或 EP 的显示。Rhino 默认关闭 CV 的快捷键为 F11 键。

一、CV 与阶数的关系

在利用【控制点曲线】命令绘制曲线时，可以在指令提示栏设置曲线的阶数，默认参数为 3。Rhino 支持 1 ~ 11 阶的曲线。要构建一条曲线，首先要有足够的 CV，CV 的数目视曲线的阶数而定，如 3 阶的曲线至少需要 4 个 CV，5 阶的曲线至少需要 6 个 CV。曲线阶数与构成曲线所需的最少 CV 的数目的关系为 Degree = N-1（N：构成曲线所需的最少 CV 的数目）。

① 当输入的 CV 不满足最低要求的数量时，会自动降阶数。例如，在利用【控制点曲线】命令绘制曲线时，设定阶数为 3 阶，则至少需要 4 个 CV 才能达到 3 阶，如果只输入 3 个 CV，则会得到 2 阶曲线；只输入两个 CV，则得到 1 阶曲线，即直线。

② 如果输入的 CV 数量超过最低要求，则会产生节点。

③ 如果输入的 CV 数量刚好等于最低要求，则得到最简曲线（即没有内部节点的曲线），通常也叫单跨曲线（1-Span）。

在编辑曲线的形态时，可以通过按 Delete 键删除 CV，当删除 CV 到最低要求以下时，曲线也会相应降低阶数。

二、CV 与权值

CV 可以通过权值（Weight）影响曲线的形态，单击工具列的↷/【编辑控制点权值】按钮Υ可以调整 CV 的权值。

权值越大，CV 对曲线的吸引力越大，CV 影响范围内的曲线就会越靠近 CV；反之，权值越小，CV 对曲线的吸引力越小，CV 影响范围内的曲线就会越远离 CV。

每一个 CV 都有独立的权值，当 CV 中有一个权值与其他设置不同时，就会得到有理曲线。当所有 CV 的权值都相同时，可以得到非有理曲线。

一般默认绘制好的曲线是非有理曲线，因为权值默认都为 1，但 Rhino 中提供的关键点曲线（参看曲线绘制方式）是有理曲线。

在利用曲线创建曲面时，最好保持用同样类别的曲线，即同为有理，或同为非有理，避免因混用造成曲面结构变复杂。另外需要注意的是，有些三维软件并没有权值概念，当有通过权值做造型的曲线或曲面转档到这个软件时会出现造型变形的问题，所以应慎用权值这个属性。

 要点提示

利用【控制点曲线】命令绘制的曲线，每个 CV 的权值都默认为 1。权值不是一个数值，而是比例，如果调整所有 CV 都为非 1 的相同数值，则软件会自动约分为 1，调整后曲线还是非有理曲线。

3.2.3　节点

NURBS 曲线未发展时，如果需要 10 个 CV 来描述造型，就一定要 9 阶的曲线，那么，如果需要 30 个 CV 怎么办呢？那就需要 29 阶的曲线，29 阶的曲线会很难计算。NURBS 可以通过低阶数扩展出无穷多个 CV 造型，用节点来把很多更低阶数的曲线自动对接起来并且保持一定的光滑度，这是一种技术的进步，只是对接处节点位置的连续性会差一点，越高阶数曲线的节点位置的连续性也会相对提高。

跨距（Span）是节点与节点之间的间隔，每两个节点之间的间隔称为一个跨距，越长、越复杂的曲线具有越多个跨距。Rhino 的曲线实际上是将多个跨距连接起来，前一段曲线跨距的最后一个 CV 是下一段跨距的起始 CV，从而创建出连续光滑的曲线。每一段跨距都包含了曲线每一段的数学描述，跨距越多，曲线包含的信息量就越多；跨距越少，包含的信息量就越少。所以，跨距越少，描述曲线就越经济有效。图 3-4 所示为节点与跨距示意图。

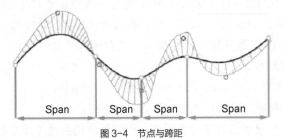

图 3-4　节点与跨距

一、节点、阶数与控制点的关系

开放曲线的起点和终点也是节点，但是，通常计算节点、CV 与阶数的关系只考虑曲线内部节点，起点和终点不计入。

曲线节点（K）、阶数（D）与控制点（CV）的关系如下。

- 开放曲线：$CV=D+K+1$。
- 闭合曲线：$CV=K$。

二、节点的属性

节点按照曲线的赋值方式可以分为均匀赋值方式和非均匀赋值方式，也就是常说的均匀曲线和非均匀曲线。选取曲线以后，可以单击工具列中的 ✓ /【列出物件数据】按钮 查看曲线节点的赋值。

图 3-5 所示是一条 3 阶 5 个 CV 曲线的物件数据。

"Knot Vector"（节点向量）信息栏列出的是节点的值与相邻节点间的差值。

- index：节点顺序检索值，从曲线正向起，起点为第 0 点，依次递增排序。

这里需要注意的是，开放曲线的起点和终点也属于节点，和内部节点不同，这里的节点叫全复节点。所以，视觉可见到的第一个内部节点其实是第 $D+1$ 个节点（D 为阶数值），依次类推。

- value：节点的赋值。
- mult：节点的数量。
- delta：德尔塔值，相邻两节点间的 value 的差值。

图 3-5　3 阶 5 个 CV 曲线物件数据

这里列出的 mult 值是所有节点的数量，包含起点与终点。前面给出的开放曲线节点公式中只计算除去起点和终点的内部节点数量。因为在曲面成面过程中不需要计算起点和终点的节点，只需要考虑内部节点就可以了。

delta 值相同的曲线为均匀曲线，delta 值不同的曲线为非均匀曲线。

利用【控制点曲线】命令绘制出来的曲线，节点赋值由软件后台计算得出，得到的都是均匀曲线。

利用【内插点曲线】命令可以通过定位节点得到曲线，赋值由用户鼠标取点的间隔决定。随意取点得到的几乎是非均匀曲线（随意取点很难做到节点间隔相等），利用捕捉或坐标输入方式可以刻意得到均匀赋值的曲线。另外：在指令提示栏中，用户还可以选择节点的赋值方式，如图 3-6 所示为【内插点曲线】指令提示栏选项。

```
指令: _InterpCrv
曲线起点（阶数(D)=3 节点(K)=弦长 持续封闭(P)=否 起点相切(S)）: 节点
节点 <弦长>（均匀(U) 弦长(C) 弦长平方根(S)）:|
```

图 3-6　【内插点曲线】指令提示栏选项

- 均匀：强制用均匀方式赋值节点。无论用户如何定位节点位置，都会得到均匀曲线，会用标准化的 delta =1 为节点赋值。图 3-7 所示为单击工具列中的 ✓ /【列出物件数据】按

钮 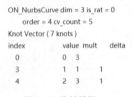 查看曲线节点赋值状态。通常节点间隔相差很大时，会得到不太平滑的曲线。这点要注意避免。

- 弦长：弦长指节点与节点之间的直线距离。图 3-8 所示为弦长示意图。该选项以弦长值来赋值节点，除非刻意以数值或捕捉方式限制每一段节点弦长值都相等，否则以鼠标定位点的方式绘制的内插点曲线都是非均匀曲线。

- 弦长平方根：用弦长的平方根来赋值节点。

图 3-7 物件数据

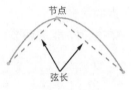

图 3-8 弦长示意图

三、节点的特征

调整曲线的 CV 不会改变曲线节点的赋值大小，所以单纯调整 CV 不会改变曲线的均匀属性。

分割、修剪等命令不会改变曲线节点位置，如图 3-9 所示。分割会造成终点的赋值（value值）变化，所以节点的 delta 值会变为不等，这样曲线会由均匀曲线变非均匀曲线。

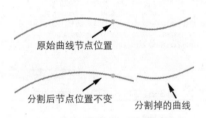

图 3-9 分割曲线后节点位置不变

3.3 连续性

如前所述，NURBS 就是用低阶数扩展出无穷多个 CV 实现造型的技术，用节点把多个低阶数曲线自动对接起来，在接合的位置保持一定的光滑度。这个光滑度可以用一个专业名词来描述，即连续性（Continuity），通常用 G1，G2，G3，G4，…，Gn 来描述连续性的级别，数字越大，光滑程度越高。

连续性有曲线内部的连续性（曲线节点位置处的连续性）、曲线之间的连续性、曲面之间的连续性、曲线对曲面的连续性等。

Rhino 提供了丰富的连续性检测和衔接工具。

3.3.1 连续性的几何特征

每个级别的连续性都有其各自的几何特征，了解这些特征，有助于我们分辨连续性的级别，或通过手工调整达到连续性的几何要求。曲线和曲面的连续性几乎相似，这里以曲线为例介绍连续性的结合特征。

（1）位置连续

两条曲线的端点或两个曲面的边缘重合即构成位置连续（G0），是最简单的连续方式，在视觉效果上，两条曲线或曲面间有尖锐的边角。对于曲线，可以利用☑端点捕捉来达到 G0 连续。

（2）相切连续

G1 连续在满足 G0 连续的基础上，相切连续（G1）还满足两条曲线在相接端点的切线方向一致或两个曲面在相接边缘的切线方向一致，在两条曲线或两个曲面之间没有锐角或锐边。对于曲线，打开 CV 观察，会发现曲线相接端的两个 CV 与相邻的曲线相接端的两个 CV 在同一条直线上，如图 3-10 所示。曲线上其他 CV 的位置与 G1 连续无关，可以自由调整；参与 G1 连续的 4 个 CV 则不能任意调整。如果通过调整这 4 个 CV 来修整曲线形态，就必须保证在切线方向（4 个 CV 所在的直线即为切线方向）上移动 CV，也可以借助【调节曲线端点转折】工具 ↗ 来调整。

使用【曲线圆角】工具 ◠ 或【曲面圆角】工具 ◔ 对直线或曲面进行圆角处理时，生成的圆角曲线（曲面）与原曲线（曲面）之间就是 G1 连续。

（3）曲率连续

曲率连续（G2）是用得最多的一种连续方式，G2 连续在满足 G1 连续的基础上，还满足两条曲线在相接端点（两个曲面在相接边缘）处的曲率半径相同。在视觉效果上，两条曲线或两个曲面之间要光滑连接。

参与 G2 连续的两条曲线的 CV 连线与延长线交点需要满足一定的几何比例关系，比例关系示意图如图 3-11 所示。

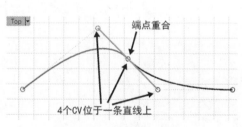

图 3-10　G1 连续 CV 状态

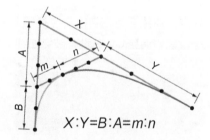

图 3-11　G2 连续的曲线几何比例关系

实现 G1 连续很简单，将 CV 调整到一条直线上即可。但是手工调整实现 G2 连续就麻烦很多，通常需要借助 Rhino 提供的【衔接曲线】和【调节曲线端点转折】工具来调整，具体操作可参见 4.3.1 小节与 4.3.2 小节内容。

对于 G2 连续，每条曲线需要提供其连接处的 3 个 CV，一共 6 个 CV，曲线上其他 CV 的位置与 G2 连续无关，可以自由调整，6 个 CV 必须借助【调节曲线端点转折】工具 ↗ 调整参与 G2 连续的 6 个 CV 才可以保证 G2 连续。

3.3.2　连续性的检测

Rhino 提供了多种工具检测物件的连续性，包括曲率图形、两条曲线的几何连续性、斑马纹分析（曲面连续性检测工具）。下面重点介绍曲率图形。

通过曲率图形可以判定曲线的几何连续性。曲线的曲率（Curvature）就是曲线上某个点的切线方向角对弧长的转动率，通过微分来定义，表明曲线偏离直线的程度，是数学上表明曲线在某一点的弯曲程度的数值，曲率越大，表示曲线的弯曲程度越大。曲率的倒数就是曲率圆半径值。

Rhino 提供的【开启曲率图形】工具 以曲率梳的形式显示曲线内部或曲线间的连续性，用户可以通过观察曲率图形在曲线端点处的方向和高度来判断曲线之间的连续性。

如果曲线为直线，由于直线曲率为 0，因此看不到曲率图形。

曲率图形上竖向线条的方向就是曲线拐点处的法线方向，竖向线条的高度为曲率大小。高度并不等于曲率值，只是通过高度反映曲率大小。

图 3-12 所示为两条曲线连续性为 G0、G1、G2 时曲率图形的显示状态。

- G0：曲率图形在曲线端点处的方向和高度都不相同。
- G1：曲率图形在曲线端点处的方向相同，但是高度不相同。
- G2：曲率图形在曲线端点处的方向和高度都相同。

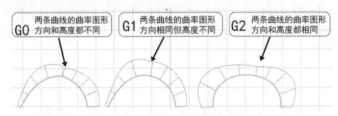

图 3-12　曲率图形的显示状态

一、曲线 CV 与曲线质量

曲线 CV 的数量与分布直接影响着曲线的质量。

图 3-13 所示，曲线 1 为初始曲线，是 3 阶 4 个 CV 曲线，其曲率图形很光顺，说明内部连续性较好；曲线 2 为在初始曲线基础上微调其中两个 CV 后的修整曲线形态，其曲率图形保持光顺状态，说明调整 CV 并没有破坏曲线的内部连续性。

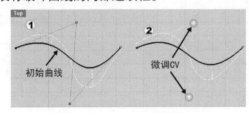

图 3-13　曲线的 CV 与曲线的质量（一）

图 3-14 所示，曲线 3 在曲线 1 的基础上增加了多个 CV，但是并未对 CV 进行调整，曲率图形还是比较光顺，但是曲率梳的密度增加，说明曲线相对于初始曲线更加复杂；曲线 4 为在曲线 3 的基础上微微调整其中两个 CV 后的修整曲线形态，其曲率图形起伏变得复杂，说明调整 CV 大大降低了曲线的内部连续性，即降低了曲线质量。

图 3-15 所示，曲线 5 是直接徒手绘制的 3 阶 9 个 CV 的曲线，其曲率图形相对于曲线 1 复杂得多，说明相对于曲线 1，曲线 5 的内部连续性较差。

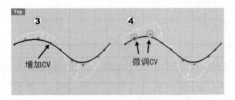

图 3-14　曲线的 CV 与曲线的质量（二）

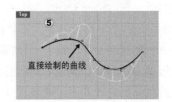

图 3-15　曲线的 CV 与曲线的质量（三）

综上所述可以得出结论：曲线的 CV 数目越少，曲线质量越高，调整其形态对内部连续性的影响越小。所以在绘制曲线时，要尽量控制 CV 的数目，需要对 CV 的分布做合理的规划，尽量减少不必要的 CV 形态变化较大（即曲率大）的位置可以适当增加 CV，而形态平缓的位置要精简 CV；如果调整局部形态不能满足要求，可以再在该处添加 CV。

二、曲线阶数与曲线的内部连续性

在一条曲线内，节点位置的连续性会稍差一些，这个可以通过曲率图形反映。2 阶曲线节点处连续性为 G1，3 阶曲线节点处连续性为 G2，5 阶曲线节点处连续性可以达到 G3。

阶数越高的曲线其内部连续性就会越好。如图 3-16 所示，曲线 1、曲线 2 为阶数不同、CV 数目相同、形态相似的曲线，可以看出 4 阶曲线的曲率图形明显要比 3 阶曲线光顺。需要注意的是，提高曲线阶数（单击【主要 2】工具列中的 / 【改变阶数】按钮 ）并不能改善曲线内部的连续性，如图 3-16（c）所示，曲线 3 是在曲线 2 的基础上提高阶数同时增加了 CV 数目得到的，曲率图形并没有得到改善。但是降低曲线阶数一定会降低曲线的内部连续性，在绘制曲线时，一般使用默认的 3 阶曲线就可以满足通常的曲线内部连续性，使用阶数更高的曲线会增加计算量。

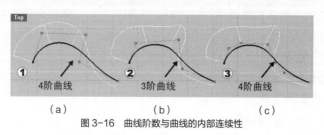

（a）　　　　　　　　（b）　　　　　　　　（c）

图 3-16　曲线阶数与曲线的内部连续性

3.4　曲线的起点与方向

曲线是具有方向性的，绘制的过程就决定了曲线的方向。绘制时定位的第一个点是曲线的起点，曲线延伸的方向是正方向。封闭曲线也有起点与方向，其起点与终点重合，曲线该位置称为接缝。

利用【主要】工具列中的【分析方向】工具可以 查看曲线的起点（或接缝）与方向，如图 3-17 所示，圆点标记的是曲线起点（或接缝），箭头标记的是曲线的方向。

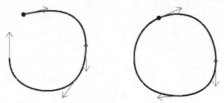

图 3-17　查看曲线的起点（或接缝）与方向

封闭曲线的接缝位置对于后期曲面的编辑非常重要，曲面接缝位置的编辑会影响曲面结构与衔接混接命令的执行效果。

小结

本章介绍了 NURBS 的基本概念、相关术语及连续性的定义、级别和检测。这些概念涉及一些数学知识，但是并不需要深入了解这些概念背后的深奥的数学定义与原理，只要知道如何运用阶数、CV 与节点塑造曲线的形态，利用 CV 达到需要的连续性级别即可。

习题

一、填空题

1. NURBS 曲线是由_____、_____、_____及估计法则 4 项所定义。

2. 曲线节点、阶数与 CV 的关系：开放曲线为_____；闭合曲线为_____。

3. 在编辑曲线的形态时，可以通过按 Delete 键删除 CV，当删除 CV 到最低要求以下时，曲线也会相应_____阶数。

4. _____指节点与节点之间的间隔。

5. Rhino 提供了多种工具来检测物件的连续性，包括_____、_____、斑马纹分析等。

6. Rhino 提供的【开启曲率图形】工具以曲率梳的形式显示曲线内部或曲线间的连续性。用户可以通过观察曲率图形在曲线端点处的_____和_____来判断曲线之间的连续性。

二、简答题

1. 简述 NURBS 曲线的概念。

2. 简述曲线连续的常见级别与特征。

3. 简述 CV 与阶数的关系。

4. 简述曲线的阶数对曲线的影响。

4

Chapter

第4章
曲线和曲面的创建与编辑

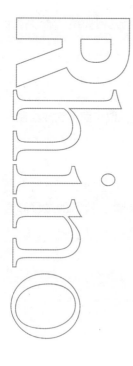

【学习目标】

- 学会曲线的基本绘制方法。
- 掌握曲线形态的编辑方式。
- 掌握常用的曲线编辑工具。
- 了解曲面的标准结构与特殊结构。
- 学会曲面的连续性检测与分析工具。
- 掌握曲面的创建。
- 掌握常用的曲面编辑工具。

【素质目标】

1. 培养职业素养，理解并遵守工程职业道德规范。
2. 培养爱岗敬业、精益求精的工匠精神。

曲线是曲面的基础，曲线的质量直接影响着曲面的质量，因此曲线的绘制至关重要。Rhino提供了多种曲线绘制工具，读者需要熟练掌握相应的绘制方式与技巧，为曲面的创建打好基础。

4.1 曲线绘制

在 Rhino 中，曲线绘制可以有多种方式，如通过指定关键点绘制几何曲线，通过指定 CV、节点绘制自由曲线，通过鼠标描绘曲线等。

4.1.1 关键点几何曲线

Rhino 提供了一系列通过指定关键点来绘制标准几何曲线的工具。这类曲线的绘制方式非常简单，只需要依据指令提示栏的提示输入关键点的坐标或通过鼠标光标取点即可完成绘制。

这里只讲述几个比较有代表性的工具。

一、圆

Rhino 提供了多种绘制圆的工具，集成在【主要 1】工具列（见图 2-2）中的【圆】子工具列中，如图 4-1 所示。通过这些工具图标可以用不同方式绘制圆，执行的过程和方法都很类似。

图 4-1 【圆】子工具列

（1）⊙【圆：中心点、半径】

单击【主要 1】工具列的⊙按钮，此时指令提示栏的状态如图 4-2 所示。

指令：_Circle
圆心（可塑形的(D) 垂直(V) 两点(P) 三点(O) 正切(T) 环绕曲线(A) 逼近数个点(F))：|

图 4-2 指令提示栏状态

此时指令提示栏状态表示确定圆心位置，有以下两种方式。

输入圆心的坐标：输入坐标值后需要右击或按 Enter 键完成。

光标取点：在视图中单击任意点或利用捕捉点作为圆心，单击后会自动跳转到下一状态。

输入圆心后，指令提示栏状态如图 4-3 所示。这时也可以用数值输入或光标取点两种方式来确定半径大小，完成圆的绘制。

半径 <10.000>（直径(D) 定位(O) 周长(C) 面积(A))：10

图 4-3 输入圆心后指令提示栏状态

- 圆心（可塑形的（D） 垂直（V） 两点（P） 三点（O） 正切（T） 环绕曲线（A） 逼近数个点（F））：【圆】子工具列提供了多种绘制圆的工具，分别是【直径画圆】⊘、【三点画圆】○、【环绕曲线画圆】⊙、【切线画圆】⊙/○、【画与工作平面垂直的圆】⊗/⊘、【可塑圆】⊙与【逼近数个点画圆】⊙。这些不同的画圆方式同时以选项的形式集成在以⊙【圆：中心点、半径】工具输入圆心时的指令提示栏中。

- 半径 <10>（直径（D） 定位（O） 周长（C） 面积（A））：Rhino 提供了多种确定圆大小的方式，包括半径、直径、周长和面积方式。其中【定位】选项可以先指定圆形平面的法线方向再确定圆的大小。

（2）⊙【圆：环绕曲线】

利用环绕曲线方式可以绘制与指定曲线或曲面边缘上任意一点的切线相垂直的圆。如图 4-4 所示，其中绘制了多个环绕红色曲线的圆，再利用单轨命令即可制作不等粗的圆管。

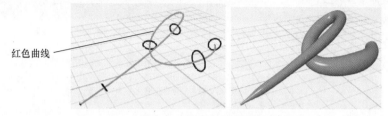

红色曲线

图 4-4　环绕曲线方式画圆

其他圆绘制命令都是基于当前工作平面的，只有⊙【圆：环绕曲线】工具可以在空间曲线的法线平面上绘制圆。

（3）⊙【圆：可塑形的】

使用⊙工具绘制的圆是一个标准圆，是由 4 段圆弧（圆弧是 2 阶有理曲线）组成的。可塑圆是可以设定阶数与 CV 的曲线。如图 4-5 所示，标准圆的 CV 排列并不符合一条单一曲线的定义，而可塑圆的 CV 分布均匀；选择两条曲线上任意一点并移动，可以看到标准圆在四分点位置变得尖锐，并且变为多重曲线，还可以利用【炸开】工具➘炸开，而可塑圆在调整 CV 后仍然维持为一条光滑曲线。

需要注意的是，初始未编辑的标准圆并不能炸开。

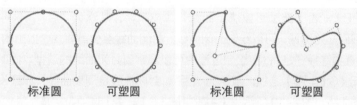

标准圆　　　　可塑圆　　　　　标准圆　　　　可塑圆

图 4-5　标准圆与可塑圆比较

如图 4-6 所示，利用【标准】工具列群组中的🔲/【半径尺寸标注】工具↗标注两者的半径时可以发现，标准圆是半径恒等的圆，可塑圆是半径不等的圆。

如图 4-7 所示，利用【打开曲率图形】工具↗分析两条曲线的曲率图形，可以发现，曲率图形的变化代表图形半径的变化，标准圆的曲率图形高度相等（半径恒等），可塑圆的曲率图形高度是变化的（半径不恒等）。

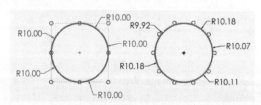

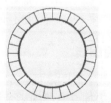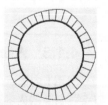

图 4-6　标准圆与可塑圆半径比较　　　　　　图 4-7　标准圆与可塑圆曲率图形比较

可塑圆默认阶数设定为 3 阶，指令提示栏状态如图 4-8 所示。

圆心（阶数(D)=3 点数(P)=10 垂直(V) 两点(O) 三点(I) 正切(T) 环绕曲线(A) 逼近数个点(F)):

图 4-8　指令提示栏状态

在阶数相同的情况下，增加 CV 数可以使可塑圆半径差异变小。如图 4-9 所示，曲线 CV 越多，曲率图形变化越小。

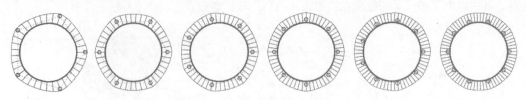

图 4-9 CV 数与曲率图形变化

二、如何应用标准圆与可塑圆

在实际应用中，标准圆和可塑圆应该怎么使用呢？在创建一个曲面时，标准圆和可塑圆最好不要混合使用，不能有些断面曲线用标准圆，有些断面曲线用可塑圆。例如在单轨创建曲面时，若断面曲线是圆造型，断面曲线要么都使用标准圆，要么都使用阶数相同、CV 数量相同的可塑圆。

4.1.2 控制点曲线

利用【控制点曲线】工具 🌀 可以通过定位一系列 CV 绘制曲线，指令提示栏中的【阶数（D）=3】选项可以设定曲线的阶数，关于阶数与 CV 的关系可参见 "3.2.1 阶数" 小节的内容。Rhino 支持 1 ~ 11 阶的曲线，默认曲线的阶数为 3 阶。在实际运用中，3 ~ 7 阶是最常用的阶数，对于小工业产品，3 ~ 5 阶就可以满足要求；那些有空气动力学要求的产品，例如汽车与飞机，可以使用 7 阶这样的高阶曲线予以实现。再高阶的曲线就很复杂了，不利于创建与编辑。

【持续封闭（P）= 否】选项可以决定曲线开放或闭合，默认为 "否"，这种情况下，在定位曲线最后一点时回到起始位置，可以绘制封闭曲线。封闭曲线至少需要 3 个以上的 CV。如果【持续封闭（P）= 否】选项选择 "是"，在绘制过程中可以观察到封闭曲线的造型。此时指令提示栏还提供一个【尖锐封闭（S）= 否】选项，默认为 "否"，封闭曲线是周期曲线；如果设置选项为 "是"，封闭曲线是非周期曲线。图 4-10 所示为【尖锐封闭（S）= 否】选项为 "是" 或 "否" 的区别。

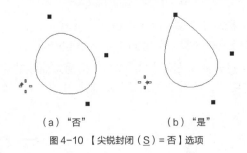

（a）"否"　　　　　　　　（b）"是"

图 4-10 【尖锐封闭（S）= 否】选项

4.1.3 内插点曲线

利用【内插点曲线】工具 🌀 通过定位曲线的节点来绘制曲线，节点的概念与特征参考 "3.2.3 节点" 小节的内容。内插点曲线的指令提示栏选项也可参考 "3.2.3 节点" 小节的内容。【节点（K）= 弦长】选项设定的是节点的赋值方式，默认选项通常得到非均匀曲线，可以利用捕捉刻意得到均匀曲线。通常来说，利用【内插点曲线】工具 🌀 绘制曲线的情况非常少。

需要注意的是，利用此命令绘制只有起点和终点的曲线，其实是 3 阶 4 点的曲线，并非 1 阶 2 点的直线。

4.1.4 控制杆曲线

利用【控制杆曲线】工具 /ꞏ 通过指定点与控制杆来绘制曲线,这个与二维软件 PS 或 AI 的钢笔工具画法很类似。单击定位点,释放后,拖曳鼠标调整控制杆的角度与长度来调整曲线形态。这个命令得到的曲线会是多重曲线,每定位两个点就会形成一段 3 阶 4 点的单跨曲线。按住 Alt 键同时拖曳控制杆手柄,可以产生锐角点。由于其局限性,这个工具的使用频率并不高。

4.1.5 描绘曲线

利用【描绘】工具 ꞏꞏ 通过按住鼠标左键拖曳来绘制曲线,Rhino 会将拖曳轨迹转化为平滑的曲线,这个命令只能为 3 阶,得到的曲线 CV 通常会很多。在实际应用中,这个工具的使用频率也并不高。

4.2 曲线形态编辑

一般来说,很少能一次就将曲线绘制得非常精准,一般是先绘制一条初始曲线,主要是绘制出大致的形态,重点是控制 CV 的数量与分布;然后再显示曲线的 CV,通过调整 CV 改变曲线的形态达到用户所需的状态。图 4-11 所示为【点的编辑】子工具列,这些都是增加和减少点的工具。

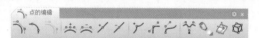

图 4-11 【点的编辑】子工具列

- 利用【打开点】工具 ꞏꞏ 可以打开曲线或曲面的 CV,默认快捷键为 F10 。
- 利用【打开编辑点】工具 ꞏꞏ 可以打开曲线的 EP。
- 右击 ꞏꞏ 图标可以关闭所有曲线点(包括 CV 与 EP)的显示。
- 利用【关闭选取物件的点】工具 ꞏꞏ 可以通过关闭物件来关闭其点显示。

4.2.1 增删 CV

如果无论怎么调整都无法得到需要的造型,可以在局部增加控制点后再进行调整。利用【插入一个控制顶点】工具 ꞏꞏ、【插入节点】工具 ꞏ 和【插入锐角点】工具 ꞏ 都可以为曲线增加额外的 CV。

一、插入一个控制点

利用【插入一个控制顶点】工具 ꞏꞏ 可以在曲线或曲面任意位置插入一个 CV,步骤如图 4-12 所示。可以发现,当插入额外的 CV 后,曲线的形态发生了改变。这在建模中期是不期望出现的结果。所以,这个命令最好只在绘制最初曲线时使用。

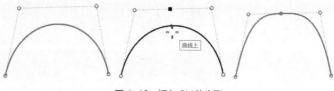

图 4-12 插入 CV 的步骤

二、插入节点

当建模中期需要维持物件造型并增加 CV 时，可以使用【插入节点】工具 ✍。步骤如图 4-13 所示，根据曲线 CV 计算公式，在阶数不变的情况下，每增加一个节点，曲线就会多一个 CV。所以，利用这个工具也可以为物件增加 CV。

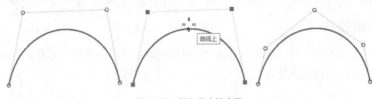

图 4-13　插入节点的步骤

注意：插入节点后曲线的均匀性会发生改变。

三、插入锐角点

利用【插入锐角点】工具 ✍ 可以在指定位置增加一个锐角点，增加完成后，曲线会变为多重曲线。移动锐角点处的 CV，会在此处形成一个尖锐转角，如图 4-14 所示。

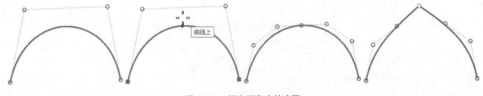

图 4-14　插入锐角点的步骤

四、删除 CV

利用【删除一个控制顶点】工具 ☹、【删除节点】工具 ✍ 可以删除不需要的点，删除 CV 或节点都会使曲线或曲面造型发生改变。

4.2.2　维持连续性并调整曲线形态

当两曲线之间的连续性为 G1 或 G2 时，如果想要维持端头的连续性，同时改变曲线的造型，可以依据曲线连续性的特点来调整。

一、维持 G1 连续性并改变造型

两条曲线达到 G1 连续性，需要每个曲线从端点开始的两个 CV 参与。所以，调整从端点处开始的第三个 CV，不会破坏此端点处曲线的连续性。当需要调整端点位置的第二个 CV 时，只需要维持 4 点共线的原则即可，调整比较简单，如图 4-15 所示。

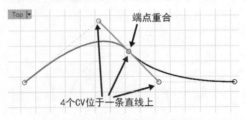

图 4-15　维持 G1 连续性，并改变造型

二、维持 G2 连续性并改变造型

两条曲线达到 G2 连续性，需要每个曲线从端点开始的 3 个 CV 参与。所以，调整从端点处开始的第 4 个 CV，不会破坏此端点处曲线的连续性。

当需要调整从端点位置开始的第二个和第三个 CV 时，需要满足 G2 连续性的几何要求。手工调整需要做辅助线，过程比较麻烦，可以使用【调节曲线端点转折】工具 ⌒。

如图 4-16 所示，图中两条曲线已达到 G2 连续性，要调整绿色曲线的造型，并维持左端为 G2 连续时，图中框选的 3 个 CV 不可任意调整。

当利用【调节曲线端点转折】工具 ⌒ 调整曲线形态时，曲线有两个端头，在指令提示栏中可以设定【连续性 1(C)= 曲率】或【连续性 2(O)= 位置】选项的参数。在端点位置会有标示，【连续性 1】对应视图中端头标注 ❶ 的端头需要维持的连续性级别；【连续性 2】对应标注 ❷ 的端头。

设定好端头需维持的连续性级别后，可以在视图中通过拖曳黑色实心矩形点（简称黑点）来改变造型。

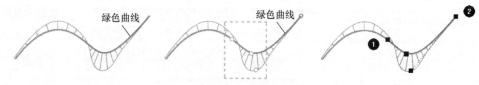

图 4-16　维持 G2 连续性，并改变造型

连续性级别与调整点数量之间的关系如下所述。
- 【无】：此处端头没有可调整的点。
- 【位置】：此处端头仅有 1 个可调整的点。
- 【相切】：此处端头有 2 个可调整的点。
- 【曲率】：此处端头有 3 个可调整的点。

当曲线两头都需要维持一定连续性级别时，如果提供的可调整黑点超过曲线原有 CV 数量，曲线会自动增加 CV，会发现还未调整时曲线造型已发生变形，如图 4-17 所示。曲线两端都维持 G2 调整形态，每个端头会有 6 个调整点，比原始曲线的 4 个 CV 要多，曲线形态发生变形。

调整时拖曳黑点，并观察曲线形态，直到得到需要的造型。调整过程中建议打开曲率图形显示，如图 4-17 所示，曲率图形会动态显示曲线的曲率变化。注意：调整时曲率变化不宜太抖动。

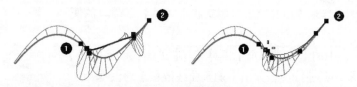

图 4-17　调整过程

4.3　曲线编辑

Rhino 提供了多种曲线编辑工具以满足用户的多样需求。下面讲述使用频率较高的命令。

4.3.1 衔接曲线

利用【衔接曲线】工具～可以改变指定曲线端点处 CV 的位置，使其与另一曲线达到指定的连续性级别。

该工具的使用非常简单，就是依次选取要进行衔接的曲线（调整其 CV）的一端与要被衔接的曲线（形态不变）的一端，在弹出的【衔接曲线】对话框中设定需要的连续性即可，如图 4-18 所示，相应选项介绍如下。

- 【连续性】：其下有 3 个选项，对应 G0 ~ G2 连续性。
- 【维持另一端】：其下选项用于设定要进行衔接的曲线的另一端的连续性是否保持。
- 【互相衔接】：勾选此复选框，两条曲线均会调整 CV 的位置来达到指定的连续性，衔接点位于两曲线端点连线的中点处。图 4-19 所示为未勾选与勾选【互相衔接】复选框时两曲线的不同状态。

图 4-18 【衔接曲线】对话框

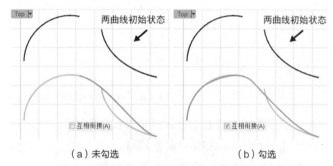

（a）未勾选　　　　　　（b）勾选

图 4-19 未勾选与勾选【互相衔接】复选框时的状态

- 【组合】：勾选此复选框，衔接曲线后会对两条曲线进行组合，相当于衔接后再执行【组合】命令。

- 【合并】：勾选此复选框，衔接曲线后会将两条曲线合并为一条单一曲线，合并后的曲线就无法使用【炸开】命令炸开。此选项只在【连续性】选项为 G2 时可用。

4.3.2 可调式混接曲线

使用【可调式混接曲线】工具 可以在两条曲线之间以指定的连续性生成新的曲线。

一、工具的使用方法

这里通过实例操作来重点介绍【可调式混接曲线】工具 的使用方法。

- 单击工具列中的【曲线圆角】工具 /【可调式混接曲线】按钮 ，依次选取两条曲线后，弹出【调整曲线混接】对话框，如图 4-20 所示。

- 在视图中分别单击两条曲线的端点处，如图 4-21 所示。为了得到对称的混接曲线，可以事先在曲线上放置两个点对象，以方便后面通过捕捉来调整混接曲线形态。

- 此时指令提示栏提示选取要调整的控制点，单击选择 CV，如图 4-22 所示。

图 4-20 【调整曲线混接】对话框

图 4-21　单击选择曲线

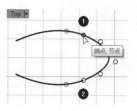

图 4-22　选择 CV

- 开启点捕捉☑点，按住鼠标左键拖曳到图 4-23 所示的点后释放，再以相同的方式调整另一侧的 CV，完成效果如图 4-24 所示。

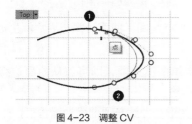

图 4-23　调整 CV

图 4-24　调整 CV 后的效果

- 按住 Shift 键的同时按住鼠标左键拖曳任意一端中间的 CV，对称调整混接曲线的形态，如图 4-25 所示。

- 右击完成调整，产生的混接曲线如图 4-26 所示。

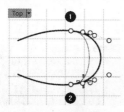

图 4-25　对称调整 CV

图 4-26　完成混接

二、指令提示栏选项说明

混接曲线指令提示栏中选项的功能介绍如下。

（1）在曲线之间生成混接曲线

单击工具列中的 ⌐ / ⌐ 按钮，选择要混接的两条曲线后，即可动态地对曲线形态进行调整，弹出的【调整曲线混接】对话框如图 4-27 所示。

- 【连续性】1/2：设定生成的混接曲线与原有两曲线在端点处的连续性级别。除了 G0 ～ G2 外，还可以生成 G3、G4 连续性的曲线。

- 【反转 1】/【反转 2】：单击该按钮后，会反转生成的混接曲线的端点。

- 【显示曲率图形】：勾选该复选框，即可在调整形态时显示曲率图形，以方便用户分析曲线质量。图 4-28 所示为显示曲率图形的状态。

 要点提示

按住 Shift 键选择要调整的 CV，可以对 CV 做对称调整。

图 4-27 【调整曲线混接】对话框

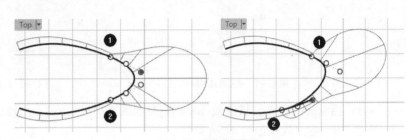

图 4-28　显示曲率图形

除了可以混接曲线，还可以在曲面边缘、曲线与点之间、曲面边缘与点之间生成混接曲线。

（2）在曲面边缘之间生成混接曲线

● 【边缘】：单击 按钮，再在指令提示栏中单击该选项，即可以从曲面边缘开始建立混接曲线。指令提示栏会提示选取要做混接的曲面边缘。

● 【角度_1】/【角度_2】：默认情况下，生成的混接曲线与原曲面边缘垂直，如图 4-29（a）所示；通过该选项可以设定其他角度的混接曲线，也可以按住 Alt 键选择要调整的 CV 以手动方式设定混接角度，效果如图 4-29（b）所示。

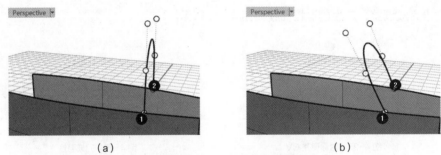

（a）　　　　　　　　　　　　　　　　　　（b）

图 4-29　从曲面边缘开始建立混接曲线

（3）在曲线与指定点之间生成混接曲线

【点】：单击 按钮后，再在指令提示栏中单击该选项，指令提示栏会提示选取曲线要混接至的终点，操作过程如图 4-30 所示。

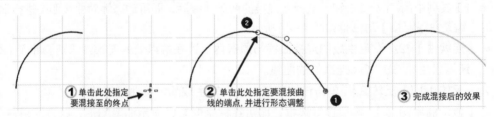

① 单击此处指定要混接至的终点　　② 单击此处指定要混接曲线的端点，并进行形态调整　　③ 完成混接后的效果

图 4-30　混接到指定点的过程

4.3.3　曲线圆角

【曲线圆角】工具 是 Rhino 中非常重要的工具，通常用于对模型中尖锐的边角进行圆角处理。在使用该工具时，指令提示栏状态如图 4-31 所示。执行圆角命令需要两条曲线在同一平面内。

选取要建立圆角的第一条曲线（半径(<u>R</u>)=*0.5* 组合(<u>J</u>)=*否* 修剪(<u>T</u>)=*是* 圆弧延伸方式(<u>E</u>)=*圆弧*）：

图 4-31　【曲线圆角】工具指令提示栏状态

Rhino 5.0 还新增了【全部圆角】工具，可以使用户快速地以同一半径对多重曲线或多重直线的每个锐角进行圆角处理。

- 【半径】：输入数值，设定圆角大小。注意，若圆角太大超出了修剪范围，则倒圆角操作可能不会成功。

- 【组合】：设定进行圆角处理后的曲线是否接合。设定为"是"，可以免去再使用【组合】工具进行接合的操作。

- 【修剪】：设定进行圆角处理后是否修剪多余部分。图 4-32 所示为设定不同【修剪】选项形成的不同效果。

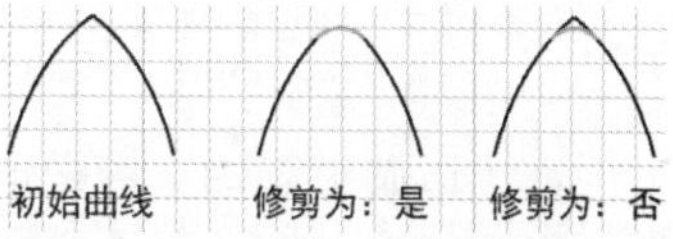

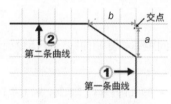

图 4-32　不同【修剪】选项形成的效果

- 【圆弧延伸方式】：当要进行圆角处理的两条曲线未相交时，系统会自动延伸曲线使其相交，然后再做圆角处理。该选项用于指定曲线延伸的方式。

4.3.4　曲线斜角

【曲线斜角】工具和【曲线圆角】工具的功能非常相似，其指令提示栏状态如图 4-33 所示，右侧 3 个选项和工具指令提示栏中选项的作用是一样的。

选取要建立斜角的第一条曲线（距离(<u>D</u>)=*1,1* 组合(<u>J</u>)=*否* 修剪(<u>T</u>)=*是* 圆弧延伸方式(<u>E</u>)=*圆弧*）：

图 4-33　【曲线斜角】工具指令提示栏状态

【距离】：输入格式为"*a*，*b*"，*a* 和 *b* 分别代表单击选取的第一条曲线斜切后与原来两条曲线交点的距离、第二条曲线斜切后与交点的距离。图 4-34 所示为倒斜角示意图。

图 4-34　倒斜角示意图

4.3.5　延伸曲线

Rhino 提供了多种延伸曲线的方式，单击工具列中的【圆角曲线】工具/【延伸曲线】按钮，或选择【曲线】/【延伸曲线】命令，如图 4-35 右图所示，然后即可弹出图 4-35 左图所示的【延伸】子工具列。

- 【延伸曲线】工具：延伸曲线至选取的边界，以指定的长度延长，拖曳曲线端点至新的位置。

- 【连接】工具：利用本工具可在延伸曲线的同时修剪掉延伸后曲线交点以外的部分，注意，单击点的位置不同，修剪掉的部分也不一样，如图 4-36 所示。

- 【延伸曲线（平滑）】工具：延伸后的曲线与原曲线曲率连续（G2）。

- 【以直线延伸】工具：延伸部分为直线，延伸后的曲线与原曲线相切连续（G1），可以利用【炸开】工具将其炸开。

图 4-35 【延伸】子工具列和【延伸曲线】级联菜单　　　　　图 4-36 【连接】工具产生的结果

• 【以圆弧延伸至指定点】工具 ⌒：延伸部分为圆弧，延伸后的曲线与原曲线相切（G1）连续，可以利用【炸开】工具 ⥩ 将其炸开。图 4-37 所示为不同延伸方式产生的效果。

• 【以圆弧延伸（保留半径）】工具 ⌒：延伸部分为圆弧，产生的延伸圆弧半径与原曲线端点处的曲率圆半径相同。

• 【以圆弧延伸（指定中心点）】工具 ⌒：延伸部分为圆弧，通过指定圆心的方式确定延伸后的圆弧。

• 【延伸曲面上的曲线】工具 ◢：延伸曲面上的曲线到曲面的边缘，延伸后的曲线也位于曲面上。图 4-38 所示为延伸曲面上曲线的效果。

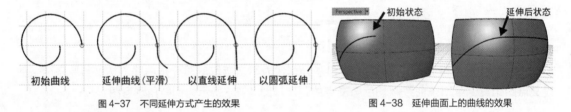

图 4-37 不同延伸方式产生的效果　　　　　　　图 4-38 延伸曲面上的曲线的效果

4.3.6 偏移曲线

【偏移曲线】工具 ⌇ 可以以等间距偏移复制曲线，其指令提示栏状态如图 4-39 所示。

偏移侧（距离(D)=1 角(C)=锐角 通过点(T) 公差(O)=0.001 两侧(B) 与工作平面平行(I)=否 加盖(A)=无）：

图 4-39 【偏移曲线】工具指令提示栏状态

• 【距离】：设定偏移曲线的距离。

• 【角】：当曲线中有角时，设定产生的偏移效果，图 4-40 所示为不同【角】选项产生的效果。

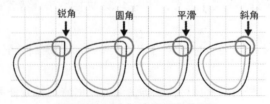

图 4-40 不同【角】选项产生的效果

• 【通过点】：通过鼠标设定偏移曲线要通过的点的方式。

• 【公差】：偏移后的曲线与原曲线距离误差的许可范围，默认值和系统公差相同，公差越小，误差越小，但是偏移后曲线的 CV 越多。

　　曲线的 CV 分布与数目直接影响曲线的质量，若不严格要求偏离间距误差，可以适当提高公差值以减少 CV 的数目。图 4-41（a）、（b）所示为不同公差值得到的偏移曲线的 CV 效果。

　　如果要利用偏移前后的两条曲线构建曲面，且构建的曲面之间又要做混接处理，则基础曲线有相同的 CV 数目与分布时产生的曲面结构和质量要高一些，通过复制并缩放曲线可以模拟偏移效果，如图 4-41（c）所示。

　　用户可以单击工具列中的 ▱ /【分析曲线偏差值】按钮 ✛ 来分析偏移前后两曲线的最大与最小偏差值，分析的结果会显示在指令提示栏中。图 4-42 所示为不同公差与模拟偏移的偏差值，图中的绿色标记表示最小偏差值，红色标记表示最大偏差值。通过分析曲线偏差值，可以看出通过复制并缩放曲线来模拟偏移效果的优势，可以保证曲线的 CV 数目及分布与原曲线相同。只要不是很严格地要求偏离间距误差，最好使用模拟方式。

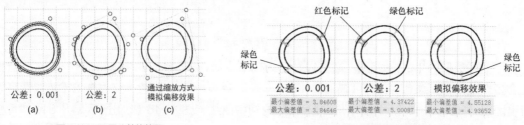

图 4-41　不同公差的效果　　　　　　　图 4-42　分析曲线偏差值

- 【两侧】：单击该选项后，会同时向曲线内侧与外侧偏移曲线。

4.3.7　重建曲线

　　利用【重建曲线】工具 🐾 可以以指定的阶数和 CV 数量转化曲线。选择曲线后，单击 🐾 按钮，会弹出【重建】对话框，如图 4-43 所示。

- 【点数】：括号内的数值是重建前曲线 CV 的数量，可以在数值输入框内输入重建后的 CV 的数量。

- 【阶数】：括号内的数值是重建前曲线的阶数，可以在数值输入框内输入重建后的阶数。

- 【删除输入物件】：勾选该复选框，会在重建曲线后删除原始曲线；不勾选时，会保留原始曲线。

- 【在目前的图层上建立新物件】：勾选该复选框，会将重建后的曲线转到当前图层，否则会和原始曲线位于一个图层。

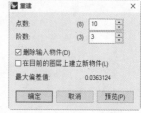

图 4-43　【重建】对话框

- 【最大偏差值】:【重建曲线】命令会将 CV 分布变得更均匀，所以，即使重建前后 CV 数与阶数都相同，曲线形态也会发生变形，这个参数显示的也是重建前后曲线间距离的偏差值。重建曲线还会将节点赋值均匀化，所以，非均匀曲线会先变均匀曲线。

- 【非一致性的重建曲线】：维持曲线非均匀属性的同时重建曲线。

　　需要注意的是，重建后的曲线和原始曲线一定会存在误差，即使是维持原始的阶数与 CV 数，或增加曲线的阶数与 CV 数。当需要增加曲线的 CV 数时，如果不希望曲线变形，就不要用重建工具，可以考虑升阶或加入节点。

4.3.8　重新逼近曲线

　　使用【重新逼近曲线】工具 😄 可以通过输入公差和阶数来产生新曲线。选择曲线后，单击按钮，此时指令提示栏状态如图 4-44 所示。

逼近公差 <0.001>（删除输入物件(D)=是 阶数(G)=3 目的图层(O)=输入物件 角度公差(A)=1）:

图 4-44　重新逼近曲线指令提示栏状态

此时可以输入【逼近公差】的数值，公差数值越大，曲线重新逼近的曲线 CV 越少，和原始曲线偏差越大。

4.3.9　更改阶数

使用【更改阶数】工具可以更改曲线的阶数，选择曲线后，单击 按钮，此时指令提示栏状态如图 4-45 所示。

在指令提示栏中输入新的阶数数值，按 Enter 键即可改变曲线阶数。数值范围为 1 ~ 11。

新阶数 <3>（可塑形的(D)=否）:

图 4-45　更改阶数指令提示栏状态

• 【可塑形的（D）= 否】：当曲线含有内部节点时，"可塑形的（D）= 否"会在节点处重合多个节点形成复节点；"可塑形的（D）= 是"会维持节点数量不变。查看 CV 数量可以看出区别：如图 4-46（a）所示是 3 阶 5CV 的初始曲线，图 4-46（b）所示是升 5 阶"可塑形的（D）= 是"的结果，图 4-46（c）所示是升 5 阶"可塑形的（D）= 否"的结果，可以看到图 4-46（c）比图 4-46（b）的 CV 多。

升阶后，可以利用【插入节点】工具查看曲线的节点状态，如图 4-47 所示，会发现曲线的节点位置与数理并未变化，CV 计算公式 $CV=D+K+1$，图 4-46（c）所示的曲线目前看上去似乎不满足这个公式，实际情况是图 4-46（b）所示曲线每一个节点位置处只有一个节点，因此符合曲线 CV 公式，而图 4-46（c）在内部节点位置重合了 3 个节点（这种节点称为复节点），因此也符合曲线 CV 计算公式。

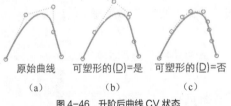

原始曲线　可塑形的(D)=是　可塑形的(D)=否
（a）　　　　（b）　　　　（c）

图 4-46　升阶后曲线 CV 状态

节点状态

图 4-47　曲线节点状态

含有复节点的曲线和曲面不利于调整和编辑，所以，建议升阶时选择设置"可塑形的（D）= 是"。对于含有复节点的曲线和曲面，单击工具列的【曲面圆角】工具 /【移除曲面或曲线的复节点】工具 可以移除复节点。

4.4 曲面的结构

Rhino 是以技术为核心的曲面建模软件，这和其他实体建模软件（如 Pro/E、UG）有很大的不同，Rhino 在构建自由形态的曲面方面具有灵活、简单的优势。

在学习曲面创建工具之前，首先要了解曲面的标准结构与特殊结构，这对于掌握曲面创建与编辑会有很大的帮助。在建模考虑曲面分面时，应先按照 4 边标准结构去拆分曲面；如果无法以 4 边结构拆分曲面，再考虑以特殊曲面结构来拆分曲面。

4.4.1　曲面的标准结构

Rhino 曲面标准结构是具有 4 个边的类似矩形的结构，曲面上的点与线具有两个走向，这两个方向呈网状交错，如图 4-48 所示。

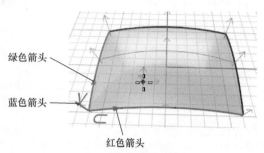

绿色箭头

蓝色箭头

红色箭头

图 4-48　曲面的标准结构

曲面可以看作是由一系列的曲线沿一定的走向排列而成的。在 Rhino 中构建曲面时，需要首先了解曲面的结构元素。

（1）曲面的 *UVN* 方向

NURBS 使用 *UVN* 坐标来定义曲面，可以想象为平面坐标系的 *xyz* 坐标。*U*、*V* 是曲面上一系列纵向和横向上的点；*N* 则是曲面上某一点的法线方向。

单击【分析方向】按钮 可以查看曲面的 *UVN* 方向，如图 4-48 所示，红色箭头代表 *U* 向，绿色箭头代表 *V* 向，蓝色箭头代表法线（*N*）方向。

可以将 *U*、*V* 和法线方向假想为曲面的 *x*、*y* 和 *z* 轴。

（2）结构线

结构线是曲面上一条特定的 *U* 或 *V* 曲线，是曲面上纵横交错的线，Rhino 利用结构线和曲面边缘曲线来可视化 NURBS 曲面的形状，在默认情况下，结构线显示在节点位置。

要点提示

结构线又称等参线，英文名是 Isoparametric，缩写为 ISO。

用户可以通过结构线来判定曲面的质量，结构线分布均匀、简洁的曲面，比结构线密集、分布不均的曲面质量要好。

单击【标准】工具列群组中的【物件属性】按钮 ，在弹出的【属性】面板中可以设定结构线显示的密度，如图 4-49 所示。

（3）曲面边缘

曲面边缘是指曲面最边界的一条 *U* 或 *V* 曲线。在构建曲面时，可以选取曲面的边缘来建立曲面间的连续性。

将多个曲面组合时，若一个曲面的边缘没有与其他曲面的边缘相接，这样的边缘称为外露边缘。

曲面的边缘状态可以通过单击工具列中的【分析】工具 /【显示边缘】工具 查看到，这时会弹出【边缘分析】对话框，如图 4-50 所示，在这里可以选择要显示的边缘类型。

图 4-49 【属性】面板

图 4-50 【边缘分析】对话框

4.4.2 曲面的特殊结构

在建模过程中，很多曲面从形态上来看与标准结构不同，但其实这些曲面也是属于 4 边结构，只是 4 个边的状态比较特殊，具体分类如下。

（1）具有收敛点的曲面

例如，图 4-51 所示的 3 边曲面看似不遵循 4 边曲面的构造，显示其 CV 可以看出，曲面具有两个走向，只是其中一个走向的线在一端汇聚为一点，称为奇点或收敛点，也就是一个边的长度为 0。这是 4 边曲面的特殊状态。虽然 3 边曲面也可以看作 4 边曲面，但是在构建曲面的时候，应尽量避免 3 边曲面，也就是尽量不要构建有奇点的曲面（不包括由旋转命令形成的带有奇点的曲面）。

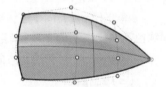

图 4-51 具有收敛点的曲面

当曲面的另一端也是收敛点时，曲面在视觉效果上只有两个可视边缘。

（2）具有接缝的曲面

有一个方向闭合的曲面，如图 4-52 所示，看似不属于 4 边结构，在使用【显示边缘】工具 查看其边缘时，可以看到在曲面侧面也具有边缘，这就是曲面的另外两边，只是两个边缘重合在一起了，如图 4-53 所示。像这样重合在一起的曲面边缘称为接缝。

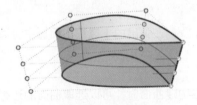

图 4-52 封闭曲面

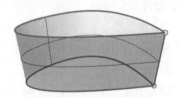

图 4-53 曲面边缘状态

（3）封闭 + 收敛点

图 4-54 所示的两个曲面是具有收敛点的封闭曲面，在使用【显示边缘】工具 查看其边缘时，可以看到不但曲面侧面两个边缘重合，另外的边缘也汇聚成为收敛点，图 4-54（a）曲面

只有一端收敛，另一端是开放结构；图 4-54（b）曲面两端都为收敛点。

（4）修剪曲面

还有一些曲面从外观上看并不能分析出其 4 个边，如图 4-55 所示。其实这仍是 4 边曲面，只是该曲面执行了【修剪】命令，其边缘所在的面被修剪掉了。显示曲面的 CV，如图 4-55（a）所示，可以看出其 CV 还是以 4 边结构排列的。

在 Rhino 中，对曲面的修剪并不是真正将曲面删除，而是将其进行了隐藏，单击 按钮（执行【取消修剪】命令），将曲面取消修剪，即可以看到该曲面未被修剪时的状态。

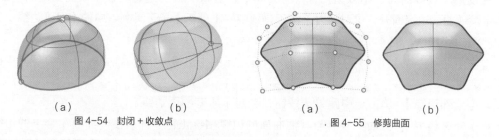

（a）　　　　　　　　（b）　　　　　　　　　　（a）　　　　　　　（b）

图 4-54　封闭 + 收敛点　　　　　　　　　图 4-55　修剪曲面

4.5 曲面连续性的检测与分析

曲面建模时，不可能以一个完整的曲面实现构建，需要将曲面拆分成多个面分别去构建，但是这些拆分开的曲面需要利用【衔接曲面】工具 、【混接曲面】工具 等搭接起来，形成光滑的过渡。这时就需要对曲面之间进行连续性级别分析，检测曲面之间是否达到需要的连续性级别，Rhino 提供了相应的曲面检测与分析工具。

4.5.1　检测曲面间的连续性

曲面连续性的定义和曲线间的连续性定义相似，用来描述曲面间的光顺程度。在 Rhino 中使用较多的是 G0 ~ G2 连续性，Rhino 也提供了曲面间的 G3、G4 连续性，如图 4-56 所示，【混接曲面】工具 的【调整曲面混接】对话框中即提供了 G3、G4 连续。

检测两个曲面之间的连续性，可以使用【斑马纹分析】工具 ，图 4-57 所示为斑马纹分析图例。

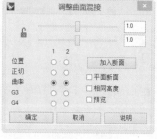

图 4-56　【调整曲面混接】对话框

* 如果两个曲面边缘重合，斑马纹会在两个曲面相接处断开。这表示在两曲面之间为位置连续（G0）。

* 如果斑马纹在曲面和另一个曲面在接合处对齐，但在接合处突然转向，这表示两曲面为相切连续（G1）。

* 如果斑马纹在接合处平顺地对齐且连续，表示两曲面为曲率连续（G2）。

图 4-57　斑马纹分析图

要点提示

在使用【斑马纹分析】工具时，曲面的显示精度会影响斑马纹的显示效果，将曲面的显示精度提高，可以得到更为准确的分析结果。

4.5.2 分析曲面边缘

在使用【混接曲面】、【双轨扫掠】等工具时，选取曲面的边缘可以获取曲面间的连续性，通常会发现曲面边缘断开，这时可以单击工具列中的【分析】子工具列 中的【显示边缘】工具 来查看边缘状态。图 4-58 所示为某复合曲面的边缘状态。

单击【显示边缘】工具 ，会弹出图 4-59 所示的【边缘分析】对话框，下面介绍其中比较重要的选项。

- 【全部边缘】：单击选中此单选按钮，会显示所有曲面边缘。
- 【外露边缘】：曲面中没有与其他曲面的边缘相接（需要先将多个曲面组合）的边缘称为外露边缘。单击选中此单选按钮，即可仅显示外露边缘。图 4-60 显示了复合曲面的外露边缘。

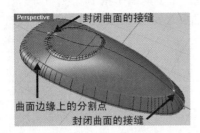

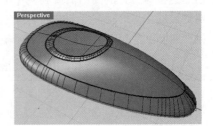

图 4-58 显示曲面边缘　　图 4-59 【边缘分析】对话框　　图 4-60 显示复合曲面的外露边缘

要点提示

在使用布尔运算类工具时，常会遇见运算失败的情况，通常是因为两个曲面在要做布尔运算的部位的交线不闭合，系统无法定义剪切区域。这时可以先利用【显示边缘】工具 来查看曲面在相交区域是否存在外露边缘。

- 放大(Z) ：当单击选中【外露边缘】单选按钮时，该按钮才可用。有时曲面的外露边缘非常小，不容易观察，单击此按钮可以放大显示外露边缘。此时指令提示栏状态如图 4-61 所示，在指令提示栏中单击【下一个】或【上一个】选项可以逐个查看放大状态的外露边缘。

全部外露边缘，按 Enter 结束（ 全部(A)　目前的(C)　下一个(N)　上一个(P)　标示(M) ）：

图 4-61 【外露边缘】指令提示栏状态

4.5.3　曲面边缘断开与合并

在通过选取曲面边缘获得连续性时，可能只需要使用某个曲面边缘的一部分，这时可以单击工具列中的 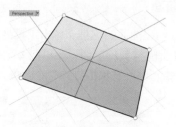 / 🗐 /【分割边缘】工具 🔩 在需要的位置分割边缘。右击工具按钮 🔩 执行【合并边缘】命令，可以将分割后的边缘进行合并。

在很多时候，用户并未手动打断边缘，但是会发现边缘存在断开的情况。有些曲面边缘可以合并，但有些情况不能合并，边缘自动断开与合并情况如下。

（1）长短曲面边缘组合，长边会自动打断，然后再组合；炸开后，边缘不会自动融合，可以用【合并边缘】工具融合，如果融合后的边缘还有点瑕疵，可再重建边缘。

（2）多段线去修剪面，曲面边缘会断开。如果线本来是 G1 连续的，曲面的边缘可以融合。如果线本来是 G0 连续的，曲面的边缘不可以融合。

（3）封闭面的接缝位置被修剪后会是断边，不能融合。

（4）多重曲面之间是多个面，边缘即使是 G1 以上连续，也不能融合。

4.6　曲面的创建

Rhino 提供的曲面创建工具完全可以满足各种曲面建模的需求，对于同一个曲面造型，通常有多种创建方法，选择什么样的方式来构建曲面，用户可以根据个人习惯与经验而定。一般来说，对于同一个曲面造型，可以将多种方式生成的曲面进行比较，选择使用能构建最简洁曲面的方式来完成创建。

4.6.1　指定 3 个或 4 个角建立曲面

利用【指定三或四个角建立曲面】工具 🔲 可以通过鼠标指定 3 个或 4 个点来创建曲面，该命令操作简单，但是使用很少。图 4-62 所示为指定 4 个点创建的曲面示例。

图 4-62　指定 4 个点建立曲面

4.6.2　以 2 个、3 个或 4 个边缘曲线建立曲面

选择【以二、三或四个边缘曲线建立曲面】工具 🔳，可以使用 2 ~ 4 条曲线或曲面边缘来建立曲面。图 4-63 所示为使用 4 条首尾相接的曲线创建的曲面。使用 2 ~ 3 条曲线建面会产生奇点，应尽量避免这种情况。

即使曲线端点不相接，也可以使用该工具形成曲面，只是这时生成的曲面边缘会与原始曲线有偏差。该工具只能达到 G0 连续，形成的曲面的优点是曲面结构线简洁。通常使用该工具建立大块简单的曲面。

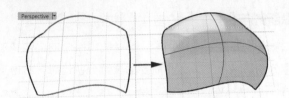

图 4-63　使用 4 条曲线建立曲面

4.6.3　创建矩形平面

【矩形平面：角对角】工具 可以通过指定平面的对角的 2 个角点来创建矩形平面，该工具的使用方式很简单。

4.6.4　以平面曲线建立曲面

【以平面曲线建立曲面】工具 ◎ 可以将一个或多个同一平面内的闭合曲线创建为平面，并且创建的是修剪曲面。图 4-64 所示为以平面曲线建立的曲面。

注意：使用该工具的前提是曲线闭合且在同一平面内，当选取开放或空间曲线来执行此命令时，指令提示栏中会提示创建曲面出错的原因，如图 4-65 所示。

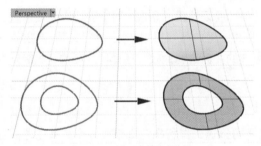

```
指令: _PlanarSrf
选取要建立曲面的平面曲线:
选取要建立曲面的平面曲线, 按 Enter 完成:
未建立任何曲面, 曲线必须是封闭的平面曲线。
```

图 4-64　以平面曲线建立曲面　　　　　　　　图 4-65　指令提示栏

4.6.5　以挤出曲线建立曲面

Rhino 提供了多种以挤出曲线创建曲面的工具。单击工具列中的 /【以平面曲线建立曲面】工具 ◎ /【挤出】工具 🗐，按住左键保持数秒后即可弹出图 4-66（a）所示的【挤出】子工具列；或执行【曲面】/【挤出曲线】命令，也可显示相应的命令菜单，如图 4-66（b）所示。

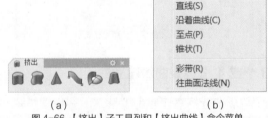

（a）　　　　　　　　　　　　（b）
图 4-66　【挤出】子工具列和【挤出曲线】命令菜单

图 4-67 所示为分别利用【挤出】子工具列中的各个工具挤出的曲面效果。

【挤出曲线】命令在模拟曲面表面的分模线时用得比较多，先创建一个挤出曲面，再修剪曲面，然后在两个曲面间生成圆角。图 4-68 所示为创建曲面圆角效果的流程示意图，选择【直线】命令生成的曲面来创建圆角，有时分模线之间的缝隙会在局部过大，如图 4-68 右上图所示；选择【往曲面法线】命令生成的曲面来创建圆角，会产生较好的效果，如图 4–68 右下图所示。

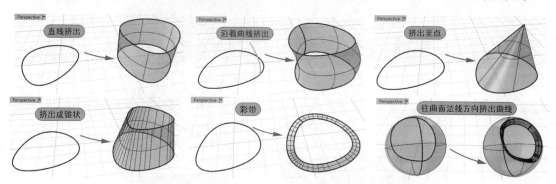

图 4-67　各种挤出方式效果

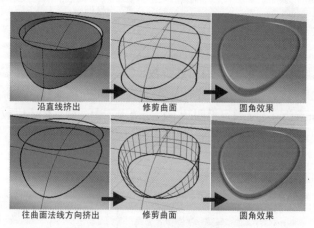

图 4-68　不同命令创建曲面圆角效果

4.6.6　放样曲面

利用【放样】工具 🖌 可以通过空间上同一走向的一系列曲线来建立曲面。图 4–69 所示为不同曲线产生的放样曲面效果示例。

用于放样的曲线需满足以下条件。

- 曲线必须同为开放曲线或闭合曲线（点对象既可以认为是开放的，也可以认为是闭合的）。
- 曲线之间最好不要交错。

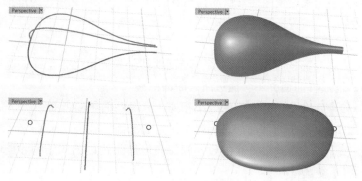

图 4-69　放样曲面的效果示例

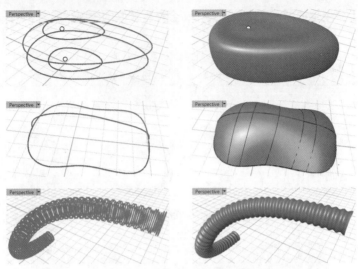

图 4-69　放样曲面的效果示例（续）

在执行【放样】命令时，所基于的曲线阶数、CV 数目最好都相同，并且 CV 的分布相似，得到的曲面结构线就最简洁。在绘制曲线时，可以先绘制出一条曲线，其余曲线通过复制或调整 CV 得到。图 4-70 所示为在 CV 数目相同及不相同情况下生成曲面的不同效果。

在执行【放样】命令时，会弹出图 4-71 所示的【放样选项】对话框。

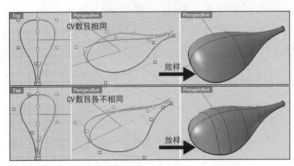

图 4-70　效果比较

图 4-71　【放样选项】对话框

下面介绍【放样选项】对话框中比较重要的选项的作用。

（1）【造型】下拉列表

【造型】下拉列表用来设置曲面节点和控制点的结构。图 4-72 所示为选择【造型】下拉列表中不同选项的效果。

- 【标准】：系统默认为该选项。

- 【松弛】：放样曲面的控制点会放置于断面曲线的控制点上，选择该选项可以生成比较平滑的放样曲面，但放样曲面并不会通过所有断面曲线。

- 【紧绷】：和【标准】选项产生的效果相似，只是曲面更逼近曲线。

- 【平直区段】：在每个断面曲线之间生成平直的曲面。

- 【均匀】：和【标准】选项产生的效果相似，但是曲面 U 方向结构线是均匀属性的。

（2）【封闭放样】复选框

勾选该复选框，可以得到封闭的曲面，效果如图 4-73 所示。这个选项只有 3 条或 3 条以上的放样曲线时才可以使用。

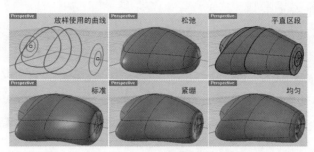

图 4-72　【造型】不同选项效果

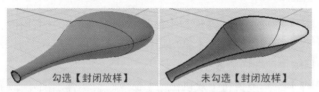

图 4-73　勾选与未勾选【封闭放样】复选框效果对比

（3）【与起始端边缘相切】和【与结束端边缘相切】复选框

在使用曲面边缘来建立放样曲面时，最多能与其他曲面建立 G0 连续。勾选这两个复选框，可获取 G0 连续。

（4）【对齐曲线】按钮

在选取曲线时，选取曲线的顺序与单击点的位置会影响生成的曲面的形态，最好选取同一侧的曲线，这样生成的曲面不会发生扭曲。当生成的曲面发生扭曲时，可以单击该按钮以选取相应的断面曲线的端点进行反转。图 4-74（a）为正确的选取顺序与单击点位置生成的曲面效果；图 4-74（c）为当曲面发生扭曲时，单击【对齐曲线】按钮反转端点纠正曲面扭曲的过程。

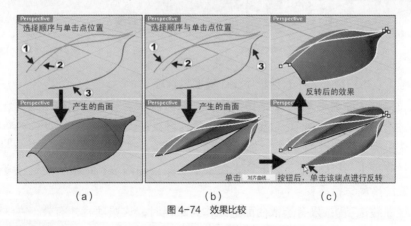

（a）　　　　　　　　　　（b）　　　　　　　　　　（c）

图 4-74　效果比较

4.6.7　单轨扫掠

利用【单轨扫掠】工具 形成曲面的方式：一系列的断面曲线沿着路径曲线扫描形成曲面。该工具的使用方法很简单，但不能与其他曲面建立连续性。图 4-75 所示为单轨扫掠生成曲面的效果。可以单轨扫掠生成曲面的曲线需要满足以下条件。

- 断面曲线和路径曲线在空间位置上交错，但断面曲线之间不能交错。

- 断面曲线的数量没有限制。
- 路径曲线只能有 1 条。

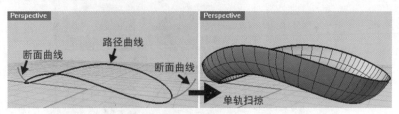

图 4-75　单轨扫掠成面效果

4.6.8　双轨扫掠

【双轨扫掠】工具 形成曲面的方法与【单轨扫掠】工具形式曲面的方法相似，只是路径曲线有两条，所以【双轨扫掠】工具比【单轨扫掠】工具可以更准确地控制生成的曲面的形态。图 4-76 所示为双轨扫掠生成曲面的效果。

在使用【双轨扫掠】工具或执行【双轨扫掠】命令时，会弹出图 4-77 所示的【双轨扫掠选项】对话框。

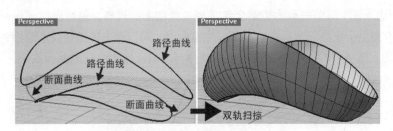

图 4-76　双轨扫掠成面效果

图 4-77　【双轨扫掠选项】对话框

下面介绍【双轨扫掠选项】对话框中比较重要的选项。

- 【维持第一个断面形状】/【维持最后一个断面形状】：只有选取曲面边缘作为路径时，这两个选项才有效。当选取曲面边缘作为路径时，可以在曲面间建立连续性，断面曲线会产生一定的形变来满足连续性的要求，勾选这两个复选框，可以强制末端断面曲线不产生变形。

- 【保持高度】：默认情况下，断面曲线会随着路径曲线进行缩放。勾选该复选框，可以限制断面曲线的高度保持不变。

- 【路径曲线选项】：只有选取曲面边缘作为路径时，该选项栏才有效，在该选项栏中可以选中相应的单选按钮来建立需要的连续性。

一、最简扫掠

使用【双轨扫掠】命令产生的结构线相对较多，如图 4-78（a）所示。【双轨扫掠选项】对话框中有【最简扫掠】复选框，选中该复选框可以生成结构线最简洁的曲面，如图 4-78（c）所示，这在构建大块基础曲面时非常有用。但是，使用此选项需满足以下条件。

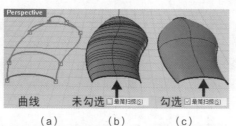

图 4-78　未勾选与勾选【最简扫掠】复选框的曲面效果

- 路径：必须属性完全一样，包括阶数、CV 数量、有理性、均匀性。在绘制路径时可以先绘制出其中一条路径，然后通过复制得到另一条路径，再调整另一条路径的形态。
- 断面：断面必须准确地接在路径的编辑点，不能错开编辑点的次序去接，断面不能封闭；路径两端交于一点时，只能有端点处的断面，不能有中间断面。若加入中间断面，形成的最简扫掠曲面会只有局部。

注意：如果勾选【最简扫掠】复选框，就不能获得与其他曲面的连续性，如图 4-77 所示，【路径曲线选项】选项栏中的 A 边与 B 边的连续性选项将为灰色不可用状态；同时，【加入控制断面】按钮也为不可用状态。

二、控制断面

在使用【双轨扫掠】工具 和【混接曲面】工具 时，可以通过控制断面功能来提高曲面质量，【双轨扫掠选项】对话框中提供了【加入控制断面】按钮，如图 4-77 所示。【混接曲面】工具的【调整曲面混接】对话框中提供了【平面断面】复选框与【加入断面】按钮来控制断面，如图 4-56 所示。

单击【双轨扫掠选项】对话框中的【加入控制断面】按钮，可以自定义混接得到的曲面的结构线的分布，进而极大地简化复杂混接曲面的结构线。如图 4-79 所示，未使用【加入控制断面】功能产生的曲面结构线在局部产生了扭曲，分布也不合理；而使用【加入控制断面】功能后产生的曲面结构线分布整齐且均匀。【加入控制断面】功能的应用实例如下所述。

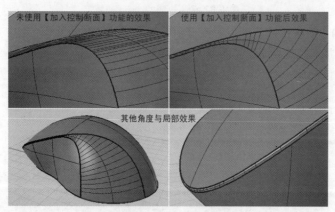

图 4-79　效果比较

（1）打开素材文件中的"加入控制断面.3dm"模型，如图 4-80 所示。该场景中有两个修剪后的曲面与 3 条曲线，现在利用曲面边缘与曲线，通过【双轨扫掠】命令生成中间的混合曲面，完成后的效果如图 4-81 所示。

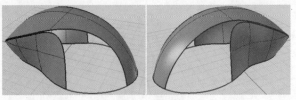

图 4-80　打开的文件

图 4-81　完成后的效果

（2）单击工具列中的 /【双轨扫掠】工具，依次选取两条曲面边缘作为路径，3 条曲线作为断面曲线，如图 4-82 所示。

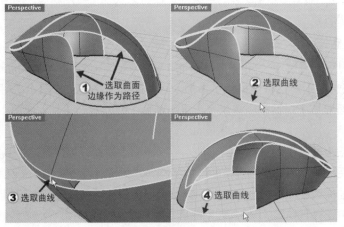

图 4-82　选取曲面边缘与 3 条曲线

（3）在弹出的【双轨扫掠选项】对话框中单击【加入控制断面】按钮，在视图中的曲面形态变化较大的部位加入控制断面，如图 4-83 所示。

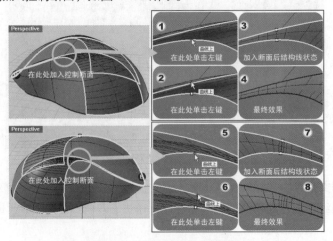

图 4-83　在视图中依次加入控制断面

要点提示

控制断面通常加在曲率变化较大的部位，若加入断面的部位产生的结构线效果不理想，可以在指令提示栏中输入 "U"，取消最近加入的控制断面后重新在其他部位加入控制断面，直到结构线分布合理为止。

（4）加入控制断面完成后，右击返回【双轨扫掠选项】对话框，在【路径曲线选项】选项栏中将【A】、【B】都设置为【曲率】，然后单击【确定】按钮，生成的双轨扫掠曲面效果如图 4-84 所示。

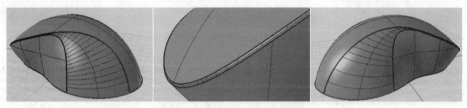

图 4-84　生成的双轨扫掠曲面效果

4.6.9　旋转成形

利用【旋转成形】工具 （单击）形成曲面的方式为曲线绕着旋转轴旋转生成曲面。【沿路径旋转】工具在【旋转成形】工具的基础上加了一个旋转路径的限制。图 4-85 为沿路径旋转成面的效果。

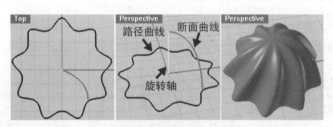

图 4-85　沿路径旋转成面效果

4.6.10　以网线建立曲面

利用【以网线建立曲面】工具 形成曲面的条件为所有在同一方向的曲线必须和另一方向上的所有曲线交错，不能和同一方向的曲线交错，两个方向的曲线数目没有限制。图 4-86 所示为【以网线建立曲面】工具的设置对话框。

图 4-87 所示为使用【以网线建立曲面】工具生成的曲面。使用默认的公差形成的曲面产生的结构线较密，但是曲面边缘与内部曲线更逼近于原始曲线，调大公差值可以简化结构线，但是曲面边缘及内部曲线与原始曲线会存在一定的误差。

【以网线建立曲面】工具的功能非常强大，在曲面的 4 个边缘都可以获得 G2 连续。当选取曲面边缘来创建曲面时，公差值最好保持为默认，否则生成的曲面边

图 4-86　【以网线建立曲面】对话框

缘可能会变形过大，即使所有边缘都设置为 G2 连续，生成的网线曲面和原始曲面之间也会存在缝隙。图 4-88 所示为利用曲面边缘和曲线生成的曲面。

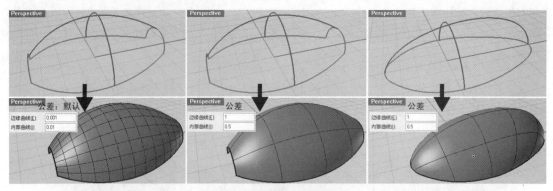

图 4-87　以网线建立曲面成面效果

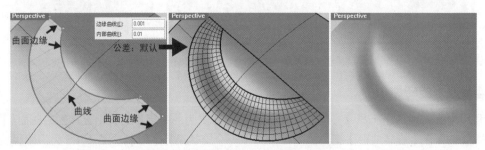

图 4-88　利用曲面边缘和曲线生成的曲面

4.6.11　嵌面

【嵌面】工具 通常用来补面，可以利用曲面边缘来补洞，如图 4-89 所示。

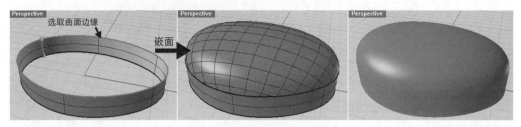

图 4-89　利用曲面边缘嵌面的效果

用户还可以利用曲面边缘、曲线和点来限定嵌面的形态。图 4-90 所示为利用曲面边缘和曲线生成的嵌面曲面。

在使用【嵌面】工具时，会弹出图 4-91 所示的【嵌面曲面选项】对话框。

下面介绍【嵌面曲面选项】对话框中比较重要的选项。

- 【曲面的 U 方向跨距数】/【曲面的 V 方向跨距数】：设置生成曲面 U/V 方向的跨距数，数值越大，生成的曲面的结构线越密，与原始曲线的形态越逼近。

- 【硬度】：设置的数值越大，曲面"越硬"，得到的曲面越接近于平面。

- 【调整切线】：如果选取的是曲面边缘，生成的嵌面曲面会与原始曲面相切。

- 【自动修剪】：勾选该复选框，当在封闭的曲面边缘间生成嵌面曲面时，会利用曲面边缘修剪生成的嵌面曲面。

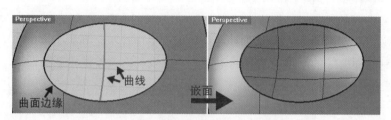

图 4-90 利用曲面边缘与曲线生成的嵌面效果

图 4-91 【嵌面曲面选项】对话框

4.7 曲面的编辑

Rhino 提供了丰富的曲面编辑工具以满足不同曲面造型的需求，对于曲面可以进行剪切、分割、组合、混接、圆角、延伸、偏移、衔接及合并等操作，还可以对曲面边缘进行分割和合并。下面介绍较为常用的曲面编辑工具。

4.7.1 混接曲面

【混接曲面】工具 可以用来在两个曲面边缘不相接的曲面之间生成新的混接曲面，形成的混接曲面可以以指定的连续性与原曲面衔接，该工具使用非常频繁。图 4-92 所示为在两个曲面边缘间生成 G2 连续性的混接曲面。

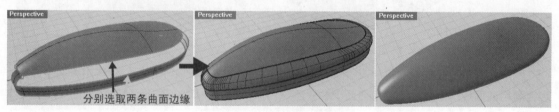

图 4-92 G2 连续性的混接曲面

使用【双轨扫掠】、【以网线建立曲面】工具最多只能达到 G2 连续性，使用【混接曲面】工具则可以达到 G3、G4 连续性，【混接曲面】工具 的【调整曲面混接】对话框中即提供了 G3、G4 连续性选项（见图 4-56）。

在工具列中单击【混接曲面】工具 ，选择要混接的两条曲面边缘后，指令提示栏状态如图 4-93 所示，此时可以对混接曲面的曲线接缝进行调整。一般来说，对称的对象最好将曲线接缝放置在物体的中轴处，以便获得更整齐的结构线。

移动曲线接缝点，按 Enter 完成（反转(F) 自动(A) 原本的(N)）:

图 4-93 【混接曲面】工具指令提示栏状态（一）

在调整完曲线接缝后右击，此时的工具指令提示栏状态如图 4-94 所示，并弹出【调整曲面混接】对话框。

选取要调整的控制点，按住 ALT 键并移动控制杆调整边缘处的角度，按住 SHIFT 做对称调整。：

图 4-94 【混接曲面】工具指令提示栏状态（二）

- 【平面断面】复选框/【加入断面】按钮：当生成的 ISO 过于扭曲时，可以在对话框中勾选【平面断面】复选框或单击【加入断面】按钮来修正 ISO。
- 【连续性】1/2：为混接曲面的相应衔接端指定 G0 ~ G4 的连续性。
- 【相同高度】：默认情况下，混接曲面的断面曲线会随着两个曲面边缘之间的距离进行缩放，勾选该复选框可以限制断面曲线的高度不变。此时，用户可以手动调整混接断面曲线的 CV 来改变形态，也可以在【调整曲面混接】对话框中通过拖动滑块来调整形态。

 要点提示

按住 Shift 键选择要调整的 CV，可以对 CV 做对称调整。按住 Alt 键选择要调整的 CV，可以手动方式调整混接控制杆的角度。

默认情况下，使用【混接曲面】工具生成的混接曲面结构线在局部产生扭曲，通过指定平面断面和加入断面控制混接曲面的结构线，可以使结构线分布整齐均匀，如图 4-95 所示。这里通过实例进行介绍。

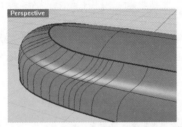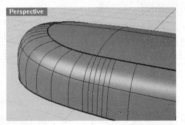

图 4-95 结构线的比较

（1）打开素材文件中的"加入断面.3dm"模型，如图 4-96（a）所示。场景中有两个曲面，现在利用曲面边缘，通过【混接曲面】命令生成中间的混合曲面。完成后的效果如图 4-96（c）所示。

（a）　　　　　　　　（b）　　　　　　　　（c）

图 4-96 打开的文件与完成效果

（2）单击工具列中的【多重直线】工具，参照图 4-97 绘制直线。

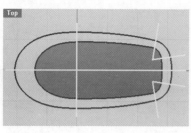 

图 4-97 绘制直线

（3）选择绘制的所有直线，单击工具列中的【投影至曲面】工具 ，在顶视图中选择两个曲面，投影至曲面产生的曲线效果如图 4-98 所示。将原来的直线删除，这些曲线在生成混接曲面时将作为指定加入断面位置的参考。

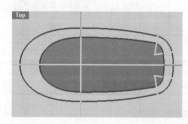 

图 4-98 投影至曲面产生的曲线

（4）单击工具列中的 /【混接曲面】工具 ，依次选择两个曲面的边缘，如图 4-99 所示。

（5）通过 Top、Front、Right 视图观察，确保两条曲线接缝处于相对应的位置。右击后再单击指令提示栏中的【平面断面】选项，然后在右视图中任意位置单击，确定平面断面的平行线起点；再垂直移动鼠标指针到另一点单击，确定平面断面的平行线终点，如图 4-100 所示。

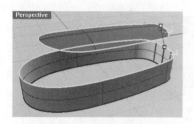 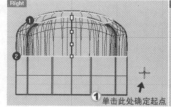 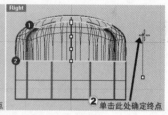

图 4-99 选择两个曲面的边缘   图 4-100 确定平面断面的平行线起点与终点

（6）开启【端点】捕捉 ☑端点，再单击指令提示栏中的【加入断面】选项，参照图 4-101 加入第一个断面。

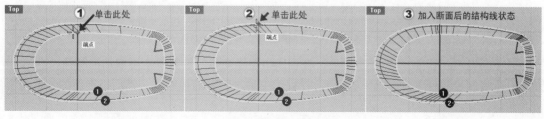

图 4-101 加入断面

（7）参照步骤（6）在路径上其他地方加入断面，如图 4-102 所示。完成后右击，此时在视图中会显示加入断面后的 CV，如图 4-103 所示。分别调整每个断面的 CV 即可修整断面的形态。

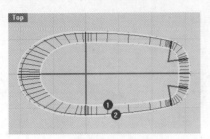

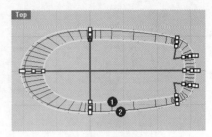

图 4-102　在路径上其他地方加入断面　　　　　　　　图 4-103　显示每个断面的 CV 状态

（8）保持默认的 CV 状态，单击【调整曲面混接】对话框中的【确定】按钮，完成混接后的效果如图 4-104 所示。

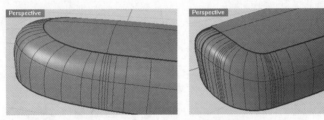

图 4-104　完成混接后的效果

4.7.2　不等距曲面混接

利用【不等距曲面混接】工具可以在两个曲面边缘相接的曲面间生成半径不等的混接曲面。和【混接曲面】工具不同的是，【不等距曲面混接】工具只能生成 G2 连续性的曲面。图 4-105 所示为不等距曲面混接示例效果。

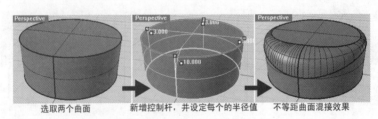

选取两个曲面　　　　　　新增控制杆，并设定每个的半径值　　　　不等距曲面混接效果

图 4-105　不等距曲面混接示例效果

右击按钮，先在指令提示栏中设置要混接的半径大小，然后选择要混接的两个曲面，此时的指令提示栏状态如图 4-106 所示。

选取要编辑的圆角控制杆，按 Enter 完成（显示半径(S)=*是*　新增控制杆(A)　复制控制杆(C)　移除控制杆(R)　设置全部(T)　连结控制杆(L)=*否*
路径造型(I)=*滚球*　选取边缘(D)　修剪并组合(M)=*是*　预览(P)=*否***）：**

图 4-106　【不等距曲面混接】指令提示栏状态

- 【新增控制杆】：单击该选项后，在视图中需要变化的位置单击可增加控制杆。
- 【复制控制杆】：单击该选项后，在视图中单击已有的控制杆，然后指定新的位置可复制控制杆。
- 【移除控制杆】：单击该选项后，在视图中单击已有的控制杆，可删除该处的控制杆。
- 【设置全部】：单击该选项后，可以统一设置所有控制杆的半径大小。
- 【连结控制杆】：默认为"否"。单击该选项，使其变为"是"，在调整任意一个控制杆的半径时，其他控制杆也会以相同的比例进行调整。

- 【路径造型】：单击该选项后，指令提示栏如图 4-107 所示，其下有 3 个选项可以选择。图 4-108（a）所示为分别选择 3 个选项的示例效果图。如图 4-108（b）所示，在视图中单击控制杆的不同控制点，可以分别设定控制杆的半径大小与位置。

路径造型 〈滚球〉（ 与边缘距离(D)　滚球(R)　路径间距(I) ）：

图 4-107　单击【路径造型】选项后指令提示栏状态

- 【修剪并组合】：当此项为"是"时，将在完成混接曲面后修剪原有的两个曲面，并将曲面组合为一体。

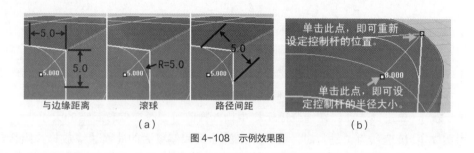

图 4-108　示例效果图

4.7.3　曲面圆角

在产品建模过程中需要对产品的锐角进行圆角处理时可以使用【曲面圆角】工具 。

利用【曲面圆角】工具 可以在两个曲面边缘相接的曲面间生成圆角曲面。圆角曲面与原来两个曲面之间的连续性为 G1。要获得不等半径的圆角曲面，可以使用【不等距曲面圆角】工具 ，其使用方式和指令提示栏选项与【不等距曲面混接】工具相似，具体选项解释参见本书"4.7.2　不等距曲面混接"小节的相关内容。

4.7.4　延伸曲面

利用【延伸曲面】工具 可以以指定的方式延伸未修剪的曲面边缘，延伸方式有直线和平滑两种。单击 按钮，执行的是【延伸已修剪曲面】命令，可以延伸已修剪的曲面。图 4-109 所示为平滑延伸已修剪曲面的效果。

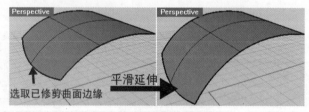

图 4-109　平滑延伸已修剪曲面

4.7.5　偏移曲面

一、等距偏移

利用【偏移曲面】工具 能以指定的间距偏移曲面。图 4-110 所示为曲面偏移后的效果。

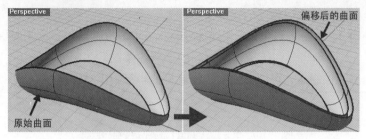

图 4-110 偏移曲面效果

单击 按钮，选择要偏移的曲面或多重曲面后右击，此时的指令提示栏状态如图 4-111
所示。

选取要反转方向的物体，按 Enter 完成（距离(D)=1 角(C)=圆角 实体(S)=是 松弛(L)=否 公差(T)=0.001
两侧(B)=否 删除输入物件(I)=是 全部反转(F)）：

图 4-111 【偏移曲面】指令提示栏状态

- 【选取要反转方向的物体】：视图中曲面会显示法线方向，默认情况下会向法线方向进行偏移。在视图中单击对象，可以反转偏移的方向。
- 【距离】：单击该选项，在指令提示栏中输入数值可以改变偏移距离的大小。
- 【实体】：该选项为"是"时，会以原来的曲面和偏移后的曲面边缘放样并组合成封闭的实体，如图 4-112（b）所示。
- 【松弛】：该选项为"是"时，偏移后的曲面与原曲面结构线分布相同，如图 4-112(c)所示。
- 【两侧】：该选项为"是"时，会同时向两个方向偏移曲面。

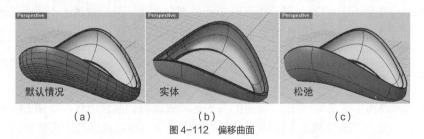

（a）　　　　　　　　　（b）　　　　　　　　　（c）

图 4-112 偏移曲面

二、不等距偏移

利用【不等距偏移曲面】工具 能以不同的间距偏移曲面，如图 4-113 所示。

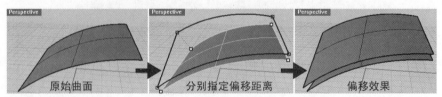

图 4-113 不等距偏移曲面

单击 按钮，选择要偏移的曲面或多重曲面后右击，此时的指令提示栏状态如图 4-114 所示。

选取要移动的点，按 Enter 完成（公差(T)=0.01 反转(F) 设置全部(S)=1 连结控制杆(L) 新增控制杆(A) 边相切(I)）：

图 4-114 【不等距偏移曲面】指令提示栏状态

- 图 4-114 中前面几个选项与【不等距混接曲面】命令的选项相似，读者可参照【不等距混接】工具中的相关选项进行学习。
- 【边相切】：单击该选项，将维持偏移曲面边缘的相切方向和原来的曲面相同。

4.7.6　衔接曲面

【衔接曲面】工具 可以调整选取的曲面的边缘使其与其他曲面形成 G0 ~ G2 连续性。

注意：只有未修剪过的曲面边缘才能与其他曲面进行衔接，目标曲面则没有是否修剪的限定。

指定要衔接的曲面边缘与目标曲面边缘后，会弹出图 4-115 所示的【衔接曲面】对话框。下面介绍【衔接曲面】对话框中比较重要的选项。

图 4-115　【衔接曲面】对话框

- 【连续性】选项栏：指定两个曲面之间的连续性，选项分别对应 G0 ~ G2 连续性。
- 【互相衔接】：勾选此复选框，两个曲面均会调整 CV 的位置来达到指定的连续性。
- 【以最接近点衔接边缘】：勾选该复选框，要衔接的曲面边缘的每个 CV 都会与目标曲面边缘的最近点进行衔接。未勾选该复选框时，两个曲面边缘的两端都会对齐，效果如图 4-116 所示。
- 【精确衔接】：勾选此复选框，若衔接后两个曲面边缘的误差大于文件的绝对公差，会在曲面上增加结构线，使两个曲面边缘的误差小于文件的绝对公差。

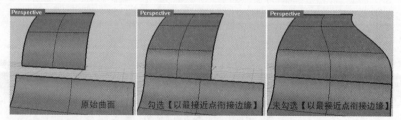

图 4-116　勾选与未勾选【以最接近点衔接边缘】复选框效果对比

- 【结构线方向调整】选项栏：设置要衔接的曲面的结构线方向。图 4-117 所示为选择不同选项时形成的效果。

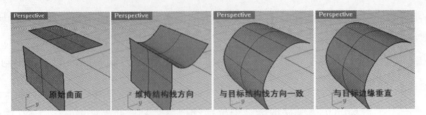

图 4-117 【结构线方向调整】选项栏不同选项的效果

4.7.7 合并曲面

【合并曲面】工具 可以将两个未修剪并且边缘重合的曲面合并为一个单一曲面。单击 按钮，此时的指令提示栏状态如图 4-118 所示。

选取一对要合并的曲面（ 平滑(S)=是　公差(T)=0.001　圆度(R)=1 ）：

图 4-118 【合并曲面】指令提示栏状态

下面介绍其中比较重要的选项。

● 【平滑】：默认为"是"，此时两个曲面以光滑方式合并为一个曲面。当设置为"否"时，两个曲面均保持原有状态不变，合并后的曲面在缝合处的 CV 为锐角点。观察曲面合并处的结构线可以发现，当【平滑】设置为"否"时，调整合并处的 CV，曲面在此处会变得尖锐。图 4-119 所示为【平滑】选项设置不同时形成的不同效果。

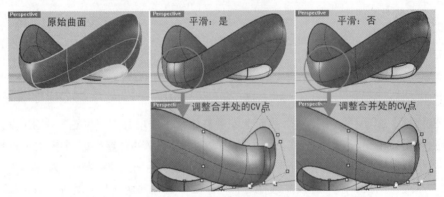

图 4-119 【平滑】选项不同设置的效果

● 【圆度】：指定合并的圆度，数值为 0 ~ 1。0 相当于【平滑】为"否"。图 4-120 所示为不同圆度的合并效果。

图 4-120 不同圆度的合并效果

4.7.8 缩回已修剪曲面

当曲面被修剪以后，还会保持原有的 CV 结构，使用【缩回已修剪曲面】工具 可以使原始曲面的边缘缩回到曲面的修剪边缘附近。图 4-121 所示为缩回已修剪的曲面效果。

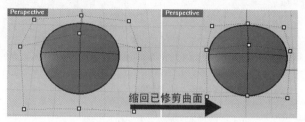

图 4-121　缩回已修剪曲面效果

小结

本章主要讲述了 NURBS 曲线与曲面的创建与编辑。产品的造型千变万化，面的拆解需要从曲面的标准结构着手，很多造型的面是非标准结构，曲面的创建与编辑工具是建模的核心工具，在使用时有很多需要注意的细节及技巧，这就需要读者在学习过程中多加练习与思考，积累经验与技巧。

习题

一、填空题

1. 单击【分析方向】按钮 查看曲面的 *UVN* 方向，红色箭头代表_____向，绿色箭头代表_____向，蓝色箭头代表_____方向。

2. 用【斑马纹分析】工具 检测曲面的连续性时，如果两个曲面边缘重合，斑马纹在两个曲面相接处断开。这表示在两曲面之间为_____连续。

3. 利用【以平面曲线建立曲面】工具 可以将一个或多个同一平面内的_____曲线创建为平面。

4. 在使用【放样】命令时，所基于的曲线_____、_____数目最好都相同，并且 CV 的分布相似，这样得到的曲面结构线才最简洁。

二、简答题

简述双轨最简扫掠的条件。

Chapter

5

第5章
KeyShot渲染基础

【学习目标】

- 了解渲染的基本概念。
- 了解KeyShot的面板选项的含义。
- 掌握KeyShot材质的参数调节方式。
- 掌握KeyShot贴图的类型与调节方式。

【素质目标】

1. 树立文化自信，弘扬本土文化，善于运用民族文化符号进行现代设计。

2. 培养爱岗敬业、精益求精的工匠精神。

KeyShot（Key to Amazing Shots）是一个互动性的光线追踪与全域光渲染软件，无需进行复杂的设定即可产生照片般真实的三维渲染影像，是目前比较流行的主流渲染软件之一。本章将介绍KeyShot渲染相关的基础知识、参数含义与使用方法。

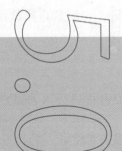

5.1 渲染的基本概念

　　渲染是模拟物理环境的光线照明、物理世界中物体的材质质感来得到较为真实的图像的过程，目前流行的渲染软件都支持全局光照、HDRI 等技术。而焦散、景深、3S 材质的模拟等也是用户比较关注的要点。

一、全局照明

　　全局照明（Global Illumination，GI）是一种高级灯光技术（高级灯光技术还包括热辐射技术，常用于室内效果图的制作），也称作全局光照、间接照明（Indirect Illumination）等。利用全局照明技术，可以获得更好的光照效果，在对象的投影、暗部不会得到死黑的区域，灯光在碰到场景中的物体后，光线会发生反弹，再碰到物体后，会再次发生反弹，直到反弹次数达到设定的次数（常用 Depth 来表示），次数越高，计算光照分布的时间越长。

二、HDRI

　　高动态范围图像（High Dynamic Range Image，HDRI）中的像素除了包含色彩信息，还包含亮度信息。同一种颜色在 HDRI 图片中，有些地方的亮度可能非常高。

　　HDRI 通常是以全景图的形式存储，全景图指包含 360°范围场景的图像，全景图的形式可以是多样的，包括球体形式、方盒形式、镜像球形式等。在加载 HDRI 时需要为其指定贴图方式。

　　HDRI 可以作为场景的照明，还可以作为折射与反射的环境。利用 HDRI 可以使渲染的图像更真实。KeyShot 照明主要来源于环境图像，这些图像是映射到球体内部的 32 位图像。KeyShot 相机在球体内时，从任何方向上看都是一个完全封闭的环境。在 KeyShot 中，只需将缩略图拖曳到实时窗口中，就能创建照片般真实的效果。环境图像的类型包括现实世界的环境和类似摄影棚的环境，现实世界的环境较适合汽车或游戏场景，类似摄影棚的环境较适合产品和工程图，两者都能得到逼真的效果，支持的格式有 HDR 和 HDZ（KeyShot 属性的格式）。图 5-1、图 5-2 所示为两种类型的 HDRI 图像。

图 5-1　HDRI 图像（一）

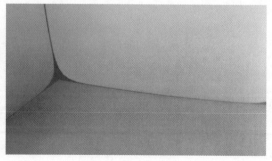

图 5-2　HDRI 图像（二）

三、光线的传播

　　在渲染的所有环节中，光线是最为重要的一个要素，为了更好地理解渲染的原理，首先来认识一下现实世界中光线的传播方式，包括反射、折射、透射。

1. 反射

　　光线的反射指光线在运动过程中碰到物体表面并回弹的现象，它包括漫反射和镜面反射两种方式。图 5-3 所示为光线的反射示意图。

反射是体现物体质感的一个非常重要的因素。

首先体现的是色彩，当物体将所有光线反射出去时，人就会看到物体呈现白色；当物体将光线全部吸收而不反射时，物体会呈现黑色；当物体只吸收部分光线然后将其余光线反射出去时，物体就会表现出各种各样的色彩。例如，当物体只反射红色光线而将其余光线吸收时，就会呈现为红色。

其次体现的是光泽度，光滑的物体总会出现明显的高光，例如玻璃、瓷器、金属等，如图 5-4 所示；而没有明显高光的物体，通常都是比较粗糙的，例如砖头、瓦片、泥土等。高光的产生也是光线反射的效果，是光线的"镜面反射"在起作用，因为光滑的物体有一种类似"镜子"的效果，它对光源的位置和色彩是非常敏感的，所以其表面"镜射"出光源，这就是物体表面的高光区。越光滑的物体高光范围越小，强度越高。

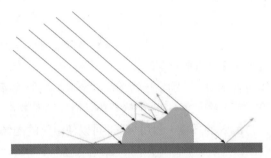

图 5-3　光线的反射示意图

图 5-4　光线的反射效果示例

2. 折射

光线的折射是发生在透明物体中的一种现象。由于物质的密度不同，光线从一种介质传到另一种介质时会发生偏转现象。不同的透明物质具有不同的折射指数，利用这一特性可表现出不同的透明材质。图 5-5 所示为光线的折射示意图，图 5-6 所示为光线的折射效果示例。

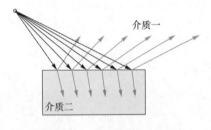

图 5-5　光线的折射示意图

图 5-6　光线的折射效果示例

3. 透射

当光线遇到透明物体时，一部分光线会被反射，而另一部分光线会通过物体继续传播。如果光线比较强，光线穿透物体后会产生焦散效果，如图 5-7 所示。如果物体是半透明的材质，光线会在物体内部产生散射，如图 5-8 所示，叫作次表面散射。比如牛奶、可乐、玉、皮肤等都有这种效果。

可以说任何物体的质感都是通过以上 3 种光线的传播效果来表现的，在渲染过程中根据自然界中的光影现象，将光线运用到渲染中，可以更加真实地表现渲染效果。

图 5-7　光线的焦散效果

图 5-8　次表面散射效果

5.2 KeyShot 界面简介

　　KeyShot 的操作界面非常简单易用，不像其他渲染软件有相当多的菜单和命令，稍有渲染软件使用基础的用户，都可以很快掌握其使用要领。即使是没有渲染软件使用经验的用户，在学习时也不会有太多的困扰，因为 KeyShot 的界面非常简洁，参数设置非常简单。图 5-9 所示为 KeyShot 的操作界面。

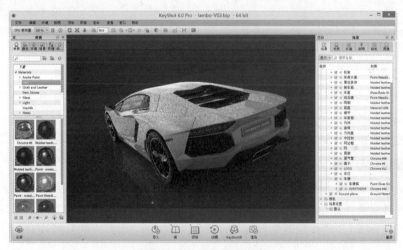

图 5-9　KeyShot 的操作界面

　　●【库】面板：存放渲染要用到的相关素材文件，包括预制好的材质、颜色、环境、背景与贴图文件。通过简单的拖曳就可以为对象赋予材质，改变场景环境，配置颜色，加载纹理贴图。用户还可以将自己调整好的材质、环境贴图、纹理图像等保存在相应的文件夹内，方便以后反复调用。

　　●【项目】面板：模型文件场景的任何更改都可以在这里完成，包括管理场景、复制模型、删除组件、编辑材质、调整环境及调整相机和图像质量等。

5.3 常规渲染流程

一、导入三维模型

　　在三维软件中应该先将不同材质的物件分配在不同的图层中，并给予明确的图层名称，以方便后期的管理与选择。KeyShot 支持的三维格式超过 20 多种，包括 SketchUp、SolidWorks、KeyShot、SolidEdge、Pro/ENGINEER、PTC Creo、Rhinoceros、MAYA、3ds Max、IGES、STEP、OBJ、Collada 及 FBX 等。

图 5-10 所示为导入三维模型到 KeyShot 的初始状态。

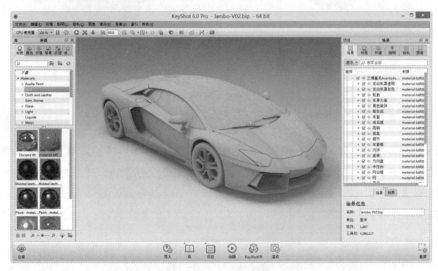

图 5-10　导入三维模型

二、分配材质

从【库】面板的【材质】选项卡中，可以通过拖曳的方式赋予每个物件相应的材质。KeyShot 材质库中存放了超过 600 个科学准确的材质，可以拖曳到 KeyShot 的实时视图中。

在【项目】面板的【材质】选项卡中，可以调整材质的参数，如图 5-11 所示。

三、调整视角与构图

在【项目】面板的【相机】选项卡中可调整相机的设置，通过调整角度和距离，控制视角与焦距，设置视野或景深等，以获得最佳的构图角度，如图 5-12 所示。结合 HDRLS 打光时，最好将 KeyShot 与 HDRLS 的构图调整为相同的角度，以方便查看灯光的反射效果，并便于调整。

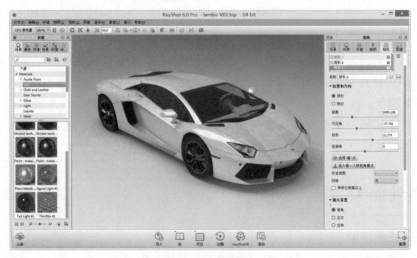

图 5-11　分配材质

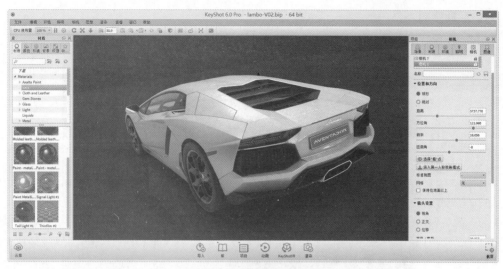

图 5-12　调整视角与构图

四、调整环境与灯光

在【库】面板的【环境】选项卡中，通过拖曳环境贴图可以将环境贴图加载到场景中。环境贴图可以照亮场景，并在反射材质物件表面产生环境反射效果。

在【项目】面板的【环境】选项卡中可以调整环境贴图的相关参数。

HDRLS 是专业的环境贴图编辑软件，提供了更多的操控性，可以结合此软件来编辑环境贴图。图 5-13 所示为结合 HDRLS 调整环境与灯光的状态。

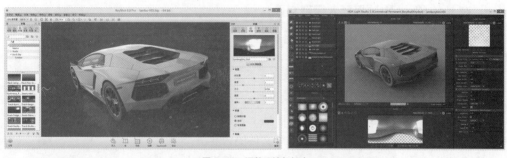

图 5-13　调整环境与灯光

五、渲染图像

当渲染效果满意后，就可以输出高品质的图像及相关后期修图通道了。图 5-14 所示为最终渲染的图像与相关修图通道。

图 5-14　渲染并输出图像与通道

六、后期修图

在 Photoshop 中结合通道文件对渲染图像进行后期加工，如图 5-15 所示。

图 5-15　后期修图

5.4 导入模型文件

将三维模型文件导入 KeyShot 的方法有以下两种。

一、在 KeyShot 中选择导入模型文件

单击 KeyShot 操作界面下部的【导入】按钮，弹出图 5-16 所示的【KeyShot 导入】对话框。

对话框中常用选项含义如下。

- 【打开文件】：新打开 BIP 模型渲染文件。
- 【导入文件】：在现有文件场景的基础上，额外导入其他文件的模型内容。通过这个选项可以合并多个文件的内容。
- 【几何中心】：勾选该复选框，会将导入的模型文件放置在环境的中心位置，模型文件原有的三维坐标会被移除。未勾选时，模型文件会被放置在原有三维场景的相同位置。
- 【贴合地面】：勾选该复选框，会将导入的模型文件直接放置在地平面上，并移除模型文件原有的三维坐标。

图 5-16　【KeyShot 导入】对话框

- 【保持原始状态】：使用原始模型文件的位置配置导入文件。
- 【向上】：不是所有的三维建模软件都会定义相同的向上轴向。根据用户的模型文件，有时可能需要设置与默认【Y 向上】不同的方向为向上轴向，在这里选择即可。

二、从接口导入模型文件

从接口导入模型文件很方便，在 Rhino 2.0 版本时，向 Rhino 中导入模型文件时无法设定网格（Mesh）的精度，会带来许多问题，例如破面或渲染产生灰色斑痕，因此在模型文件导出前需手工转换曲面为网格。

在使用 Rhino 接口导出模型文件时，需要将不同材质分配在不同图层。Rhino 安装对 KeyShot 的接口文件后，菜单栏中会出现【KeyShot 6】菜单，如图 5-17 所示。

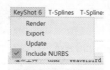

图 5-17 Rhino for KeyShot 接口菜单

- 【Render】：直接将 Rhino 场景转到 KeyShot 中。
- 【Export】：将场景保存为 *.bip 文件，再在 KeyShot 中通过导入命令导入。
- 【Update】：在 Rhino 中所做的改动可以更新到 KeyShot 里。
- 【Include NURBS】：KeyShot 6 支持 NURBS 格式的模型文件，勾选该菜单选项，模型文件导出时可以保留 NURBS 格式的模型文件。

5.5 工具栏图标

KeyShot 提供了一列快捷工具图标，含义如下。

- CPU 使用量 100% ▾ 【CPU 使用量】：选择用于实时渲染窗口的内核数量。
- ‖【暂停】：暂停实时渲染。
- ⟳【性能模式】：性能模式下会简化物件的材质与投影等效果的计算，以加快实时渲染速度。该工具被激活时，窗口右上角会实时显示【性能模式】图标。它可以通过【照明】选项卡开启。
- ↻【旋转】/ ✖【平移】/ ⬇【推拉】：使用这些控件可以操控相机调整视角与构图。如果鼠标没有滚轮，可以用这些按钮。
- ⊞ 30.9 【视角】：通过数值快速调整相机视角。
- ▣【新的相机】：添加一个新的相机到相机列表。
- ▣【新的视图集】：添加一个新的视图集并保存到相机列表中。
- ◂▣▸【切换相机 /ViewSets】：切换到之前保存好的相机的视角。
- ↻【复位相机】：将目前的相机或 ViewSet 重置为其保存的状态。
- ▣【锁相机或视图集】：锁定当前摄像机或视图集的设置。
- ▣【几何视图】：显示或者隐藏几何视图窗口。
- ▣【材质模板】：显示或者隐藏材质模板窗口。
- ✎【图像编辑器（Pro）】：打开图像编辑窗口。也可通过【环境】选项卡开启。
- ✕【NURBS 模式】：使 NURBS 数据在实时渲染窗口可以平滑渲染基于 NURBS 数据的模型。图 5-18 所示为开启与未开启【NURBS 模式】时，NURBS 格式模型的状态。有时候，没有开启【NURBS 模式】，有些 NURBS 格式的部件会丢失，这时可以尝试开启【NURBS 模式】。
- ▣【脚本】：打开插件脚本窗口。

图 5-18 【NURBS 模式】开启与未开启状态比较

5.6 【首选项】对话框

在开始渲染之前，先了解一下 KeyShot【首选项】对话框内各个选项的含义和设置。

执行【编辑】/【首选项】命令，弹出图 5-19 所示的【首选项】对话框。

图 5-18 所示对话框中一些重要选项的参数含义如下。

（1）【常规】选项卡

● 【调整长宽比到背景】：调整实时渲染窗口的长宽比与背景贴图的长宽比一致。另一个影响实时渲染窗口长宽比的选项是【项目】面板的【设置】选项卡中的【锁定幅面】。

● 【自动更新】：勾选该复选框，当有新版本可下载时会提示用户去下载。

● 【在此之后暂停实时渲染】：实时渲染会 100% 占用 CPU，这里可以设置一个数值来确定每过多长时间自动暂停实时渲染，若 CPU 性能不是很好，建议 15s 暂停一次。开启【任务管理器】可以查看 CPU 的使用率。

● 【截屏】：KeyShot 可以将实时渲染的画面通过截屏保存，保存的格式有 JPEG 和 PNG 两种，同时也可以指定截图的质量。

● 【询问将各个截屏保存到哪里】：每次截屏都询问保存目录，一般不用勾选。

图 5-19 【首选项】对话框

● 【每次截屏时保存一个相机】：此选项比较重要，每次截屏时所使用的视角会自动保存在【相机】选项卡中，以便以后再次调用这个截图的视角。

（2）【文件夹】选项卡

在这里可以指定素材引用的路径。图 5-20 所示为【文件夹】选项卡，需要特别注意的是，单击选中【定制各个文件夹】单选按钮时可自定义素材的保存目录，此时 KeyShot 不支持中文路径。当用户设置为中文路径时，会出现全黑场景，看不到材质，开启场景也不会显示环境贴图。

（3）【插件】选项卡

图 5-21 所示为【插件】选项卡，用于管理加载的插件。KeyShot 3.2 版本新增了 Luxion KeyShot Leap Motion 控制器插件，勾选该项表示启用该插件，此插件是专用于编辑环境贴图的。

（4）【高级】选项卡

图 5-22 所示是【高级】选项卡。

图 5-20 【文件夹】选项卡

图 5-21 【插件】选项卡

图 5-22 【高级】选项卡

- 【快速实时更新】：取消勾选，旋转视图，画面变化时也保持平滑，但是速度更新较慢，对于大窗口渲染，旋转会比较困难，所以一般都勾选该复选框。

- 【网络】选项组：进行网络渲染的配置，就是多台机器渲染同一个模型文件。一般个人用户不会用到。

5.7 【项目】面板

单击 KeyShot 软件界面下部的按钮 ，弹出图 5-23 所示的【项目】面板。

对于模型文件场景的任何更改都可以在这里完成，包括复制模型、删除组件、编辑材质以及调整灯光和相机等操作。

图 5-23 【项目】面板

5.7.1 【场景】选项卡

图 5-24 所示是【项目】面板中的【场景】选项卡，在这里可以显示场景文件中的模型、相

机和动画等，也可以添加动画。【场景】选项卡下方还有【属性】、【位置】、【材质】等子选项卡。

图 5-24 【场景】选项卡

从 CAD 软件中导入 Rhino 的模型会保留原有的层次结构，这些层次结构可以通过单击+图标来展开，被选中的部件会以高亮显示（需要在【首选项】对话框中激活该选项）。用鼠标右键单击模型名称，在弹出的快捷菜单中可以对模型进行编辑。

在场景树中选中模型后，可以通过鼠标对模型进行移动、旋转、缩放等操作，也可以通过输入数值对模型文件进行操作。单击【重置】按钮可以使模型恢复到最初始的状态；单击【中心】按钮可以将模型移动到场景中心；单击【贴合地面】按钮可以将模型贴合到地面。

5.7.2 【材质】选项卡

图 5-25 所示为【材质】选项卡，选中材质的属性会在这里显示，场景中的材质会以图像的形式显示。从材质库中拖曳一个材质到场景中，就会在这里新增一个材质球。双击材质球后可以对此材质进行编辑。

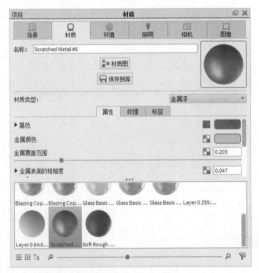

图 5-25 【材质】选项卡

- 【名称】：在文本框中可以输入材质名称，单击【Save to library】按钮可以将材质保存到【库】里面。
- 【材质类型】：此下拉列表中包含了材质库中的所有材质类型，所有材质类型都只包含创建这类材质的参数，这使创建和编辑材质变得很简单。
- 【属性】子选项卡：这里显示当前选择材质类型的属性，单击 ▷ 图标可展开其他选项。
- 【纹理】子选项卡：在这里可以添加色彩贴图、镜面贴图、凹凸贴图、不透明贴图等。
- 【标签】子选项卡：在这里可以添加材质的标签。

5.7.3　【环境】选项卡

图 5-26 所示为【环境】选项卡，在这里可以编辑场景中的 HDRI 图像，支持的格式有 HDR 和 HDZ（KeyShot 的专属格式）。

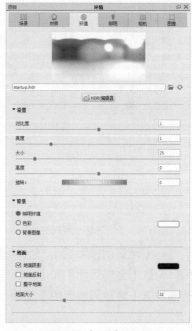

- 【对比度】：用于增加或降低环境贴图的对比度，可以使阴影变得尖锐或柔和；同时也会增加灯光和暗部区域的强度，影响灯光的真实性。为获得逼真的照明效果，建议保留为初始值。
- 【亮度】：用于控制环境图像向场景发射光线的总量，如果渲染太暗或太亮，可以调整此参数。
- 【大小】：用于增加或减小灯光模型中环境拱顶的大小，这是一种调整场景中灯光反射的方式。
- 【高度】：调整该参数可以向上或向下移动环境拱顶的高度，这也是一种调整场景中灯光反射的方式。
- 【旋转】：设置环境的旋转角度，这也是另一种调整场景中灯光反射的方式。
- 【背景】：在这里可以设置背景为【照明环境】、【色彩】、【背景图像】，相应选项在实时渲染窗口中切换背景模式的快捷键分别是 E、C 和 B 键。

图 5-26　【环境】选项卡

- 【地面阴影】：用于激活场景的地面阴影。勾选此复选框，就会有一个不可见的地面来承接场景中的投影。
- 【地面反射】：勾选此复选框，任何 3D 几何物体的反射都会显示在这个不可见的地面上。
- 【整平地面】：勾选此复选框可以使环境拱顶变平坦，但只有使用【照明环境】方式作为背景时才有效。
- 【阴影颜色】：单击此颜色样本可以将阴影编辑为任何彩色。
- 【地面大小】：拖曳滑块可以增加或减小用于承接投影或反射的地面的大小。最佳方式是尽量减小地面尺寸到没有裁剪投影或反射的情况。

5.7.4　【照明】选项卡

图 5-27 所示为【照明】选项卡，在这里可以设置场景中与照明相关的配置。

- 【照明预设值】：此选项栏下有【性能模式】【基本】【产品】【室内】【完全模拟】和【自定义】等单选按钮，当选择前几个单选按钮时，会自动配置相关的【设置】参数，也可以通过调整【设置】选项栏内的参数自定义照明质量。

- 【射线反弹】：调整场景中光线反弹的总次数，对于渲染反射和折射材质很重要。
- 【间接反弹】：用于设置间接光线在三维模型间的反弹次数。
- 【阴影质量】：调整这个滑块会增加地面的划分数量，可以给地面阴影更多的细节。
- 【细化阴影】：细化三维模型阴影部位的质量，一般需要勾选。
- 【全局照明】：勾选该复选框，允许间接光线在三维模型间反弹，允许位于透明材质下的其他模型被照亮。在渲染透明物体时应该勾选，这会增加计算物体之间光线照射不到的地方的间接照明，使画面不会出现大片暗色区域。图 5-28 所示为未勾选和勾选【全局照明】复选框的效果对比。

图 5-27 【照明】选项卡　　　　　　　图 5-28　未勾选与勾选【全局照明】复选框的效果对比

- 【地面间接照明】：允许间接光线在三维模型与地面之间反弹，产生较为真实的阴影效果。勾选【全局照明】和【地面间接照明】复选框都会增加渲染的时间。图 5-29 所示为未勾选和勾选【地面间接照明】复选框的效果对比。

图 5-29　未勾选与勾选【地面间接照明】复选框的效果对比

- 【焦散线】：勾选该复选框，可以透过折射材质产生光线焦散效果。
- 【室内模式】：勾选该复选框，光照计算会模拟封闭空间的弹射模式，一般用于室内场景的渲染。

5.7.5 【相机】选项卡

图 5-30 所示为【相机】选项卡，在这里可以编辑场景中的相机参数。

- 【相机】：列表框中包含了场景中的所有相机，选择一个相机，场景会切换为该相机的视角。单击右边的【新增相机】按钮 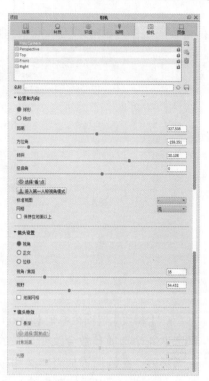、【删除当前相机】按钮 可以增加或删除相机。

- 【已锁定】/【已解锁】：单击右侧的按钮 或 ，可以锁定或解锁当前选中的相机。若相机被锁定，所有参数都会变为灰色显示，并且不能被编辑，在创建中也不能改变视角。

- 【位置和方向】：用于设置相机的位置与角度，有【球形】与【绝对】两种模式，【球形】通过相对于场景中心的距离和角度来定位相机。【绝对】通过世界坐标系的坐标值来定位相机。通常使用【球形】模式更方便直观。

- 【距离】：推拉相机向前或向后，数值为 0 时，相机会位于世界坐标系的原点；数值越大，相机距离中心越远。拖曳滑块改变数值的操作，相当于在渲染视图中滑动鼠标滚轮来改变模型景深的操作。

- 【方位角】：控制相机的轨道，数值范围为 −180° ～ 180°，调节此数值可以使相机围绕目标点环绕 360°。

- 【倾斜】：控制相机的垂直仰角或高度，数值范围为 −90° ～ 90°，调节此数值可以使相机垂直向下或向上观察。

图 5-30 【相机】选项卡

- 【扭曲角】：数值范围为 −180° ～ 180°，调节此数值可以扭曲相机，使水平线产生倾斜。

- 【镜头设置】：此选项栏有 3 个选项，为【视角】、【正交】和【位移】，表示调整当前相机为透视角度还是正交角度。正交模式不会产生透视变形。【位移】是在【视角】的基础上增加了在垂直和水平方向上平移画面的设置。

- 【视角/焦距】：当增加视角数值时，会保持实时视图中模型的取景大小。采用和实际摄影一样的方式来调整焦距时，低一些的数值会模拟广角镜头，高一些的数值会模拟变焦镜头。

- 【视野】：相机固定对准一点时（或通过仪器）所能看见的空间范围，广角镜头的视野范围大，变焦镜头的视野范围小。

- 【镜头特效】：勾选【景深】复选框，可以使渲染产生景深特效。

5.7.6 【图像】选项卡

图 5-31 所示为【图像】选项卡，各选项功能如下。

- 【分辨率】：修改分辨率会修改实时窗口的大小，激活【锁定纵横比】按钮 后，自由调整窗口或键入数值时，实时渲染窗口长宽比保持不变。【预设】下拉列表中有一些常用的图像分辨率设置选项。

- 【亮度】：调整实时窗口渲染图像的亮度，比较类似于 Photoshop 中的调整亮度操作。一般作为一种后处理方式，这样不用调整环境亮度后再重新计算底部来改变亮度。

- 【伽玛值】：类似于调整实时窗口渲染图像的对比度，数值降低会增加对比度，数值增高会降低对比度，为了获得逼真的渲染效果，推荐保留初始数值。这个参数很敏感，调整太大会引起图像不真实的效果。

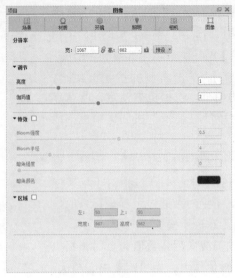

图 5-31 【图像】选项卡

• 【特效】选项栏中有【Bloom 强度】【Bloom 半径】【暗角强度】和【暗角颜色】4 个选项，调节这 4 个选项参数会改变光晕的效果。调整【Bloom 强度】滑块，可以给自发光材质添加光晕特效，给画面添加整体柔和感。【Bloom 半径】滑块，可以控制光晕扩展的范围。【暗角强度】滑块，可以添加渐晕特效，使渲染图像周围产生阴影，使视觉焦点集中在三维模型上。效果如图 5-32 所示。【暗角颜色】选项可设置暗角的颜色。

图 5-32 渐晕效果

• 【区域】：勾选该复选框，只渲染局部画面，在选项栏中可以设置渲染画面的大小。不勾选该复选框，会直接渲染整个画面。

5.8 KeyShot 材质通用参数

KeyShot 软件的材质设置非常简单，只设置几个参数就可以控制一个材质类型，例如金属材质参数值只包含创建金属材质的参数，塑料材质只包含创建塑料材质必需的参数。

关于常用材质类型的通用参数包括漫反射（Diffuse）、高光（Specular）、漫透射（Diffuse Transmission）、折射指数（Refraction Index）和粗糙度（Roughness/glossy）等。虽然 KeyShot 的材质设置非常简单，即使没有很多使用经验的用户也可创建出逼真的材质效果，但还是有必要了解这些概念，这可以帮助用户深入理解或掌握渲染和材质设置，从而使用户创作出好的设计作品。

5.8.1　漫反射

漫反射参数控制着材质的颜色，若是在【漫反射】贴图通道里面添加了纹理贴图，将会使用贴图来覆盖颜色设置。【漫反射】贴图一般用来模拟物体表面的纹理，如木纹、大理石、织物表面的图案等。单击 ■ 按钮，可以加载一幅图像来模拟物体表面的纹理或贴花效果。图 5-33 所示为材质的漫反射效果示例。

图 5-33　漫反射效果示例

5.8.2　高光

【高光】参数是很多材质类型都具有的参数，用来表现抛光或瑕疵很少的材质呈现的反射和光泽。【高光】参数控制材质镜面反射光线的颜色和强度。漫反射与高光（镜面反射）效果示意图如图 5-34 所示。

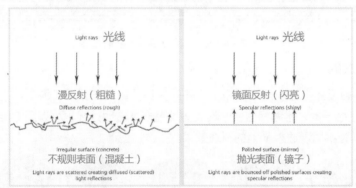

图 5-34　漫反射与镜面反射效果示意图

当【高光】设置为黑色时，材质就没有镜面反射，并不会呈现反射和光泽度；设置为白色，就是给材质一个 100% 的反射材质。

如果正在创建一个金属材质，这个就是金属颜色的设置。金属没有漫反射颜色，所以任何颜色将完全来自镜面的颜色。

如果正在创建一个塑料材质，镜面颜色应该是白色或灰色，以减少反射。塑料不会有彩色的镜面反射，只能有白色的高光颜色。

图 5-35 所示为【高光】参数不同的颜色 V 值对反射的影响。

| V=255 | V=180 | V=120 | V=60 | V=0 |

图 5-35　【高光】参数不同的颜色 V 值对反射的影响

5.8.3 高光传播

【高光传播】可以认为是材料的透明度，黑色是 100% 不透明，白色是 100% 透明。

图 5-36 所示为【高光传播】参数不同的颜色 V 值对透明度的影响。

| V=255 | V=180 | V =120 | V=60 | V=0 |

图 5-36 【高光传播】参数不同的颜色 V 值对透明度的影响

设置【高光传播】参数的玻璃材质与【实心玻璃】、【玻璃】的区别在于：高级材质提供了【粗糙度传播】参数用来模拟那种内部磨砂，表面反射还是清晰的玻璃效果。【实心玻璃】材质增加粗糙度后，表面的反射也会被模糊掉。【玻璃】则没有【粗糙度】参数，如图 5-37 所示。

图 5-37 【高光传播】，【实心玻璃】、【玻璃】的区别

5.8.4 漫透射

【漫透射】参数设置会让材质表面产生额外的光线散射效果，用于模拟半透明效果，这会增大渲染时间，不是必要的，推荐保留初始设置为黑色。半透明效果也可以用【半透明】材质来模拟。图 5-38 所示为不同漫透射 V 值的材质效果。

| V=80 | V=60 | V =40 | V=20 | V=0 |

图 5-38 不同【漫透射】V 值的材质效果

5.8.5 粗糙度

在很多材质类型里面都有【粗糙度】参数。通常是一个滑块。当增加粗糙度，光线会在表面散射开，搅乱镜面反射，使反射也模糊开。

图 5-39 所示为设置不同【粗糙度】V 值的材质效果。

| V=0 | V=0.1 | V =0.2 | V=0.5 | V=1 |

图 5-39 设置不同【粗糙度】V 值的材质效果

5.8.6　采样值

由于粗糙（光面）材料呈现更加复杂，KeyShot 有一个设置用于提高这些粗糙的材料的准确性。这个设置就是【采样值】。【采样值】是指渲染图像中一个像素发出的光线的数量。每条射线收集它的周围环境信息，并返回此信息到该像素点，以确定它的最终着色。【采样值】越高，准确性越高，粗糙感更平滑。图 5-40 所示为采样值示意图。

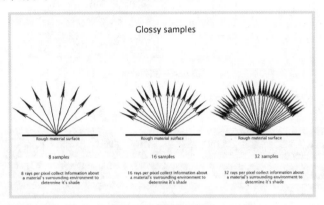

图 5-40　采样值示意图

5.8.7　粗糙度传播

粗糙度传播（Roughness Transmission）是折射的粗糙度，这个参数与【粗糙度】主要的区别在于此参数产生粗糙感主要位于材质的整个内部。这可以用来创建一个磨砂的外观，同时仍保持表面光泽的材质。这种材质需要通过【反射传播】使材质透明来产生这种效果。图 5-41 所示为不同粗糙度传播 V 值的材质效果。

图 5-41　不同粗糙度传播 V 值的材质效果

5.8.8　折射指数

折射指数（Refraction Index/IOR）也是 KeyShot 几种材质类型中的参数类型。这个词有些人可能不太熟悉，但折射是每天都很常见的现象。这是透明材质本身很常见的一个物理现象。例如：一个人站在水池里面，光线会发生弯曲或"折射"，使腿看起来是截断的。

插入水杯的筷子，看起来也像是折断的，是因为光在不同介质之间传播时会发生弯曲或"折射"，如图 5-42 所示。

折射是由于光线在不同介质中传播的速度不同引起的，这种减速被称为材质的折射指数，由一个数字代表。例如：水的折射指数为 1.33，玻璃的折射指数为 1.5，钻石的折射指数为 2.4。这表示，光通过水比它通过真空慢 1.33 倍，比通过玻璃慢 1.5 倍，比通过钻石慢 2.4 倍。光线通过速度越慢，物质在介质中发生的弯曲和扭曲越明显。

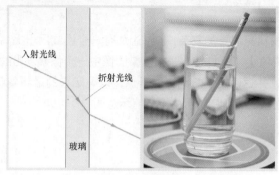

图 5-42　折射效果

图 5-43 所示为不同折射指数值的材质效果。

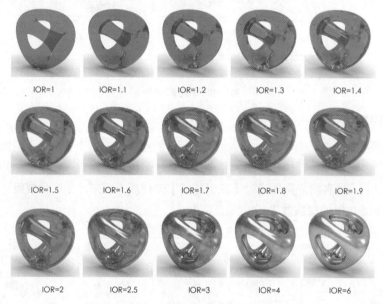

图 5-43　不同折射指数值的材质效果

由图 5-42 可以看出，IOR=1 的材质中光线并未发生折射扭曲现象，材质表面也没有反射效果，随着折射指数增大，光线穿透后发生的折射扭曲越明显，反射效果也越明显，反射效果太明显会显得不真实，并且覆盖材质本身的纹理。当折射指数超过 3 以后，反射效果会非常夸张，IOR 值最高可以设置到"10"，但在实际应用时一般设置在 1 ~ 3 即可，或参考真实世界的折射指数来设置，不同物质的折射指数如表 5-1 所示。

表 5-1　常见物质的折射指数

物质	折射指数	物质	折射指数
空气	1	冰	1.309
酒精	1.329	水	1.33
树脂	1.472	玻璃	1.517
红宝石	1.77	水晶	2.0
钻石	2.417		

5.8.9　菲涅尔效应与折射指数

反射有一个效应：基于反射面与视角的夹角，反射程度会有不同，这个现象称为菲涅尔效应。很多软件，包括 KeyShot 在内，对于【菲涅尔】参数数值的控制都是通过调整【折射指数（IOR）】来实现的，这是需要注意的地方。

开启【菲涅尔】可以使物体表面的反射强度不一。当反射面与视线越接近平行的时候，物体表面的反射就越强烈，这个反射由弱到强的过程可以由【折射指数】来控制。

需要注意的是，反射的强度还受到【高光】颜色 V 值的影响，这个【高光】颜色是对反射整体的控制，【菲涅尔】则是在高光基础上，基于视线与曲面夹角不同，控制材质反射程度的强弱。

图 5-44 所示为不同【折射指数】值的效果。

图 5-44　不同【折射指数】值的效果

图 5-45 所示为关闭【菲涅尔】选项的效果，反射效果变成全反射。

图 5-45　关闭【菲涅尔】选项的效果

5.9　KeyShot 基本材质类型

KeyShot 基本材质类型包括漫反射、平坦、液体、金属、油漆、塑料、玻璃、实心玻璃、薄膜、半透明。

图 5-46 所示为材质类型下拉列表。

【高级】材质是所有 KeyShot 材质中功能最多的材质类型，比其他材质类型参数更多。金属、塑料、透明塑料或磨砂塑料、玻璃、漫反射和油漆等材质类型也都可以由【高级】材质来创建。

图 5-46　材质类型

5.9.1　漫反射材质

漫反射材质设置面板及相应效果示例如图 5-47 所示，利用该材质可轻松地创建任何一种磨砂或者非反光材质，由于是一个完全的漫反射材质，因此镜面贴图不可用。

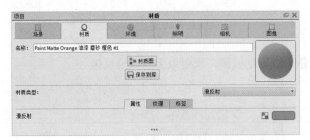

图 5-47　漫反射材质设置面板及相应效果示例

5.9.2　平坦材质

平坦材质是一个非常简单的材质类型，可以产生一个无阴影、无高光、整个对象为单一颜色的材质效果。图 5-48 所示为平坦材质的设置面板及相应效果示例。

平坦材质通常用来制作汽车栅格或其他网格后面的"黑掉"的材质，也常用于创建一个"单彩图"的图像，每个模型部件都设定为不同的颜色，在图像编辑软件后期处理时，可以轻松地创建选区。

图 5-48　平坦材质设置面板及相应效果示例

KeyShot 新增的【clown pass】通道可以更快地输出这种单色填充的制作选区用的图像。

单击▧图标，在弹出的【颜色选择】对话框中可以选择材质的颜色。

5.9.3 液体材质

液体材质是实心玻璃材质的变种，提供额外的【外部折射指数】参数设置，可以准确表示临界面之间的曲面。例如玻璃容器和水，但要想创建更高级的容器内液体的场景（如彩色的液体），可能需要使用绝缘材质。液体材质的设置面板如图 5-49 所示。

- 【色彩】：用于设定材质的颜色。

- 【折射指数】：用于设定液体折射的扭曲程度。

- 【透明度】：该参数控制着【色彩】属性里设置的颜色的显示数量，并且这个参数依赖于这个材质组件的厚度。在设置了【色彩】参数后，使用【透明度】设置可以调整颜色的饱和度，较低的数值可使模型表面薄的区域颜色更饱和，越高的数值可使表面薄的区域颜色越微弱。

- 【外部折射指数】：此参数的设置可以准确地模拟两种不同材质之间的折射界面。最常见的用途是渲染装有液体的容器。例如，一杯水的设置，需要一个单独的表面来表示玻璃和水相交的界面，这个表面内部有液体，因此【折射指数】设置为 1.33；外面有玻璃，【外部折射指数】应设置为 1.5。

- 【外部传播】：控制材质外光线的颜色，在需要渲染装有液体的容器时使用。

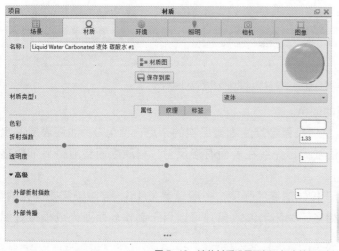

图 5-49　液体材质设置面板及相应效果示例

5.9.4 金属材质

金属材质可以很简单的创建抛光或粗糙金属质感的材质。设置非常简单，只需设置【色彩】和【粗糙度】两个参数，设置面板质感如图 5-50 所示。

- 【色彩】：该参数用于控制曲面反射亮点的颜色。

- 【粗糙度】：该参数数值增加，材质表面会产生细微层次的杂点；数值为 0，金属完全平滑抛光；数值加大，材质表面会产生漫反射，效果显得更加粗糙。

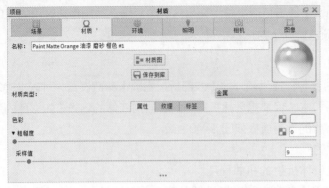

图 5-50　金属材质设置面板及相应效果示例

5.9.5　油漆材质

油漆材质用于渲染不需要金属质感的材质，只需要简单的有光泽的喷漆。其设置很简单，只需设置材质的色彩和折射指数。图 5-51 所示为油漆材质的设置面板及相应效果示例。

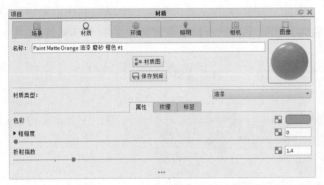

图 5-51　油漆材质设置面板及相应效果示例

- 【色彩】：设置油漆底层的颜色。
- 【粗糙度】：数值增加，材质表面会产生细微层次的杂点；值为 0，油漆表层完全平滑抛光，得到完全清漆效果；数值加大，光线在表面有漫反射，材质表面会显得更加粗糙，得到类似绒面或亚光喷漆的效果。
- 【折射指数】：该滑块用于控制清漆的强度，一般设置为 1.5。若渲染需要抛光的喷漆，增加数值即可。数值为 1 时，相当于关闭清漆效果，可以用于制作表面亚光或模拟金属质感的塑料材质效果。

5.9.6　塑料材质

塑料材质设置面板及相应效果示例如图 5-52 所示。

如果正在创建一个透明的塑料材质，【漫反射】值应该设置为黑色，材质的所有颜色来自此参数；【高光】颜色设置为白色。如果需要表现雾塑料材质，【漫反射】参数应该设置为一个比较深的颜色。

- 【漫反射】：用于控制整个材质的颜色，有透明效果的塑料材质只会显示一点或没有漫反射。
- 【高光】：用于设置场景中光源的反射颜色和强度。黑色表示关闭反射，白色为 100% 反射，可以得到抛光塑料效果。真实塑料的【高光】没有颜色，所以一般设置为白色或灰色。

该参数用彩色会得到类似金属的质感。

图 5-52　塑料材质设置面板及相应效果示例

- 【粗糙度】：该参数可以模拟材质表面有细微层次的杂点。值为 0，材质完全平滑抛光；数值加大，材质表面产生漫反射，会显得更粗糙。
- 【折射指数】：该参数用于控制高光反射的强度，一般设置为 1.5。

在 KeyShot 5 版本之前有一个皮革材质，KeyShot 6 版本取消了该材质，如果需要设置皮革材质，可以基于塑料材质模拟皮革材质，如图 5-53 所示。

图 5-53　皮革材质

5.9.7　玻璃材质

玻璃材质是一个用于创建玻璃的简单材质类型，其设置面板及相应效果示例如图 5-54 所示。

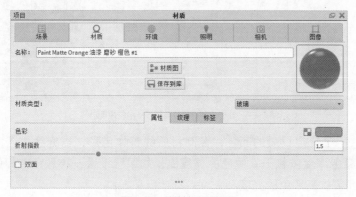

图 5-54　玻璃材质设置面板

和实心玻璃材质相比，该材质缺少【粗糙度】与【颜色强度】参数，但是添加了用于创建没有厚度的单一曲面的（只有反射和透射，没有折射）材质效果的参数，通常用于渲染汽车风窗玻璃的材质。

- 【色彩】：用于设定玻璃的颜色。
- 【折射指数】：用于设定玻璃折射的扭曲程度。
- 【双面】：用于开启或禁止材质的折射属性。勾选该复选框，材质产生折射效果；取消勾选，材质就没有折射效果，会看到其表面的反射并且透明，光线穿过曲面不会发生弯曲。当希望看到曲面背后的对象而没有因折射产生的扭曲现象时，应该取消勾选这个复选框。

图 5-55（a）是勾选【双面】复选框的效果，可以看到折射使曲面看起来像厚玻璃，透过玻璃可以观察到扭曲过的环境；图 5-55（b）是取消勾选【双面】复选框的效果，可以看到表面只有反射，没有折射的扭曲，而是直接透明。汽车的风窗玻璃通常使用未勾选【双面】复选框的玻璃材质进行渲染，只有透明效果，没有折射扭曲。

（a）　　　　　　　　　　（b）

图 5-55　勾选与未勾选【双面】复选框的效果

5.9.8　实心玻璃材质

与简单的玻璃材质比较，实心玻璃材质会考虑到模型的厚度，所以实心玻璃材质可以更准确地模拟玻璃的颜色效果。其设置面板及相应效果示例如图 5-56 所示。

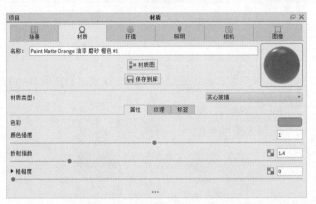

图 5-56　实心玻璃材质设置面板及相应效果示例

- 【色彩】：用于设定材质的颜色，控制材质的整体色彩，当光线进入表面时，会被染色。这种材质的颜色深度依赖于其颜色的亮度值，如果已设置一种颜色，但颜色看起来太微弱，整体很暗，需要提高颜色的亮度。
- 【颜色强度】：此参数控制光线在物件内传播时的颜色浓度，和物件的厚度有关。例如模拟海滩处浅水区的水和深海位置的水颜色就不一样。这个参数可以使颜色更饱和，更高的数值会让物件中薄的位置的颜色更淡。

- 【折射指数】：用于设定实心玻璃折射的扭曲程度。
- 【粗糙度】：粗糙度会分散物件表面的反射亮点，使其看起来像磨砂玻璃。展开此参数，是【采样值】设置，更高的数值会产生更少的杂点。

5.9.9　薄膜材质

薄膜材质可以产生类似肥皂泡上的彩虹效果，设置面板如图 5-57 所示。

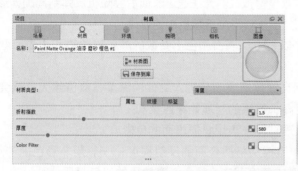

图 5-57　薄膜材质设置面板及相应效果示例

- 【折射指数】：可以模拟表面或多或少的反射效果，增加数值会增大反射强度。实际上，薄膜的颜色会受到折射指数的影响，也可以通过【厚度】参数调整颜色，通常只需要通过【折射指数】参数来调整反射的总量。
- 【厚度】：用于调整薄膜材质表面的颜色。当该项增加到很高的数值时，表面颜色会变为一层层的效果，其数值范围为 10 ~ 5000。
- 【Color Filter】：这个参数是颜色倍增器，设置为白色时，材料的颜色将由物件的厚度决定。不饱和颜色可以用来为材质添加微妙的色调变化。

5.9.10　半透明材质

半透明材质能模拟塑料或其他材质的次表面散射的效果，设置面板如图 5-58 所示。

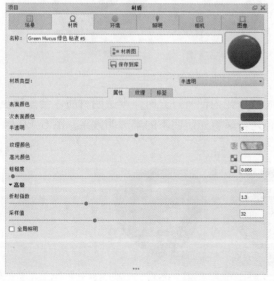

图 5-58　半透明材质设置面板及相应效果示例

● 【表面颜色】：该参数用于控制材质外表面的扩散颜色，也可以认为是整个材质的颜色。

需要注意的是，在调整这种类型的材质时，如果【表面颜色】参数设置为全黑，不会产生次表面的半透明效果。

● 【次表面颜色】：该参数用于控制通过材质后到达眼睛的光线的颜色。

人的皮肤就是次表面散射的一个很好的例子，当一束强光透过耳朵（或手指）上薄的区域时，会因为皮肤内有血液而使那些薄的区域显得很红。光线通过表面后会随机反弹到周围，形成的是柔和的半透明效果，而不像玻璃类型材质那样形成直接折射的效果。

● 对于半透明的塑料材质，可以将【次表面颜色】参数的颜色设置得和【表面颜色】参数很接近，只是更亮一点。

● 【半透明】：该参数用于控制光线穿透表面后进入物件的深度，数值越大，就会看到越多的次表面颜色。【半透明】数值越高，产生的材质效果越柔和。

● 【纹理颜色】：通过颜色或纹理贴图来表现材质表面的色彩。

● 【高光颜色】：通过颜色的 V 值控制材质表面的反射程度，一般用非彩色。若用彩色，可以模拟那种依据光线与物件表面形成角度而产生颜色渐变效果的双色材质。

● 【粗糙度】：增加该参数的数值，会增加反射的延伸，得到磨砂质感。

● 【折射指数】：单击【高级】选项左侧的图标，会展开【折射指数】参数，可以用来进一步增加或减小表面上的反射强度。

● 【采样值】：是【折射指数】参数的采样控制，数值越大，反射效果越细腻，计算所需时间越长。

● 【全局照明】：启用该参数，会增加材质暗部（投影区域）的光照，使暗部（投影区域）更明亮些。

图 5-59 所示为基于半透明材质模拟的不同皮肤效果。

图 5-59 基于半透明材质模拟的不同皮肤效果

半透明材质可以散射光线，当材质背面或内部有灯光时，半透明材质才会呈现更完美的光线散射效果。图 5-60（a）是基于全局光与环境光照明下的半透明效果，图 5-60（b）是内部有红色灯光的半透明效果。

（a）　　　　　　　　　　（b）
图 5-60 半透明材质受光照影响比较

5.10 KeyShot 高级材质类型

KeyShot 高级材质类型包括高级、塑料（高级）、半透明（高级）、宝石效果、绝缘、各向异性、丝绒、金属漆。

5.10.1　高级材质

高级材质是所有 KeyShot 材质中功能最多的材质类型。【高级】类型的【材质】参数面板如图 5-61 所示，它比其他材质类型参数更多。金属、塑料、透明塑料或磨砂塑料、玻璃，以及漫反射材质和皮革都可以由这种材质来创建。

- 【漫反射】：该参数用于调整材质的整体色彩或纹理。透明材质很少或没有漫反射。金属没有漫反射，金属所有颜色来自于镜面反射。
- 【高光】：该参数用于控制材质对于场景中光源反射的颜色和强度。黑色强度为 0，材质没有反射，白色强度为 100%，完全反射。

如果正在创建一个金属材质，这个参数就是金属颜色的设置。如果正在创建一个塑料材质，【高光】颜色应该调整为白色或灰色。塑料不会有彩色的镜面反射。

- 【氛围】：该参数用于设置场景中的对象有自我遮蔽情况时，材质中直接光照不能照射到的区域的颜色。此参数设置会产生非现实的效果，不是很有必要，推荐保留初始设置，即黑色。

如果正在创建一个透明的玻璃或塑料，【漫反射】应该设置为黑色，材质所有颜色来自此参数。透明的玻璃或塑料【高光】也应该为白色。如果需要调整半透明无塑料效果，将【漫反射】设置为一个比较深的颜色就可以了。

- 【漫透射】：该参数可以让材质表面产生额外的光线散射效果来模拟半透明效果。该参数设置会增大渲染时间，不是很有必要，推荐保留初始设置，即黑色。

图 5-61　高级材质的选项面板及相应效果示例

- 【高光传播】：该参数用于控制材质的透明度。黑色是 100% 不透明的，白色是 100% 透明。

- 【粗糙度】：该值增加会使材质表面微观层面产生颗粒。设置为 0 时，材质会呈现出完美的光滑和抛光质感。数值越大，由于表面出现漫反射，材质显得越粗糙。

- 【粗糙度传输】：该参数与【粗糙度】的主要区别在于，该参数设置的粗糙感主要位于整个材质的内部，可以用来创建一个磨砂材质，同时仍保持表面光泽的材质。这种材质需要通过设置【反射传播】参数使材质透明后才能产生这种效果。

- 【折射指数】：该参数用于控制材质折射的程度。

- 【菲涅尔】：该参数用于控制垂直于相机区域的光线反射强度，在真实世界中，材质对象边缘比直接面对相机区域的光线折射效果更明显。材质的反射和折射都有菲涅尔现象，这个参数默认是开启的。不同材质有不同的菲涅尔衰减数值，参见 5.8.9 小节内容。

- 【光泽采样】：光泽采样值用于控制光泽（粗糙）反射的准确性。

5.10.2 塑料（高级）材质

塑料（高级）材质类型与基本塑料材质类型相比多了【漫透射】与【高光传播】参数，可用于模拟半透明或透明塑料材质，设置面板及相应效果示例如图 5-62 所示。

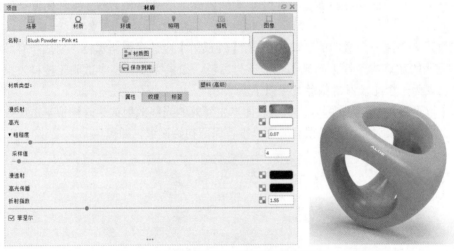

图 5-62　塑料（高级）材质设置面板及相应效果示例

- 【漫反射】：用于控制整个材质的颜色，有透明效果的塑料材质只会显示一点或没有漫反射。

- 【高光】：用于设置场景中光源的反射颜色和强度。黑色表示关闭反射，白色为 100% 反射，可以得到抛光塑料效果。真实塑料的【高光】没有颜色，所以一般设置为白色或灰色。该参数用彩色会得到类似金属的质感。

- 【粗糙度】：该参数可以模拟材质表面细微层次的杂点。当值为 0 时，材质完全平滑抛光；数值加大，材质表面产生漫反射，会显得更粗糙。

- 【采样值】：低于 8 的参数值会使材质表面杂点较多、显得较粗糙；增加数值会使杂点减少，使表面平滑均匀。

● 【漫透射】：该参数可以让材质表面产生额外的光线散射效果，用于模拟半透明效果，会大大增加渲染时间。该参数设置不是很有必要，推荐保留初始设置为黑色。

● 【高光传播】：该参数可以用于模拟有透明效果的塑料材质。黑色表示 100% 不透明，白色则表示 100% 透明。

如果正在创建一个透明的玻璃或塑料材质，【漫反射】值应该设置为黑色，材质所有颜色来自此参数。透明的玻璃或塑料的【高光】颜色也应该为白色。如果需要表现雾塑料材质，【漫反射】参数应该设置为一个比较深的颜色。

【折射指数】与【菲涅尔】参数参见 5.8.8 小节和 5.8.9 小节内容。

5.10.3　半透明（高级）材质

半透明（高级）材质能模拟很多塑料或其他材质次表面散射的效果，设置面板及相应效果示例如图 5-63 所示。与半透明材质相比，该材质控制能力更强，在【表面颜色】和【次表面颜色】通道内设置贴图，可以表现更为复杂的材质变化。而半透明材质的【表面颜色】和【次表面颜色】只能是单一颜色设置。

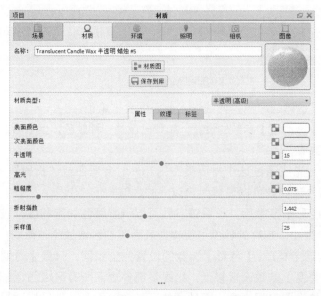

图 5-63　半透明（高级）材质设置面板及相应效果示例

● 【表面颜色】：该参数用于控制材质外表面的扩散颜色，也可以认为是整个材质的颜色。

需要注意的是，在调整这种类型的材质时，如果【表面颜色】参数设置为全黑，不会产生次表面的半透明效果。

● 【次表面颜色】：该参数用于控制通过材质后到达眼睛的光线的颜色。对于半透明的塑料材质，可以将这个参数的颜色设置得和【表面颜色】参数很接近，只是效果更亮一点。

● 【半透明】：该参数用于控制光线穿透表面后进入物件的深度，数值越大，可以看到越多的次表面颜色。【半透明】的数值越高，产生的材质效果越柔和。

● 【高光】：该参数用于控制材质的反射颜色与强度。

● 【粗糙度】：增加该参数的数值，会增加反射的延伸，得到磨砂质感。

● 【折射指数】：该参数用于控制曲面反射的强度。

- 【采样值】：是【折射指数】参数的采样控制，数值越大，反射效果越细腻，计算所需时间越久。

5.10.4 宝石效果材质

宝石效果材质与实心玻璃、绝缘材质和液体材质类型相似，只是为渲染宝石做了相关优化，【阿贝数（散射）】参数设置对于得到宝石表面的炫彩效果非常重要。【内部剔除】是这个材质类型中另外一个很重要的参数。图 5-64 所示为设置面板。

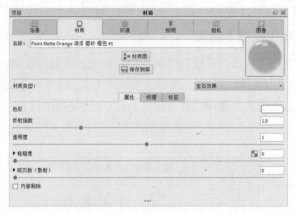

图 5-64　宝石效果材质设置面板

- 【色彩】：该参数控制材质整体的颜色，光线进入曲面后会被染色。

这种材质的颜色数量依赖于【透明度】参数的设置，如果已设置一种颜色，但它看起来太微弱，需要降低【透明度】参数的数值。

- 【折射指数】：该参数控制光线通过这个材质类型的部件时会弯曲或"折射"的程度。大部分宝石折射指数远比 1.5 高，该参数可以设置为 2 以上的数值。

- 【透明度】：在设置了【色彩】参数后，设置该参数可以调整颜色的饱和度，较低的数值可使模型表面薄的区域颜色更饱和，越高的数值可使模型表面薄的区域颜色越微弱。

图 5-65 所示是两种相同的珠宝材质，【色彩】参数的设置完全相同，只是【透明度】参数设置不同，图 5-65（a）【透明度】参数设置较低，结果是部件表面所有区域颜色都比较饱和；图 5-65（b）【透明度】参数设置得相当高，部件薄的区域颜色没有其他区域明显，厚的区域（如底部）颜色依然明显。

（a）　　　　　　　　　　　　　　　　　　（b）

图 5-65　珠宝效果

- 【粗糙度】：和其他不透明材质一样，【粗糙度】参数设置可以用来延伸曲面上的高光形态。但是，这个类型的材质也会透射光线。例如设置该参数会创建一种毛玻璃效果，配合低一些的采样值设置可以产生一个有杂点的效果，高的采样值设置可以使杂点更平滑，得到平滑的毛玻璃效果。

注意：毛玻璃效果主要是由于光线传播到物体表面后被打乱并延展而表现出来的，曲面的折射光线也会延展开。

- 【阿贝数（散射）】：该参数可以控制光线穿过曲面以后的散射效果，得到类似棱镜的效果。这个彩色棱镜效果可以用来创建宝石表面炫彩的效果。参数值为"0"将完全禁用散射效果。一个较低的数值将显示重分散，增加数值，效果会更加微弱。如果需要一个微弱的散射效果，建议以数值"35 ～ 55"为起始值开始调整。这个参数也配有一个采样值，低一些的采样值设置会产生有杂点的效果，高的采样值设置可以使杂点更平滑。

5.10.5　绝缘材质

绝缘材质是一种用来创建玻璃材质的高级的材质类型，与实心玻璃材质类型相比，增加了一个【阿贝数（散射）】参数项。绝缘材质设置面板如图 5-66 所示。

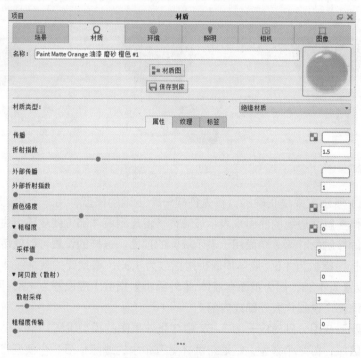

图 5-66　绝缘材质设置面板

- 【传播】：用于控制材质的整体颜色。光线进入表面后会被染色。
- 【颜色强度】：绝缘材质的颜色深度依赖于【颜色强度】选项的设置，如果【传播】参数已经设置了颜色，但看起来太微弱，可以降低【颜色强度】数值进行增强。
- 【折射指数】：控制光线通过这个材质类型的部件时弯曲或"折射"的程度。默认数值为"1.5"，增加数值，可以使内表面的折射效果更加明显。
- 【外部传播】：一种控制材质外光线颜色的参数，可进行更高级、更复杂的设置，常在需要渲染容器内有液体时使用。

例如渲染一个有水的玻璃杯，需要在液体和玻璃接触的地方专门创建一个曲面，对于这个表面，可以用【外部传播】参数来控制玻璃的颜色，而【传播】参数用来控制液体的颜色。如果玻璃和液体都是清澈的，【外部传播】和【传播】的颜色都可以设置为白色。

- 【外部折射指数】：此滑块是更高级、功能更强大的设置，可用于准确地模拟两种不同折射指数的材质之间的界面。

最常见的用途是用于渲染有液体的容器，如一个盛酒的杯子。在这样的场景中，需要一个单一的表面来表示玻璃和酒相交的界面。这个表面内部有酒液，因此【折射指数】设置为"1.33"；外面有玻璃，【外部折射指数】应设置为"1.5"。

图 5-67（a）和图 5-67（b）所示模型的材质设置得不正确，问题在于整个酒杯是一种材质，折射指数为 1.5。玻璃里面的液体也是一个整体，只是整体放大一些，与酒杯有相交区域，或利用酒杯对象的曲面向内微微偏移一些得到的，液体的折射指数为 1.33。玻璃与液体之间的边缘不正确。

（a）　　　　　　　　　　　（b）　　　　　　　　　　　（c）

图 5-67　酒杯内有酒的效果

图 5-67（c）所示效果是正确的，首先创建一个正确的模型，用一个从玻璃杯底部开始往上移动再回到液体接触面边缘的曲面来表示玻璃杯，但是到液体部位就应该止住。再用一个曲面表示玻璃与液体的接触面。第 3 个面用于表示液体的顶面。这样的设置可以使每个部件的折射都准确，玻璃外部折射指数为 1.5，液体顶面折射指数为 1.33，最重要的就是液体与玻璃之间的面【折射指数】应设置为 1.33，因为里面有液体，【外部折射指数】应设置为 1.5，因为外面有玻璃。这时用户需要分清哪个设置代表外部或内部。

如图 5-68 所示 3 图分别对应于图 5-67 中 3 张效果图的模型设置；第 1 个模型，红酒与酒杯壁有重叠相交区域；第 2 个模型，红酒与酒杯壁有微小的缝隙；第 3 个模型将酒杯壁、液体表面、酒杯壁与液体接触面分割为 3 个物件，分别给予不同设置的绝缘材质。

- 【颜色强度】：用于控制用户可以看到多少在【传播】参数中所设置的颜色。这个参数依赖于整个材质部件的厚度，用于模拟类似浅滩海水颜色与深海深蓝色。若没有【颜色强度】设置，看透最深的海洋底部与看透游泳池底部差不多。

在设置一种【传播】颜色后，使用【颜色强度】设置可以使颜色更加（或更低）饱和和突出，较低的设置会使模型表面薄的区域颜色更多，较高的设置会使表面薄的区域颜色更微弱。

- 【粗糙度】：和其他不透明材质一样，【粗糙度】设置可以用来延伸曲面上的高光形态。但是这个类型的材质也会透射光线，利用该参数可以创建毛玻璃效果。

这个参数配有一个采样值，低一些的设置可以产生有杂点的效果，高的设置可以使杂点更平滑，得到平滑的毛玻璃效果。

图 5-68 模型建模的细微区别

• 【阿贝数（散射）】：控制光线穿过曲面以后的散射效果，得到类似棱镜的效果，用来创建宝石表面炫彩的效果。

5.10.6 各向异性材质

各向异性材质用于控制材质表面的亮点（高光），设置面板及相应效果示例如图 5-69 所示。其他材质类型只有一个【粗糙度】参数，各向异性材质有两个独立的滑块，可以分别调整两个方向的粗糙度来控制高光的形状。这种材质通常用来模拟金属拉丝表面。

• 【色彩】：若要创建一个金属材质，该参数应设置为黑色。当设置为任何纯黑色以外的颜色时，这种材质看起来更像塑料。

• 【粗糙度 X】/【粗糙度 Y】：分别用于控制 x 轴和 y 轴方向上的表面高光延伸。增加参数值，表面高光会延伸出，并得到拉丝效果。如果两个滑块的值相同，会使各个方向的延伸变均匀。

• 【角度】：当【粗糙度 X】和【粗糙度 Y】值不同时，设置这个参数会使高光旋转扭曲，数值范围为 "0 ～ 360"。

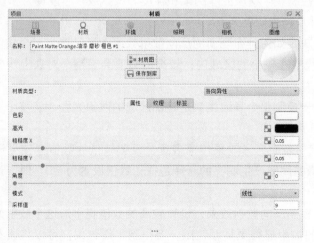

图 5-69 各向异性材质设置及相应效果示例

- 【模式】：是用于控制高光如何延伸的高级参数，默认数值为"1"，表示线性延伸高光，独立于用户对物体指定的 *UV* 贴图坐标；数值为"0"时，可以依据指定的 *UV* 坐标，基于建模软件的贴图来操纵各向异性材质的高光亮点；数值为"2"时是径向高光模式，可以用来模拟 CD 播放面的高光效果。

- 【采样值】：设置较低的采样值（8 或更低），会使表面看起来有更多的噪点，显得很粗糙；增加采样值，噪点减少，会使表面更加平滑，可以得到分布更均匀的粗糙感。

5.10.7 丝绒材质

丝绒材质可以用来模拟有特别光线效果的柔软面料材质。

一般来说，也可以利用塑料材质或高级材质来创建织物材质，丝绒材质类型提供了它们没有的参数，并且比它们更适用，设置面板及相应效果示例如图 5-70 所示。

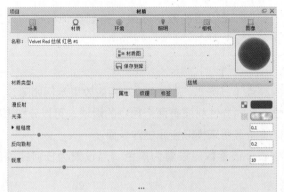

图 5-70 丝绒材质设置及相应效果示例

- 【漫反射】：该参数用于控制材质的颜色，一般选用深色，当用浅色时，材质会变得不自然的亮。

- 【光泽】：【光泽】选项中设置的颜色就是在从曲面背后穿过的光线反射的颜色。这个参数可以结合【锐度】参数一起控制整个材质光泽的柔和程度。该参数一般设置为和【漫反射】中设置的颜色很相近的颜色，并且稍微明亮些。

- 【粗糙度】：该参数用于决定如何分布表面的反向散射效果。当设置为一个较低的数值时，可以保持反向散射的光线集中在较小的区域内；较高的数值会在整个对象上均匀地延展光线。

- 【反向散射】：该参数用于控制整个表面尤其是暗部区域的散射光线，使整个表面看起来柔和，它的颜色由【光泽】参数控制。

- 【锐度】：该参数用于控制表面光泽效果传播多远，设置较低的数值会使光泽逐渐淡出，而较高的数值会使表面边缘的周围产生明亮的光泽边框；数值设置为"0"时，没有光泽效果。

- 【采样值】：该参数用于控制反向散射效果，设置较高的数值将平滑这个散射光，使其显得更均匀；较低的值可使反向散射显得更具颗粒感。要得到平滑效果，可以将该参数设置为 32 左右。

5.10.8 金属漆材质

金属漆材质可以模拟有 3 层喷漆效果的材质，开始是基础层；第二层控制金属喷漆薄片的程度；最上面一层是清漆，用于控制整个油漆的清晰反射。金属漆材质设置面板及相应效果示例如图 5-71 所示。

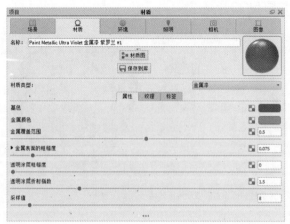

图 5-71 金属漆材质设置面板及相应效果示例

- 【基色】：设置整个材质的颜色，可以认为是油漆的底漆。
- 【金属颜色】：这一层相当于是在基础之上喷洒金属薄片，可以选择一个与基色类似的颜色来模拟微妙的金属薄片效果，通常利用白色或灰色来得到真实的油漆质感。

金属颜色在曲面高光或明亮区域显示得多一些，基色在照明较少的区域显示得多一些。

金属颜色在亮点高光周围比较凸显，基色在曲面照明较少区域更明显。

- 【金属覆盖范围】：用于控制金属色与基色的比例，设置为 0 时，只能看到基色；设置为 1 时，表面将几乎完全覆盖为金属颜色。对于大多数金属漆材质，这个参数一般设置为 0。调整时建议从 0.2 开始往上增加。
- 【金属表面的粗糙度】：该参数控制曲面【金属颜色】参数的延展，数值较小时，只有高光周围有很少的金属颜色；数值较大时，整个表面就会有更大范围的金属颜色。建议从 0.1 开始调整该参数。该参数也有采样值，可以控制喷漆里金属的粗糙感，较低的数值会产生明显的薄片效果；较高数值使金属效果的颗粒分布更均匀、平滑。为了得到类似珠光的效果，这个参数可以设置得较高一些。
- 【透明涂层粗糙度】：金属漆最上面一层是透明涂层（清漆），可以模拟清晰的反射。如果需要缎面或亚光漆效果，可增高【透明涂层粗糙度】参数值，使表面反射延展开并形成磨砂效果。
- 【透明涂层折射指数】：用于控制清漆的强度，一般取 1.5。若需要模拟抛光的喷漆，可增加数值。将数值设为 1，相当于关闭清漆效果，可以用于制作表面亚光或模拟金属质感的塑料材质效果。

5.11 KeyShot 特殊材质

KeyShot 特殊材质类型包括 X 射线、Toon、地面、线框。

5.11.1 X 射线材质

X 射线材质可以用来创建一个褪去外壳查看物体内部元件的材质效果。这个材质类型参数设置很简单，设置面板及相应效果示例如图 5-72 所示。

图 5-72 X 射线材质设置面板及相应效果示例

【色彩】：用于设置材质整体的颜色。

5.11.2 Toon 材质

Toon 材质可以创建类似二维卡通风格的效果，可以控制轮廓宽度、轮廓线的数量以及是否将阴影投射到表面上，设置面板及相应效果示例如图 5-73 所示。

图 5-73 Toon 材质设置及相应效果示例

- 【色彩】：Toon 材质的填充颜色。
- 【轮廓颜色】：控制模型轮廓的颜色。
- 【轮廓角度】：控制卡通素描内部轮廓线的数量。设置较低的值将增加内部轮廓线的数量，设置更高的值将减少内部轮廓线的数量。

- 【轮廓宽度】：控制模型轮廓的粗细。
- 【轮廓质量】：控制轮廓线的质量，数值越高，线条越干净、平滑。
- 【透明度】：允许光线穿透模型，用于显示模型内部结构。
- 【轮廓宽度以像素为单位】：当启用此设置时，【轮廓宽度】滑块被校准，以允许更细的轮廓线。当此参数被禁用时，【轮廓宽度】滑块被校准，以允许较厚的轮廓线。
- 【内部边缘轮廓】：显示或隐藏在模型的内部轮廓线。
- 【外形轮廓】：可以用于显示或隐藏整个模型的外轮廓。
- 【材质轮廓】：允许显示或隐藏轮廓线分隔每个链接的 Toon 材质。如果 Toon 材质有联系，此设置将不起作用。
- 【环境阴影】：揭示由于照明环境模型投射到本身的阴影。

5.11.3　地面材质

地面材质是一种简化的、专门用于渲染地面物件的材质控制，设置面板及相应效果示例如图 5-74 所示。

选择【编辑】/【添加几何图形】/【地平面】命令，即可以为 KeyShot 场景添加地平面。地面材质也可以应用于导入的几何物件。

在 KeyShot 中，即使没有真实的地面物件，渲染器也会在虚拟的地面物件上产生投影。通过【高光】参数可以开启地面反射效果，但是无法深入控制反射的效果。

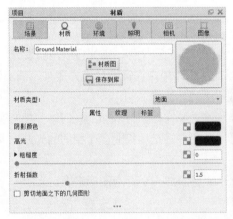

图 5-74　地面材质反射效果设置及效果示例

- 【阴影颜色】：控制模型在地面物件上产生的投影的颜色。
- 【高光】：非黑色的颜色可以让地面产生反射。
- 【折射指数】：控制地面上的反射效果。
- 【剪切地面之下的几何图形】：如果任何几何形状被显示在地面平面材质下面，这个选项将夹在地面以下的几何结构中，并从相机中隐藏。

5.11.4　线框材质

线框材质用于描边多边形的框架和每个多边形表面的顶点，设置面板及相应效果示例如图 5-75 所示。

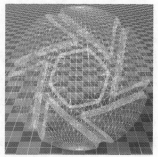

图 5-75　线框材质设置面板及相应效果示例

- 【线框色彩】：控制线框的颜色。
- 【基色】：控制材质的整体颜色。
- 【基本传输色】：控制基色传输色，设置较浅的颜色会使外观的透明度更强。
- 【背面基色】：控制背面的基本色。
- 【线框背面颜色】：控制线框背面的颜色。

5.12　KeyShot 光源材质

KeyShot 灯光材质类型包括区域光漫射、点光 IES 配置文件、点光漫射与自发光。

KeyShot 除了准确的环境照明、物理灯光，还允许用户在需要的地方添加不同类型的照明，将 KeyShot 材质赋予到任何几何体并把它变成一个局部光源。

KeyShot 可以通过对物件添加光源材质来制作光源物件。导入新的几何体并把它变成一个局部光源或使用现有的几何体作为一个光源，可以使用户轻松地控制多个相同的光源，同时不需要在场景中导入和放置额外的对象。

拖曳一个光源材质到一个对象上时，KeyShot 将添加一个灯泡图标来确定光源。

5.12.1　区域光漫射

区域光漫射材质可以将任何物体变成一个光源，设置面板及相应效果示例如图 5-76 所示。

- 【色彩】：可以设置光的颜色。
- 【电源】：用瓦或流明来控制光的强度。
- 【应用到几何图形前面】：选择此项，可将光源应用到几何体的前面。
- 【应用到几何图形背面】：将光源应用到几何体的背面。
- 【相机可见】：切换在相机中是否显示光源。
- 【反射可见】：切换材质反射中是否显示光源。
- 【阴影中可见】：切换光源是否产生投影。
- 【采样值】：控制渲染中使用的样本量。

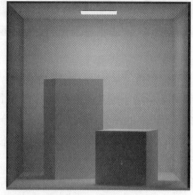

图 5-76　区域光漫射材质设置面板及相应效果示例

5.12.2　点光漫射

点光漫射材质可把任何物体变成一个点光源，查看并调整实时窗口中的位置，强度控制可以使用功率（瓦）或流明为单位，设置面板及相应效果示例如图 5-77 所示。

- 【色彩】：设置灯光的颜色。
- 【电源】：控制灯光的强度，单位可以设置为瓦特或流明。
- 【半径】：调整点光源的大小与衰减。

图 5-77　点光漫射材质设置面板及相应效果示例

5.12.3　点光 IES 配置文件

单击编辑器中的文件夹图标，加载一个 IES 文件，在材质预览中即可以看到灯光剖面形状，物件在实时窗口中以网格显示。图 5-78 所示为几种点光 IES 灯光的渲染效果示例。

- 【文件】：显示名称和 IES 文件的定位。单击文件夹图标可更改 IES 文件。
- 【颜色】：控制灯光的颜色，可使用欧凯文量表选择正确的照明温度。
- 【乘数】：调整光的强度。
- 【半径】：调整控制光的阴影衰减。

图 5-78　点光 IES 配置文件

5.12.4　自发光

　　自发光材质可用于模拟小的光源，如 LED、发亮的屏幕显示。这个发光材质并不表示这个对象可以作为场景中的主光源，如果需要发光对象的光线对周围物件有影响，需要在【项目】【照明】选项卡中勾选【全局照明】复选框，以便在实时渲染窗口中照亮其他对象；也需要勾选【地面间接照明】复选框，用来照亮地面。

　　材质设置及相应效果示例如图 5-79 所示。

　　若要使自发光材质产生光晕的效果，可以在【项目】/【图像】选项卡中勾选【特效】/【光晕】复选框。

- 【色彩】：用于控制发光材质的颜色。
- 【强度】：用于控制发光强度，使用色彩贴图时依然有效。
- 【相机可见】：勾选该复选框，相机中可显示材质的发光效果。
- 【反射可见】：取消勾选该复选框，具有反射材质的物体会反射自发光物件。
- 【双面】：取消勾选该复选框，材质将只有单面发光，另一面变为黑色。

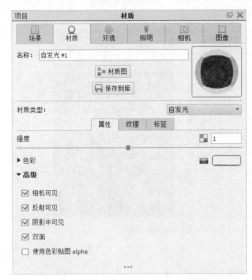

图 5-79　自发光材质设置及相应效果示例

5.13　云端材质

　　KeyShot 云库里面提供了大量用户上传的材质资源，可以大大扩充用户的素材库，在云端材质库里可以下载资源到本地硬盘内，也可以将下载的资源整理到 "Downloads" 文件夹内。

除了云端用户上传的资源外，Luxion 与 Axalta 颜色系统、Mold-Tech® 和索伦森皮革公司建立伙伴关系，为材质库添加了基于真实世界中的材质，给用户的视觉带来更高的准确度。

5.13.1　Axalta Coating Systems（艾仕得涂料系统）

作为汽车车身涂料的领先制造商，艾仕得创建的 KeyShot 材质是基于真实世界的描述材质，并提供准确的材质集。用户在相关网站里面可以下载 Axalta Coating Systems 材质集，并了解如何使用艾仕得涂料材质。图 5-80 所示为艾仕得涂料材质的渲染效果范例。

图 5-80　艾仕得涂料系统材质效果范例

5.13.2　Mold-Tech® Materials（模德蚀纹 Mold-Tech）

用户在相关网站可以下载 Mold-Tech® Materials 出品的材质，也可在 KeyShot Cloud 库里面搜索 Mold-Tech。图 5-81 所示为模德蚀纹 Mold-Tech 材质渲染效果范例。

图 5-81　模德蚀纹 Mold-Tech 材质渲染效果范例

5.13.3　Sorensen 皮革材质（索伦森皮革）

在 KeyShot Cloud 库里面搜索 Sorensen Leather，即可搜索到索伦森皮革材质。图 5-82 所示为索伦森皮革材质渲染效果范例。

图 5-82　索伦森皮革材质渲染效果范例

5.14　KeyShot 贴图通道

三维图像渲染中，可以通过贴图操作来模拟物体表面的纹理效果，添加细节，如木纹、网格、瓷砖、精细的金属拉丝效果等。贴图通过在【材质】面板的【材质】选项卡的【纹理】选项栏添加。图 5-83 所示为【纹理】选项栏。

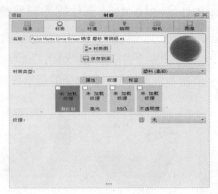

图 5-83 【纹理】选项栏

KeyShot 提供了【漫反射】、【高光】、【凹凸】和【不透明度】4 种贴图通道。相比其他渲染程序，贴图通道要少一些，但是已经满足调整材质所需，而且每个通道的作用各不相同。

5.14.1 【漫反射】通道

该通道可以用图像来代替漫反射的颜色，可以用真实照片来创建逼真的数字化材质效果。【漫反射】通道支持常见的图像格式。图 5-84 所示为通过【漫反射】通道模拟瓷砖表面的效果。

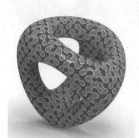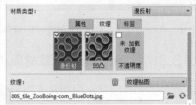

图 5-84 【漫反射】通道模拟木纹材质表面的效果

勾选【混合颜色】复选框可以将贴图和其右侧的颜色混合得到叠加的纹理效果，贴图中的白色区域会被【混合颜色】选项设定的颜色替代，黑色区域依然保留贴图的图像，中间色调色相当于半透明，会将二者叠加。图 5-85 所示为蓝色纹理图像与单色混合的效果。

图 5-85 勾选【混合颜色】复选框后的效果示例

5.14.2 【高光】通道

【高光】通道可以使用贴图中的黑色和白色表明不同区域的镜面反射强度，如图 5-86 所示，黑色不会显示镜面反射，而白色会显示 100% 的镜面反射。这个通道可以使材质表面镜面区域的效果更细腻。

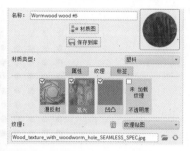

图 5-86 【高光】通道贴图效果示例

图 5-87 所示为【高光】通道未放置贴图与放置贴图的效果对比。

图 5-87 【高光】通道未放置贴图与放置贴图效果对比

5.14.3 【凹凸】通道

现实世界中材质表面有凹凸等细小颗粒的材质效果可以通过【凹凸】通道来实现，如图 5-88 所示。这些材质细节在建模中不容易或无法实现，像锤击镀铬、拉丝镍、皮革表面的凹凸质感等。

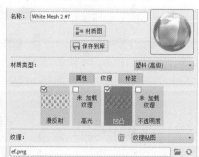

图 5-88 【凹凸】贴图通道

创建凹凸映射的方法有两种，第一种方法是最简单的方法就是采用黑白图像；第二种方法是通过法线贴图。

- 黑白图像：黑白图像中的黑色表示凹陷，白色表示凸起，如图 5-89（a）所示。
- 法线贴图：法线贴图比黑白图像包含更多的颜色，这些额外的颜色代表不同的 x、y、z 坐标扭曲强度，能比黑白图像创建更复杂的凹凸效果。即使不用法线贴图，黑白图像也能创建非常逼真的凹凸效果，如图 5-89（b）所示。

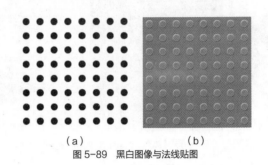

（a）　　　　　　　（b）

图 5-89　黑白图像与法线贴图

5.14.4 【不透明度】通道

【不透明度】贴图可以使用黑白图像或带有 Alpha 通道的图像来使材质的某些区域透明。常用于创建实际没有打孔的网状材质模型，如图 5-90 所示。

【不透明度】通道中实现透明效果的模式有 3 种。

- 【Alpha】：使用任何嵌入在图像的 Alpha 通道来创建局部透明效果。如果图像中没有 Alpha 通道，使用该选项会没有透明效果。
- 【色彩】：通过图像中颜色的亮度值来表示透明度，一般采用黑白图像。白色区域为完全不透明，黑色区域表示完全透明，50%灰色表示透明度为 50%。这种方法可替代 Alpha 通道来实现透明效果。
- 【补色】：采用与原来颜色相反的颜色。黑色是完全透明的，白色是完全不透明的，50%灰色是 50%透明的。

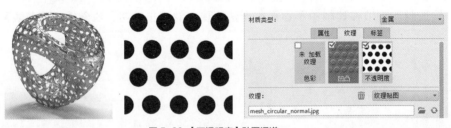

图 5-90　【不透明度】贴图通道

5.15 贴图类型

如何将二维图像放置到三维空间是所有三维程序都必须解决的问题，例如从顶部、底部还是侧面。如图 5-91 所示，右下角的下拉列表中展示了所有 KeyShot 纹理贴图类型。

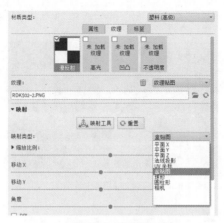

图 5-91 贴图类型

5.15.1 【平面 X】/【平面 Y】/【平面 Z】模式

选择该模式，可只通过 3 个单项轴向 x 轴、y 轴、z 轴来投射纹理，不面向设定的轴向的三维模型表面纹理将像图 5-92 所示的图像一样伸展。

当模式设置为【平面 X】/【平面 Y】/【平面 Z】时，只有面向相应轴向的曲面才能显示原始的图像，其他曲面上的贴图会被延长拉伸以包裹三维空间。

图 5-92 【平面 X】/【平面 Y】/【平面 Z】贴图示例

5.15.2 【盒贴图】模式

这种贴图模式会从一个立方体的 6 个面向三维模型投影纹理，纹理从立方体的一个面投影过去直到发生延展。大多数情况下，这是最简单快捷的方式，产生的延展最小。

图 5-93 所示是二维图像如何以【盒贴图】模式投影到三维模型上，每个平面的延展都是最小的；缺点是在不同投影面相交处有接缝。

图 5-93 【盒贴图】模式

5.15.3 【球形】模式

该模式会从一个球的内部投影纹理，大部分未变形图像位于赤道部位，到两极位置开始收敛。对于有两极的对象，【盒贴图】与【球形】模式效果都或多或少有扭曲，如图 5-94 所示。

图 5-94 【球形】模式

5.15.4 【圆柱形】模式

图 5-95 所示为【圆柱形】模式的效果，面对圆柱体内表面投影的纹理较好，不面对圆柱内壁的表面纹理会向内延伸。

图 5-95 【圆柱形】模式

5.15.5 【交互贴图】模式

除了上述自动映射模式，KeyShot 还有一种交互式绘图工具，如图 5-96 所示，能交互缩放、平移和定向自动映射类型。【交互贴图】工具可以用来微调映射到模型上的纹理的位置。

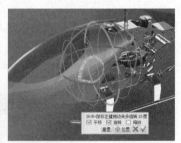

图 5-96 【交互贴图】模式

5.15.6 【UV 坐标】模式

这是一个完全不同的 2D 纹理映射到三维模型的方式，是一种完全自定义模式，会耗费更多的时间，更广泛用于游戏等领域。相比于前述自动映射方式，【UV 坐标】是完全自定义的贴图方式，效果示例如图 5-97 所示。

【UV 坐标】模式比其他映射类型更耗时、更烦琐，但效果更好。大多数 CAD 软件不提供【UV 坐标】贴图和技术，这就是 KeyShot 提供自动映射模式的原因。所以【UV 坐标】主要用于游戏、电影等娱乐产业，而不是产品设计或工程领域。

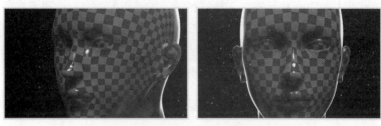

图 5-97　【UV 坐标】模式效果示例

把模型摊平为二维图像的过程称为"展开 UV"。例如世界地图的贴图就是相同的过程。图 5-98 所示为展开 UV 的贴图示例。

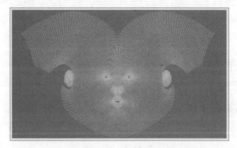

图 5-98　展开 UV 的贴图示例

5.16【标签】选项卡

【标签】选项卡专门用来在三维模型上自由方便地放置标志、贴纸或图像对象。图 5-99 所示为【标签】选项卡，支持常见的图像格式，如 JPG、TIFF、TGA、PNG、EXR 及 HDR。【标签】没有数量限制，每个标签都有它自己的映射类型。如果一个图像内带 Alpha 通道，该图像中透明区域将不可见。图 5-100 所示的图片使用的是透明 PNG 图像，图像周围的透明区域不显示。

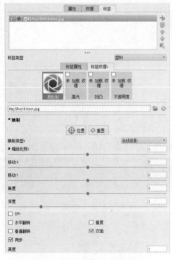

图 5-99　【标签】选项卡

图 5-100　PNG 图像效果

（1）添加标签

单击【添加标签】按钮➕将标签加入标签列表，加入标签的名称会显示在标签列表中，当加载标签图像后，会自动增加【标签类型】选项栏，可以编辑标签的属性与纹理映射模式等选项，调节方式和贴图的调整方式类似。在 KeyShot 外部其他软件中编辑更新标签后，可以单击标签纹理路径选框右侧的按钮🔄来刷新标签。在列表中选择标签后单击【删除图标】按钮🗑可以删除该标签。

标签会按添加顺序罗列，列表顶部的标签会位于标签层的顶部。单击【在层次结构中上移标签】按钮⬆可以使标签切换到上面；单击【在层次结构中下移标签】按钮⬇可以使标签切换到下面。

（2）【映射】选项栏

• 【映射类型】：标签与其他纹理拥有相同的映射类型，但是标签有一个其他纹理没有的映射类型，就是【法线投影】。利用该功能可以以交互的方式来投影标签到曲面。这也是标签的默认模式。

• 【位置】：单击【位置】按钮，在模型上移动标签，当标签位于需要的位置后单击按钮✅，就会停止互动式定位标签。

• 【缩放比例】：拖曳滑块可以调整标签的大小，同时保持长宽比例。

• 【移动 X】/【移动 Y】：拖曳【平移 X】或【平移 Y】滑块可以偏移标签的位置。

• 【角度】：拖曳【角度】滑块可以旋转标签，标签也可以垂直翻转，水平翻转、重复翻转等，通过勾选相应复选框即可。

• 【深度】：该参数能控制标签通过材质的距离。例如：一个材质有两个表面，【深度】可以控制标签是出现在一个面上还是双面上。如图 5-101 所示，左图中的酒杯【深度】值大，所以背面也出现标签。右图的【深度】值小，另一面上没有投影上标签。

• 【双面】：该选项用于控制物体的背面是否显示标签。如图 5-102 所示，两个图在相同位置都有标签，右图是勾选【双面】复选框的效果，左图没有勾选，在背面看不见标签。

• 【亮度】：该项用于调整亮度，如果一个场景的整体照明是好的，但一个标签出现过亮或过暗的情况，则可以通过【亮度】滑块来调整。

• 【对比度】：该项用于调整亮度，如果一个场景的整体照明是好的，但一个标签对比度不够，则可以通过【对比度】滑块来调整。

图 5-101 【深度】效果

图 5-102 【双面】效果

（3）【标签类型】选项栏

图 5-103 所示为【标签属性】与【标签纹理】选项卡。

● 【高光】：这个参数主要控制在标签上也出现镜面反射，颜色设置为黑色时，标签上没有反射效果；设置为白色，会有很强的反射。这个参数也可以使用彩色，但最真实的效果应该是介于黑色和白色之间。如图 5-104 所示，左图设置为黑色，右图设置为白色。

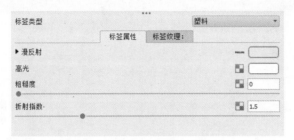

图 5-103　【标签属性】选项卡

● 【折射指数】：虽然这个是最常用的与透明度有关的属性，但是这里的【折射指数】参数只能作用于标签上，只会影响标签上的反射效果（需要将【高光】设置为黑色以外的颜色），让其增加反射水平。如图 5-105 所示，左图折射指数为 3，右图为 1。注意，左图标签比右图反射更强。

图 5-104　【高光】效果

图 5-105　【折射指数】效果

5.17 【标签】渲染设置

KeyShot 除了可以通过截屏来保存渲染好的图像，也可以通过执行【渲染】/【渲染设置】命令来输出渲染图像，图像的输出格式与质量可以通过【渲染】对话框中的参数来设置。【渲染】对话框如图 5-106 所示。

这里需要注意的是 KeyShot 6 新增了【所有渲染 Pass】选项，可以输出各种通道，以便于后期图像处理与合成，所以在最终渲染选项中建议开启此选项，这些通道会在渲染完成后一并保存在"Renderings"文件夹中。

（1）【输出】选项卡

这个选项卡内的选项用于设置输出图像的名称、路径、格式和大小等。这些参数都比较简单，这里不做赘述。

（2）【选项】选项卡

这个选项卡内的选项用于设定输出图像的渲染质量，如图 5-107 所示。

图 5-106 【渲染】对话框

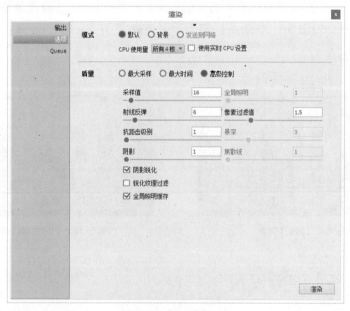

图 5-107 【选项】选项卡

KeyShot 提供了【最大采样】、【最大时间】和【高级控制】3 种质量方式。【高级控制】相关选项参数说明如下。

• 【采样值】：用于控制图像每个像素的采样数量。在大场景的渲染中，模型的自身反射与光线折射的强度或者质量都需要较高的采样数量，较高的采样数量设置可以与较高的抗锯齿设置配合。

• 【全局照明】：提高这个参数的值可以获得更加细腻的照明设置和小细节的光线处理。一般情况下这个参数没有太大必要去调整，如果需要在阴影和光线的效果上做处理，可以考虑改变这个参数。

• 【射线反弹】：该参数用于控制光线在每个物体上反射的次数。对于透明材质，适当的光线反射次数是得到正确的渲染效果的基础。在有透明物件的场景中，该参数的设定可以参考【项目】/【照明】选项卡中【射线反弹】的数值，设为其数值的两倍左右即可。

- 【像素过滤值】：该参数的功能是为图像增加一个模糊的效果，得到柔和的图像，建议使用 1.5 ~ 1.8 的参数设置。不过在渲染珠宝首饰的时候，大部分情况下有必要将参数值降低到 1 ~ 1.2 的数值。

- 【抗锯齿级别】：提高抗锯齿级别可以将物体的锯齿边缘细化，这个参数值越大，物体的抗锯齿质量也会提高。

- 【景深】：增加这个参数的数值，会导致画面出现一些小颗粒状的像素点以体现景深效果。一般将参数设置为 3 就足以得到很好的渲染效果。不过要注意的是，数值变大将会增加渲染的时间。

- 【阴影】：控制物体在地面的阴影质量。

- 【阴影锐化】：默认为勾选状态，通常情况下尽量不要改动，否则可能会影响到画面小细节方面阴影上的锐利程度。

- 【锐化纹理过滤】：开启该功能，可以得到更加清晰的纹理效果，不过这个选项通常情况下是没有必要开启的。

小结

建模完成后，通常需要将模型用渲染软件渲染成更逼真的效果图。本章主要介绍了渲染软件 KeyShot 的工作界面、使用流程以及材质参数选项含义。渲染的重点是材质的参数以及灯光环境的调节，这需要用户对材质的类型与特征有所了解，并通过大量练习来积累经验。同时可以收集和积累好的材质库与纹理素材库，大大提高作图效率。

习题

一、填空题

1. HDRI 图像通常是以全景图的形式存储的，全景图指的是包含了 360° 范围场景的图像，全景图的形式可以是多样的，包括_____形式、_____形式、镜像球形式等。

2. 创建凹凸映射的方法有两种，第一种也是最简单的方法就是采用_____图像；第二种方式是通过_____。

3. 【透明度】贴图可以使用黑白图像或带有_____通道的图像来使材质的某些区域透明。

二、简答题

1. 简述反射材质的特征。

2. 简述 KeyShot 有哪些贴图通道。

3. 简述纹理贴图的映射类型有哪些。

Chapter

6

第6章
小产品建模案例

【学习目标】
- 能够独立完成灯炮建模。
- 能够独立完成剪刀建模。
- 能够独立完成Beats耳机建模。
- 根据所学知识，能够完成其他小产品建模。

【素质目标】
1. 树立节能环保意识，了解前沿技术。
2. 培养爱岗敬业、精益求精的工匠精神。

本章依托几个经典的小产品建模案例来介绍模型的建立过程，其中涉及的命令与操作步骤是很常用的建模技术，读者需要反复练习以达到熟练的程度。

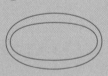

耳机 -1

耳机 -2

6.1 灯泡建模

这个模型是官方提供的模型素材之一。模型本身比较简单，如图 6-1 所示，最难实现的是尾部螺旋部分，如图 6-2 所示，下面将详细讲述该部分的建模过程。

图 6-1　最终建模效果

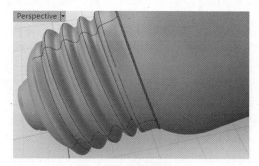

图 6-2　尾部螺旋造型

（1）在 Front 视图中，以原点为中心，绘制一个半径为 15 的 3 阶 12CV 的可塑圆（在指令提示栏选择【可塑形的】选项），如图 6-3 所示。

（2）执行【插入节点】命令或单击 ✏ 按钮查看可塑圆的节点分布状态，如图 6-4 所示，这样的节点分布可以以节点把一段 1/4 圆分割出来。

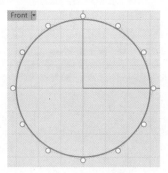

图 6-3　绘制可塑圆

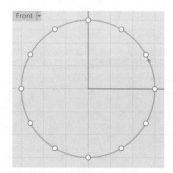

图 6-4　查看节点状态

（3）执行【分割】命令或单击 ⬚ 按钮，参照图 6-5 标示的节点位置，将可塑圆分割开。

（4）删除 3/4 部分的圆，再将剩下的左上部的 1/4 部分圆以原点为中心逆时针旋转 45°，如图 6-6 所示。

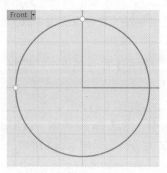

图 6-5　标示节点

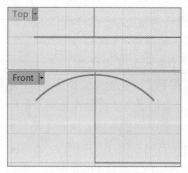

图 6-6　旋转圆弧

（5）切换到 Top 视图，对切割后的圆执行【变换】/【倾斜】命令，以原点为基点，以水平向右的任意一点为参考点，倾斜 2.5°，如图 6-7 所示。

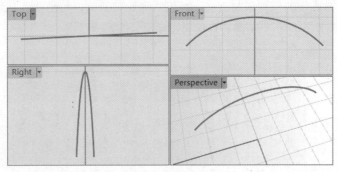

图 6-7　倾斜曲线

在这个步骤中比较容易疏忽的关键点：参考点的选择没有水平向右找点，在输入倾斜角度数值时，激活的视图应该为 Top 视图，否则不能保证曲线为中心对称状态。

（6）切换到 Front 视图，将倾斜好的曲线以原点为中心点在 360° 内环形阵列 4 个，如图 6-8 所示。

（7）将阵列好的曲线以端点捕捉方式移动到首尾相接状态，如图 6-9 所示。

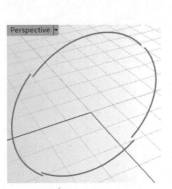
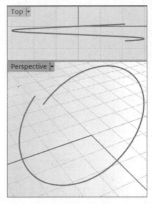

图 6-8　环形阵列　　　　　　图 6-9　移动后的状态

（8）如图 6-10 所示，通过端点捕捉方式绘制黑色显示的直线，再将阵列后的曲线删除掉（这样做是为了获得螺旋面一个单元体的边长）。然后将绘制好的直线以直线中点为起点，移动到曲线中点位置，如图 6-11 所示。

（9）执行【曲线】/【点物件】/【曲线分段】/【分段数目】命令或单击 按钮，将黑色直线等分为 6 段，得到 7 个标记点，如图 6-12 所示。

（10）通过点捕捉方式将曲线复制 4 份到各标记点上，如图 6-13 所示。

（11）选择最中间的曲线，执行【不等比缩放】命令，激活 Front 视图，以原点为基点，缩放比例分别为 x 方向 0.9、y 方向 0.9、z 方向 1，完成的缩放效果如图 6-14 所示。

注意该步骤中应该激活 Front 视图，否则不等比缩放的缩放因子则应该相应进行调换。

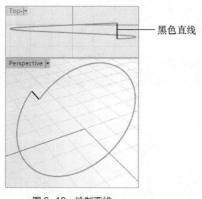

黑色直线

图 6-10　绘制直线

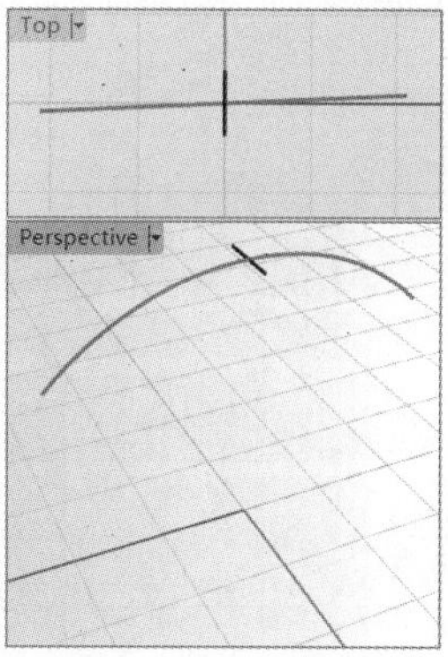

图 6-11　移动直线

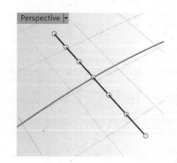

图 6-12　等分为 6 段

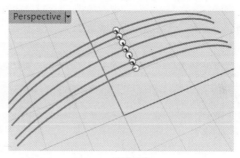

图 6-13　复制曲线

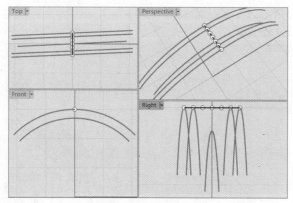

图 6-14　不等比缩放中间的曲线

（12）绘制图 6-15 所示的黑色显示的参考线，将缩放后的曲线以中点为起点复制两份到交点处，如图 6-16 所示，然后将所有黑色直线和点删除。

（13）执行【放样】命令或单击 按钮，依次选择剩下的 7 条曲线，弹出【放样选项】对话框，在【造型】选项栏选择【松弛】选项，如图 6-17 所示。生成的曲面效果如图 6-18 所示。

（14）切换到 Front 视图，将放样好的曲面以原点为中心点在 360°内环形阵列 4 个，如图 6-19 所示。

（15）将阵列好的曲面以端点捕捉方式移动到首尾相接状态，再组合起来，如图 6-20 所示。

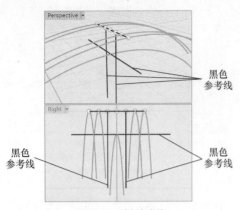

图 6-15　绘制参考线

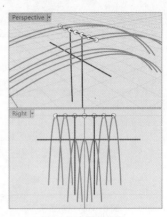

图 6-16　复制曲线

图 6-17　【放样选项】对话框

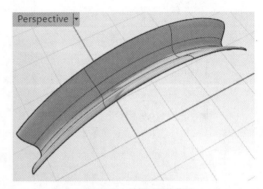

图 6-18　放样形成的曲面

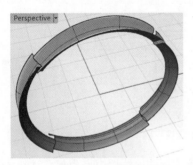

图 6-19　阵列曲面

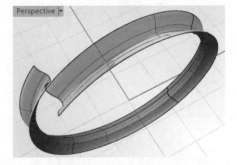

图 6-20　移动后组合

（16）执行【复制】命令，将组合好的曲面以端点捕捉方式复制 5 份，效果如图 6-21 所示。

（17）执行【切割用平面】命令，在 Top 视图中，参照图 6-22 绘制切割用平面。

（18）利用平面将放样曲面修剪到图 6-23 所示。

（19）切换到 Front 视图，将所有曲面逆时针旋转 45°，以方便后面的混接操作，如图 6-24 所示。

（20）切换到 Top 视图，绘制两条曲线，曲线的 CV 分布状态如图 6-25 所示。

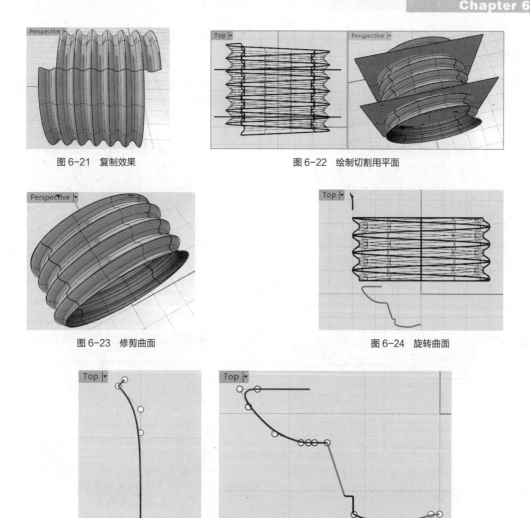

图 6-21　复制效果

图 6-22　绘制切割用平面

图 6-23　修剪曲面

图 6-24　旋转曲面

图 6-25　CV 分布状态

（21）选择图 6-26 所示的黄色曲线，以 y 轴为旋转轴，将绘制好的曲线旋转 90°，效果如图 6-27 所示。

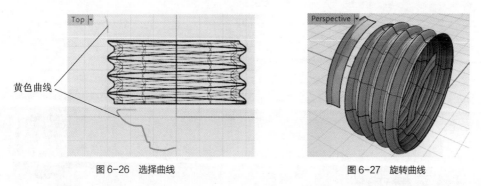

黄色曲线

图 6-26　选择曲线

图 6-27　旋转曲线

（22）切换到 Front 视图，将旋转形成的曲面以原点为中心点在 360° 内环形阵列 4 个，如图 6-28 所示。

（23）执行【混接曲面】命令或单击 按钮，将曲面间的空隙混接成面，共混接 8 个曲面，效果如图 6-29 白色曲面所示。

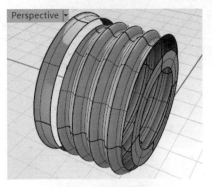
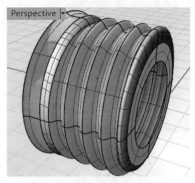

图 6-28　阵列曲面　　　　　　　　　　　　图 6-29　混接曲面

（24）选择图 6-30 所示的曲线，以 y 轴为旋转轴，利用工具列中的 ／【旋转成形】工具 将绘制好的曲线旋转 360°，效果如图 6-31 所示。

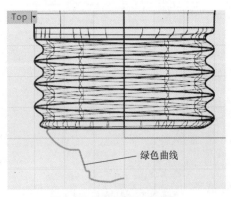
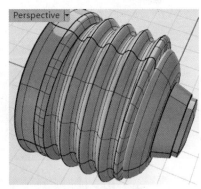

绿色曲线

图 6-30　选择绿色显示的曲线　　　　　　　图 6-31　旋转后的效果

（25）利用工具列中的【控制点曲线】工具 绘制图 6-32 所示的曲线。

（26）以 y 轴为旋转轴，利用工具列中的 ／【旋转成形】工具 将绘制好的曲线旋转 360°，最终完成的效果如图 6-33 所示。

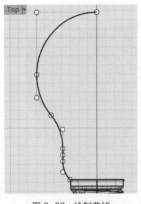
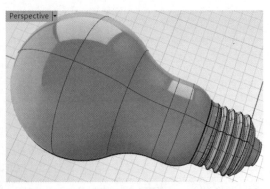

图 6-32　绘制曲线　　　　　　　　　　　　图 6-33　最终效果

6.2 剪刀建模

　　本节实例模型曲面的变化比较丰富，需要花一定的时间分析面片划分方式以及曲面建模流程，圆角处理也需要分步完成；渲染部分的场景布置、灯光与材质的设置则相对简单。最终建模效果如图 6-34 所示。

图 6-34　最终建模效果

6.2.1　基础曲面构建

　　（1）单击【标准】工具列群组中的 ⊞/【放置背景图】按钮 ▣，或在各视图左上角（视图名称的蓝色区域）右击，在弹出的快捷菜单中选择【背景图】/【放置】命令，将本书素材文件中"Map"目录下的"jiandao.jpg"文件导入 Rhino 的 Top 视图中，再使用【背景图】菜单中的【移动】、【对齐】、【缩放】等命令将图片调整至合适大小及位置，如图 6-35 所示。

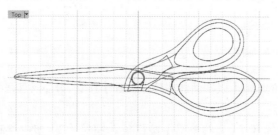

图 6-35　放置背景图

　　（2）单击工具列中的【控制点曲线】按钮 ⟋，参考底图绘制剪刀把手的外轮廓线，如图 6-36 所示。

　　（3）将绘制好的曲线复制一份，向内缩小一点，然后打开曲线的 CV，参照图 6-37 调整曲线的形态。这条曲线只有部分造型有底图可以参考，其余部分要用户自己把握造型的走势进行绘制，主要是要保证线条平滑流畅，把手弯曲位置的弯曲趋势和外轮廓的弯曲趋势相似就好。

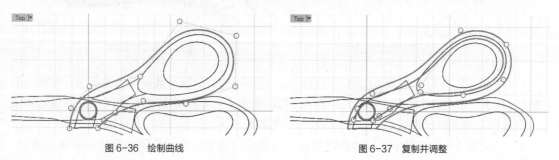

图 6-36　绘制曲线　　　　　　　　　　　　　　　图 6-37　复制并调整

（4）单击工具列中的【控制点曲线】按钮 ⌒，参考底图绘制剪刀另一个把手的外轮廓线，如图 6-38 所示。

（5）将第（2）步中绘制好的第一条曲线的端点利用捕捉工具调整到第（4）步中绘制的曲线的端头和路径上，如图 6-39 所示。

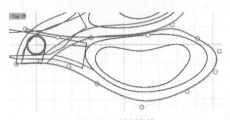

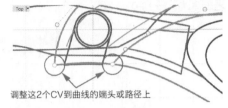

图 6-38　绘制曲线

图 6-39　调整曲线

（6）将第（3）步中调整好的曲线沿世界坐标系的 z 轴移动 5.8 个单位，效果如图 6-40 所示。

（7）单击工具列中的【多重直线】按钮 ∧，结合端点捕捉方式将曲线的两端头以直线连接起来，如图 6-41 所示。

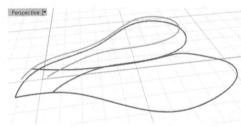

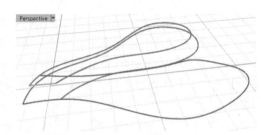

图 6-40　移动曲线

图 6-41　绘制直线

（8）单击工具列中的 ⬜/【以平面曲线建立曲面】按钮 ◎，以直线和相接的曲线形成平面，如图 6-42 所示。

（9）单击工具列中的 ⬜/【直线挤出】按钮 ▮，将第（3）步中绘制好的曲线沿直线挤出，挤出高度不限，如图 6-43 所示。

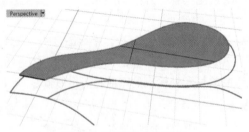

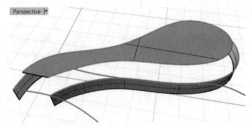

图 6-42　以平面曲线建立曲面

图 6-43　直线挤出成面

（10）单击工具列中的 ⬜/【放样】按钮 ⬚，选择刚做好的两个曲面的曲面边缘，在弹出的【放样选项】对话框的【造型】选项栏中设置下拉列表选项为【标准】，并勾选【与起始端边缘相切】和【与结束端边缘相切】复选框，放样的结果如图 6-44 所示。

（11）将第（4）步中绘制好的曲线复制一条后隐藏起来备用，再用与之相接的曲线修剪，修剪结果如图 6-45 所示。

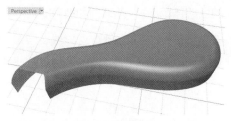

图 6-44　放样成面

图 6-45　复制并修剪曲线

（12）将修剪后的曲线沿直线挤出成面，如图 6-46 所示。

（13）单击工具列中的 ▱ /【放样】按钮 ▨，选择刚做好的两个曲面的曲面边缘，弹出【放样选项】对话框，在【造型】选项栏中选择【标准】选项，并勾选【与起始端边缘相切】和【与结束端边缘相切】复选框，放样的结果如图 6-47 所示。

图 6-46　将曲线沿直线挤出成面

图 6-47　放样成面

（14）将直线挤出的曲面都删除，如图 6-48 所示。

（15）利用【衔接曲面】工具消除曲面之间的缝隙。单击工具列中的 ▨ /【衔接曲面】按钮 ▨，分步选择缝隙处的曲面边缘，在弹出的【衔接曲面】对话框中，将连续性设置为【位置】，勾选【互相衔接】复选框，衔接后的效果如图 6-49 所示。

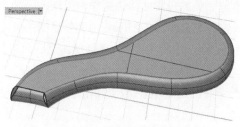

图 6-48　删除挤出曲面

图 6-49　曲面之间互相衔接

（16）以相同的方式将另一个缝隙也衔接好，效果如图 6-50 所示。

（17）单击工具列中的【控制点曲线】按钮 ▨，参考底图绘制图 6-51 所示的曲线。

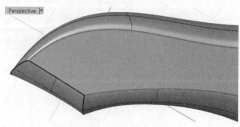

图 6-50　衔接后的效果

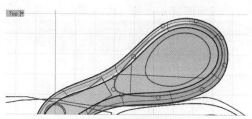

图 6-51　绘制曲线

（18）将第（17）步绘制的曲线复制一份，然后调整曲线的轮廓到图 6-52 所示的状态。

（19）单击工具列中的【修剪】按钮 ，用大一圈的曲线修剪曲面，修剪后的效果如图 6-53 所示。

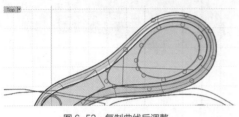
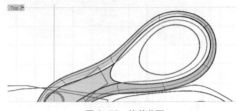

图 6-52　复制曲线后调整　　　　　　　　　　　图 6-53　修剪曲面

（20）单击工具列中的【多重直线】按钮 ，沿着修剪曲面的边缘与内圈曲线路径绘制两条直线，如图 6-54 所示。

（21）单击工具列中的 /【更改阶数】按钮 ，将直线升为 3 阶，然后将曲线的中间两个 CV 向外调整，使直线变成单弧曲线，如图 6-55 所示。

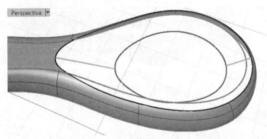
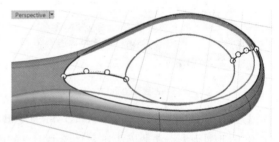

图 6-54　绘制直线　　　　　　　　　　　图 6-55　将直线调整为单弧曲线

（22）单击工具列中的 /【双轨扫掠】按钮 ，指令提示栏提示"选取第一条路径"时单击后面的【连锁边缘（C）：】选项，然后连续选择修剪面处的一圈曲面边缘作为第一条路径，按 Enter 键后选择内圈曲线作为第二条路径，按 Enter 键后再选择第（21）步中调整好的两条曲线作为断面，按 Enter 键后弹出【双轨扫掠选项】对话框，勾选【封闭扫掠】复选框，然后单击【确定】按钮，形成双轨曲面，效果如图 6-56 所示。

（23）单击工具列的【控制点曲线】按钮 ，参考底图绘制图 6-57 所示的两条曲线。两条曲线两端留出一些空隙，然后以直线连接两个端头。

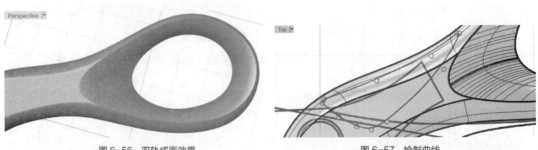

图 6-56　双轨成面效果　　　　　　　　　　　图 6-57　绘制曲线

（24）用绘制好的曲线修剪曲面，修剪效果如图 6-58 所示，然后再以直线连接修剪曲面侧面的两个端头，如图 6-59 所示。

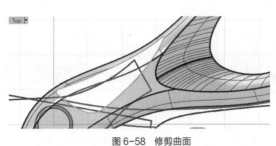

图 6-58　修剪曲面

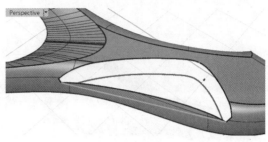

图 6-59　绘制直线

（25）切换到 Front 视图，用之前的方法再次修剪曲面，修剪后的效果如图 6-60 所示。

（26）单击工具列的 ▨ /【双轨扫掠】按钮 ⬚，指令提示栏提示"选取第一条路径"时单击后面的【连锁边缘（C）：】选项，然后连续选择修剪面处的曲面边缘作为第一条路径，按 Enter 键后选择另一侧曲面边缘作为第二条路径，路径选择状态如图 6-61 所示。

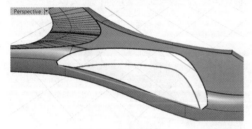

图 6-60　再次修剪曲面

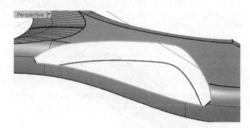

图 6-61　选择两条路径曲线

（27）按 Enter 键后选择与路径相接的两条修剪后形成的曲面边缘作为断面，再次按 Enter 键后弹出【双轨扫掠选项】对话框，单击选中【重建点数】单选按钮，并修改为重建 5 个控制点，【路径曲线选项】选项栏中【A】与【B】的连续性都设置为【相切】方式，如图 6-62 所示。

（28）然后单击【确定】按钮，形成双轨曲面，效果如图 6-63 所示。

图 6-62　【双轨扫掠选项】对话框

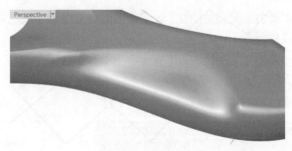

图 6-63　双轨成面

（29）着色观察双轨曲面，局部位置有些皱褶，单击工具列的 ◔ /【移除曲面或曲线的复节点】按钮 ⬚，删除曲面的复节点，使曲面变平顺一些。目前曲面的整体着色效果如图 6-64 所示。

（30）新建一个图层，命名为"剪刀把手 02"，并将该图层设置为当前图层。

（31）显示第（11）步中隐藏的曲线，复制一份，然后向内缩小一点，再打开曲线的 CV，参照图 6-65 调整曲线的形态。同样，这条曲线的造型只有部分造型有底图可以参考，其余的部分要自己把握造型的走势进行绘制，主要是要保证线条平滑流畅，把手弯曲位置的弯曲趋势和外轮廓的弯曲趋势相似就好。

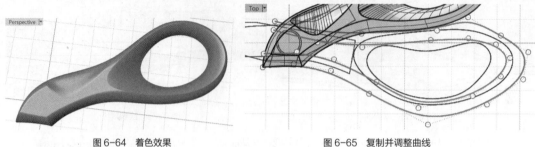

图 6-64　着色效果　　　　　　　　　　图 6-65　复制并调整曲线

（32）将第（31）步中调整好的曲线沿世界坐标系的 z 轴移动 5.8 个单位，效果如图 6-66 所示。

（33）单击工具列的【多重直线】按钮 ∧，结合端点捕捉方式将曲线的两个端头以直线连接起来，如图 6-67 所示。

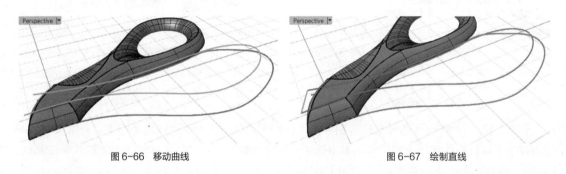

图 6-66　移动曲线　　　　　　　　　　图 6-67　绘制直线

（34）新建一个图层，命名为"剪刀把手 01"，将前面做好的曲面改变到该图层，并将该图层隐藏起来。

（35）单击工具列的 ▦ /【以平面曲线建立曲面】按钮 ◉，以直线和相接的曲线形成平面，如图 6-68 所示。

（36）单击工具列的 ▦ /【直线挤出】按钮 ▥，将第（33）步中调整好的曲线沿直线挤出，挤出高度不限，如图 6-69 所示。

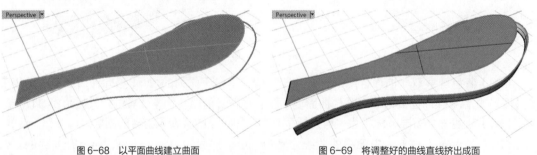

图 6-68　以平面曲线建立曲面　　　　　　图 6-69　将调整好的曲线直线挤出成面

（37）单击工具列的 ▦ /【放样】按钮 ▨，选择刚做好的两个曲面的曲面边缘，弹出【放样选项】对话框，在【造型】选项栏中选择【标准】选项，并勾选【与起始端边缘相切】和【与结束端边缘相切】复选框，放样的结果如图 6-70 所示。

（38）显示第（5）步绘制的曲线，单击工具列的 ⌐ /【可调式混接曲线】按钮 ，在两个把手外轮廓曲线之间生成混接曲线，调整混接起点到图 6-71 所示 ❶ 与 ❷ 标记的位置，两端的连续性都设置为【相切】。

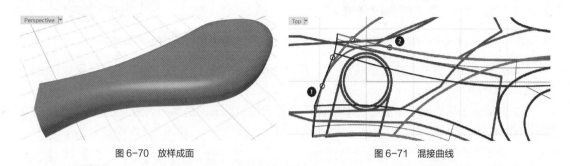

图 6-70 放样成面 图 6-71 混接曲线

（39）复制第（5）步绘制的曲线，然后利用混接后的曲线修剪复制的曲线，只留端头处的一小截，修剪后的效果如图 6-72 所示。

（40）单击工具列的 ▨ /【直线挤出】按钮 ，将修剪后留下的两条曲线沿直线挤出成面，效果如图 6-73 所示。

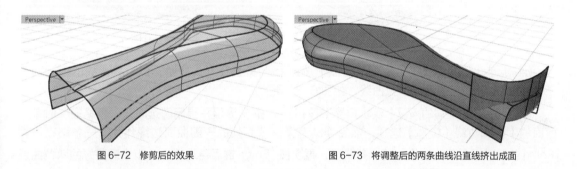

图 6-72 修剪后的效果 图 6-73 将调整后的两条曲线沿直线挤出成面

（41）将第（36）步中直线挤出的曲面删除，如图 6-74 所示。

（42）单击工具列的【修剪】按钮 ，将图 6-74 所示的曲面相互修剪，效果如图 6-75 所示。若有局部曲面修剪不掉，是因为该处的曲面互相没有穿透，可以单击工具列的 ▨ /【延伸曲面】按钮 将这里的曲面稍微延伸一点后再修剪。

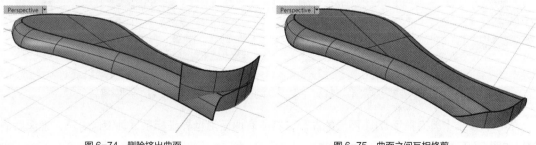

图 6-74 删除挤出曲面 图 6-75 曲面之间互相修剪

（43）单击工具列的【控制点曲线】按钮 ，参考底图绘制图 6-76 所示的曲线。

（44）将第（43）步绘制的曲线复制一份，然后调整曲线的轮廓到图 6-77 所示。

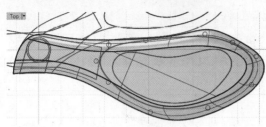

图 6-76　绘制曲线

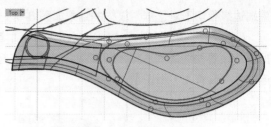

图 6-77　复制曲线后调整

（45）单击工具列的【修剪】按钮 ，用大一圈的曲线修剪曲面，修剪后的效果如图 6-78 所示。

（46）单击工具列的【多重直线】按钮 ∧，沿着修剪曲面的边缘与内圈曲线路径绘制两条直线，如图 6-79 所示。

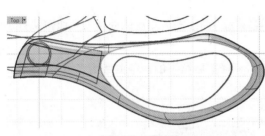

图 6-78　修剪曲面

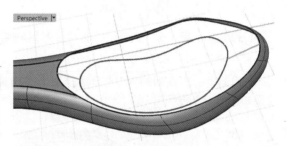

图 6-79　绘制直线

（47）单击工具列的 ⌐ /【更改阶数】按钮 🖱，将直线升为 3 阶，然后将曲线的中间两个 CV 向外调整，使直线变成单弧曲线，如图 6-80 所示。

（48）单击工具列的 ◢ /【双轨扫掠】按钮 🖱，指令提示栏提示"选取第一条路径"时单击后面的【连锁边缘（C）：】选项，然后连续选择修剪面处的一圈曲面边缘作为第一条路径，按 Enter 键后选择内圈曲线作为第二条路径，再次按 Enter 键后再选择上一步中调整好的两条曲线作为断面，又一次按 Enter 键后弹出【双轨扫掠选项】对话框，勾选【封闭扫掠】复选框，【A】端连续性选项修改为【曲率】，然后单击【确定】按钮，形成双轨曲面，效果如图 6-81 所示。

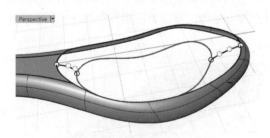

图 6-80　调整为单弧曲线

图 6-81　双轨成面

（49）显示【剪刀把手 01】图层的曲面，将所有曲面沿世界坐标系 z 轴镜像一份，镜像后的效果如图 6-82 所示。

（50）放大查看把手内圈镜像对称位置，这里的曲面之间是尖锐转折的。

（51）单击工具列的 👆 /【衔接曲面】按钮 ↪，选择镜像对称位置两侧的曲面边缘，弹出【衔接曲面】对话框，连续性设置为【相切】，勾选【互相衔接】复选框，【结构线方向调整】选项栏中单击选中【与目标结构线方向一致】单选按钮，衔接后的效果如图 6-83 所示。

图 6-82 镜像曲面

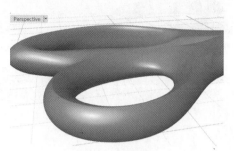

图 6-83 互相衔接

6.2.2 倒圆角处理

倒圆角处理是比较容易出错的操作，所以要学会多种倒圆角破面的处理办法。倒圆角完成后的曲面要复原到未倒圆角的状态非常费时费力，所以，应在倒圆角前备份一个未倒圆角的模型以便设计过程中对方案进行修正。

（1）执行【文件】/【另存为】命令，将前面的模型以"剪刀未倒圆角 .3dm"为名备份一份。

（2）仅显示【剪刀把手 02】图层的内容，单击工具列的【组合】按钮 ，将这个图层的所有曲面组合为一个多重曲面。

（3）单击工具列的 /【不等距边缘圆角】按钮 ，选择图 6-84 所示的边缘进行倒圆角处理，圆角半径大小设置为 1。

（4）放大局部查看倒圆角后的效果，如图 6-85 所示，由于这个位置的边缘有比较尖锐的转折，因此圆角面在尖锐位置形成了半径为"0"的效果。若希望整个边缘的圆角都平滑过渡，不出现半径"0"值的圆角，可以重新以圆管面分割后混接曲面来模拟倒圆角效果。

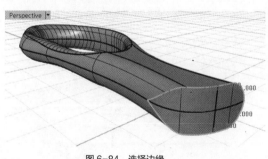

图 6-84 选择边缘

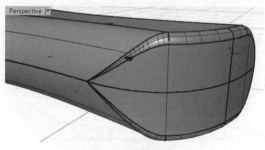

图 6-85 倒圆角效果

（5）按 Ctrl + Z 组合键，撤销倒圆角操作。

（6）单击工具列的【抽离曲面】按钮 ，将多重曲面炸开，然后删除对称轴一侧的一半曲面，删除后的效果如图 6-86 所示。再将剩下的曲面组合为一个整体。

（7）单击工具列的 /【复制边缘】按钮 ，复制出图 6-87 所示的曲面边缘，成为独立的曲线。

（8）单击工具列的【组合】按钮 ，将复制出来的曲线组合成一个整体。

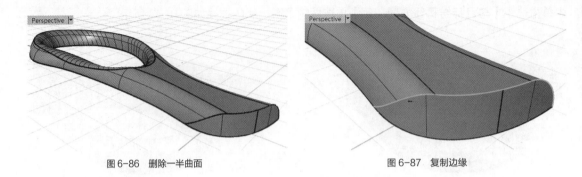

图 6-86　删除一半曲面　　　　　　　　　　　　图 6-87　复制边缘

（9）单击工具列的 🔧 /【延伸曲线】按钮 ▦，将组合后的曲线两端分别延长"5"个单位，效果如图 6-88 所示。

（10）单击工具列的 🔲 /【圆管（平头盖）】按钮 🔧，将延伸后的曲线形成圆管面，如图 6-89 所示。

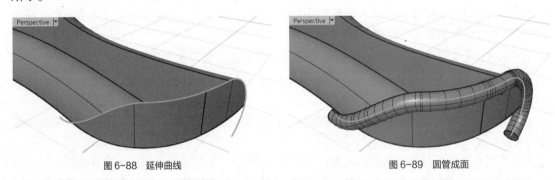

图 6-88　延伸曲线　　　　　　　　　　　　　图 6-89　圆管成面

（11）单击工具列的【分割】按钮 🔧，用圆管分割剪刀把手曲面，然后删除圆管面与中间分割出来的小面，剩下的曲面效果如图 6-90 所示。

（12）单击工具列的 ◢ /【显示边缘】按钮 🔧，显示曲面边缘的状态，如图 6-91 所示。

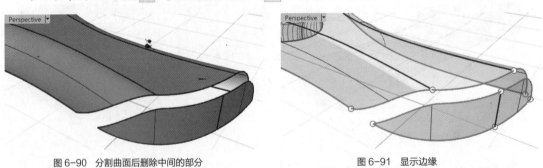

图 6-90　分割曲面后删除中间的部分　　　　　　图 6-91　显示边缘

（13）单击工具列的 ◢ / 🔧 【分割边缘】按钮 🔧，将曲面的边缘分割成图 6-92 所示的状态。

（14）单击工具列的 🔧 /【可调式混接曲线】按钮 🔧，在曲面边缘之间生成多条混接曲面，如图 6-93 所示。

（15）单击工具列的 ◢ /【双轨扫掠】按钮 🔧，以修剪曲面的边缘为路径，以混接曲线为断面，生成双轨面，效果如图 6-94 所示。

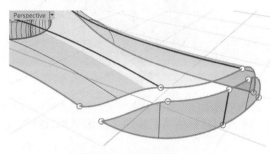

图 6-92 分割曲面边缘

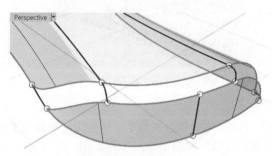

图 6-93 混接曲面边缘

（16）模拟倒圆角着色效果如图 6-95 所示。

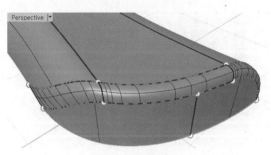

图 6-94 双轨成面

图 6-95 模拟倒圆角着色效果

（17）单击工具列的 ▱ /【镜像】按钮 ⑪，将做好的双轨面沿着世界坐标系的 z 轴镜像，效果如图 6-96 所示。

（18）单击工具列的【组合】按钮 ⚙，将镜像后的所有曲面组合成一个整体。

（19）切换【剪刀把手 01】图层为当前图层，然后将【剪刀把手 02】图层隐藏起来。

（20）单击工具列的【抽离曲面】按钮 ⬃，将【剪刀把手 01】图层的多重曲面炸开，然后删除对称轴一侧的一半曲面，删除后的效果如图 6-97 所示。

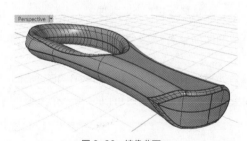

图 6-96 镜像曲面

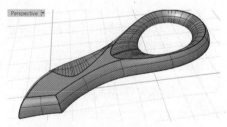

图 6-97 删除一半曲面

（21）剩下的一半曲面倒圆角时也会出现相似的问题，可以用上面的圆管方式模拟倒圆角，也可以利用【分割】+【放样】的方式做模拟倒圆角的效果，这个方式适用于基础面是没有修剪过的曲面的情况。

（22）先临时显示【剪刀把手 02】图层，单击工具列中的【单点】按钮 ∘，在需倒圆角处以端点捕捉方式放置两个点，如图 6-98 所示。

（23）隐藏【剪刀把手 02】图层，点的位置如图 6-99 所示。

图 6-98　放置点

图 6-99　点的位置

（24）右击工具列的【以结构线分割曲面】按钮，以点捕捉方式将两个曲面分别以结构线分割开，效果如图 6-100 所示。

（25）单击工具列的／【放样】按钮，依次选择图 6-101 所示的 3 条曲面边缘，弹出【放样选项】对话框，在【造型】选项栏中选择【松弛】选项。

图 6-100　以结构线分割曲面

图 6-101　选择 3 条曲线边缘

（26）放样的结果如图 6-102 所示。放大放样曲面端头的位置处，如图 6-103 所示圈出的位置，可以发现这里多出一个小圆角。

图 6-102　放样效果

图 6-103　多出的圆角

（27）单击工具列的【修剪】按钮，利用放样出来的曲面修剪掉这个多余的小圆角，修剪后的效果如图 6-104 所示。

（28）利用【分割】+【放样】的方式做出另外一个转角处模拟倒圆角的效果，如图 6-105 所示。这里的分割大小可以稍微大一些，由于没有相邻的曲面要对接，所以分割处可以目测一个大概的位置。

图 6-104　修剪掉小圆角

图 6-105　模拟倒圆角效果

（29）删除前面的两个点物件。

（30）单击工具列的 🔲 /【镜像】按钮 🔷，将处理好的面沿着世界坐标系的 z 轴镜像，然后合并曲面，效果如图 6-106 所示。

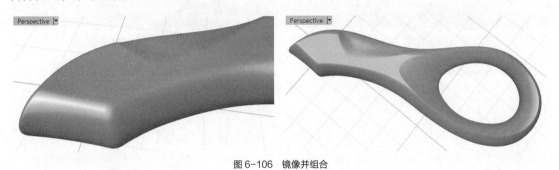

图 6-106　镜像并组合

6.2.3　分割形体

现在已做好了剪刀的两个把手，下面要将这两个把手相交处重叠的面切割掉，然后组装成一体。分割使用的曲线可以由最初绘制的把手外轮廓线修整得到。

（1）显示绘制好的把手外轮廓曲线，如图 6-107 所示。

（2）按 F10 键打开曲线的 CV。调整曲线的 CV，将两条曲线在旋转装置位置相交形成的围合的区域稍微调大些，调整后的效果如图 6-108 所示。

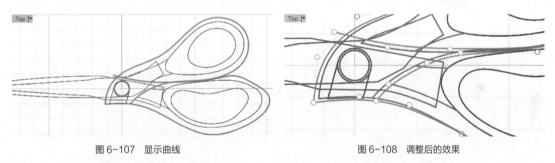

图 6-107　显示曲线　　　　　　　　　　　　　　图 6-108　调整后的效果

（3）单击工具列的 🥫 /【物件交集】按钮 🔲，求出两条曲线的交点，如图 6-109 所示。

（4）单击工具列的【修剪】按钮 🔲，利用交点修剪曲线，结果如图 6-110 所示。

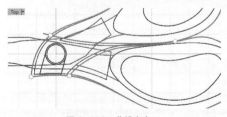
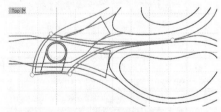

图 6-109　曲线交点　　　　　　　　　　　　　　图 6-110　修剪曲线

（5）删除交点，然后将修剪后的曲线组合成一个封闭曲线。

（6）单击工具列的 🔳 /【直线挤出】按钮 🔲，在指令提示栏中将【实体】选项修改为"是"，向下挤出一份，挤出的效果如图 6-111 所示。

（7）显示【剪刀把手 01】图层的物件，然后单击工具列的 🔵 /【布尔运算差集】按钮 🔵，用挤出的物件去修剪剪刀的把手物件，布尔运算差集的结果如图 6-112 所示。

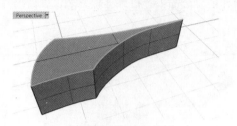

图 6-111　挤出曲面（一）

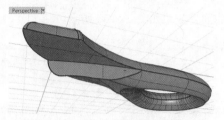

图 6-112　布尔运算差集结果（一）

（8）单击工具列的 /【直线挤出】按钮 ，在指令提示栏中将【实体】选项修改为"是"，向上挤出一份，挤出的效果如图 6-113 所示。

（9）显示【剪刀把手 02】图层的物件，然后单击工具列的 /【布尔运算差集】按钮 ，用挤出的物件修剪剪刀的把手物件，布尔运算差集的结果如图 6-114 所示。

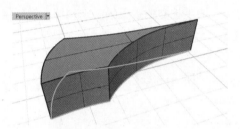

图 6-113　挤出曲面（二）

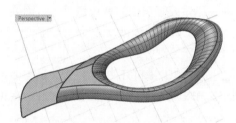

图 6-114　布尔运算差集结果（二）

（10）两个把手布尔运算差集后的结果如图 6-115 所示。

（11）用 6.2.2 小节介绍的方法对布尔运算差集后的曲面边缘处进行倒圆角，倒圆角后的着色效果如图 6-116 所示。

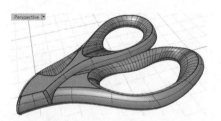

图 6-115　曲面效果

图 6-116　倒圆角后的着色效果

（12）单击工具列的【控制点曲线】按钮 ，参考底图绘制剪刀刀口的两条外轮廓线，注意两条曲线绘制好后分别组合成封闭曲线，如图 6-117 所示。

（13）单击工具列的 /【直线挤出】按钮 ，在指令提示栏中将【实体】选项修改为"是"，挤出厚度为"2"个单位，分别向上和向下挤出一份，挤出后效果如图 6-118 所示。

（14）单击工具列的【圆：中心点、半径】按钮 ，以原点为圆心，绘制图 6-119 所示的两个圆。

（15）单击工具列的 /【直线挤出】按钮 ，在指令提示栏中将【实体】选项修改为"是"，挤出厚度为"2"个单位，分别向上和向下挤出一份，挤出效果如图 6-120 所示。

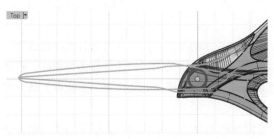

图 6-117　绘制曲线

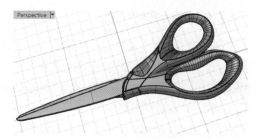

图 6-118　挤出效果（一）

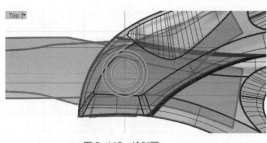

图 6-119　绘制圆

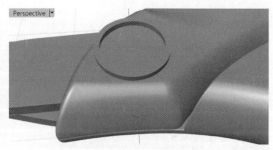

图 6-120　挤出效果（二）

（16）单击工具列的 / 【不等距边缘圆角】按钮 ，圆角半径设置为 "0.2"，倒圆角效果如图 6-121 所示。

（17）剪刀整体模型的最终着色效果如图 6-122 所示。

图 6-121　倒圆角效果

图 6-122　最终着色效果

6.3　Beats 耳机建模

图 6-123 所示耳机是 Beats by Dre 出品的一款头戴式耳机，这个耳机模型的制作难点在耳机罩与头梁连接部件，这个部件有一个转弯，转弯部分的两端侧面分别处于两个平面上，需要建立两个工作平面。利用自建的工作平面结合操作轴可以降低移动等变换操作的轴向设定难度。

制作完成的模型着色效果如图 6-123 所示。

Beats 耳机建模 -1

图 6-123　耳机最终模型着色效果

6.3.1 放置背景图

这个模型是基于实物照片构建的，应尽量选择角度比较正的照片。由于照片图片会存在透视效果，而计算机的正交视图没有透视效果，所以，尽管是以从正视角度拍摄的照片作为背景图，在建模过程中模型与底图也会存在一定的偏差。了解了这个情况，在建模中遇到模型与底图有偏差的问题时，需要读者适当修整线条。

（1）启动 Rhino 5.0。在开始建模时，应当配置好文档的单位、公差等，基于不同的模型，选择的单位和精度不尽相同，图 6-124 所示为本案例建模所使用的单位及公差设置。

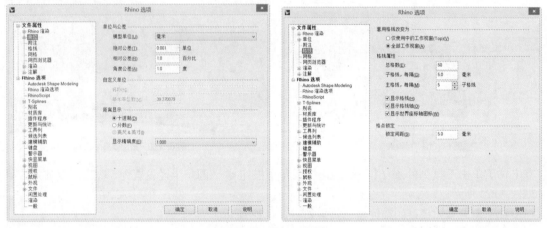

图 6-124　单位及公差设置

（2）单击【标准】工具列的 ⊞ /【放置背景图】按钮 ◎，或在各视图左上角（视图名称的蓝色区域）右击，在弹出的快捷菜单中选择【背景图】/【放置】命令，将本书素材文件中 "Map" 目录下的 "erjifront.jpg" "erjiright.jpg" 文件导入 Rhino 的 Front 视图与 Right 视图中，再使用【背景图】菜单中的【移动】、【对齐】、【缩放】等命令将图片调整至合适大小及位置，背景图高度参照图 6-125 所示。

图 6-125　放置背景图

6.3.2 制作连接部件

如果从上至下制作模型，先做完较易做的部件，再做较难做的部件，这需要花费大量的时间去处理模型细节的衔接问题，所以可以先将最难的部件制作完成，再依次制作相邻的部件，以减少模型制作时间。这里先制作耳机与头梁的连接部件。

首先，照片中耳机连接部件的侧面应该是平面，由于透视效果变成了曲面，所以先要确定这里的造型所处的平面，并由此建立工作平面。

（1）新建一个图层，命名为"连接部件"，并设置为当前图层。

（2）单击工具列的【圆：中心点、半径】按钮 ⊙，在 Right 视图中以原点为基点绘制一个圆形，半径先估测一个数值，如图 6-126 所示。

（3）垂直向上移动圆形，并参考底图调整圆形的大小，使圆形直径与底图耳机罩的宽度相同，如图 6-127 所示。

图 6-126　绘制圆形　　　　　　　　　　　图 6-127　调整圆形大小

（4）切换到 Front 视图，调整圆形的角度，同时观察 Right 视图，使圆形与底图耳机罩的下半部分吻合，如图 6-128 所示。

图 6-128　调整圆形的角度

这里可以看到 Front 视图侧面与底图的透视误差，在这里要忽视这个透视误差，应该将曲线绘制在这个圆形所处的平面内，所以基于这个圆形建立一个工作平面，以方便后面曲线的绘制与调整。

（5）单击标准工具列的 ▨/【以三点设定工作平面】按钮 ▨，在 Perspective 视图中以圆心为原点，以圆的两个四分点的方向为 x 轴与 y 轴，建立一个工作平面，如图 6-129 所示。

（6）单击标准工具列的 ▨/【以名称保存工作平面】按钮 ▨，将新建的工作平面以名称"1"保存起来，以方便以后调用。

（7）参考底图绘制一个圆形，圆形的宽度与头梁的宽度相同，圆形所在的高度参考 Front 视图，效果如图 6-130 所示。

（8）单击标准工具列的 ▨/【以三点设定工作平面】按钮 ▨，在 Perspective 视图中以小圆圆心为原点，以圆的两个四分点的方向为 x 轴与 y 轴，建立一个工作平面，如图 6-131 所示。

（9）单击标准工具列的 ▨/【以名称保存工作平面】按钮 ▨，将新建的工作平面以名称"2"

保存起来，以方便以后调用。

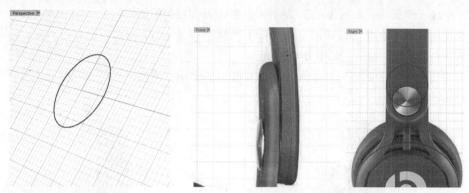

图 6-129 建立工作平面（一）　　　　图 6-130 绘制圆形并调整

（10）右击工具列的 ▦ /【还原工作平面】按钮▦，将 Perspective 视图的工作平面还原为前面保存好的"1"工作平面，如图 6-132 所示。

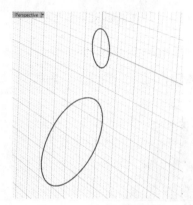
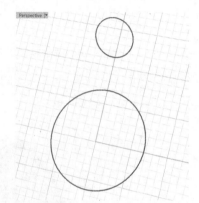

图 6-131 建立工作平面（二）　　　　图 6-132 还原为"1"工作平面

（11）将大圆复制一份，在 Perspective 视图中利用操作轴调整圆形的大小，并观察 Front 视图，使复制后的圆形大小与底图吻合，如图 6-133 所示。

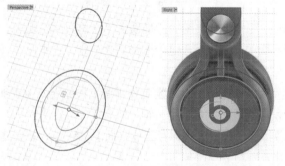

图 6-133 复制并调整复制的圆

（12）单击工具列的 ▦ /【水平尺寸标注】按钮 ▯，标记出两个圆形的半径差值，如图 6-134 所示。

（13）参考这个大小，单击工具列的 ⌐ /【偏移曲线】按钮 ◠，将上边的小圆也偏移一份，如图 6-135 所示。

图 6-134 标注尺寸

图 6-135 偏移小圆

（14）绘制图 6-136 所示的直线，垂直的直线起点在圆形的左侧四分点位置，中点在底图造型转弯的位置，斜直线起点在圆形的圆心，斜线通过底图造型转弯的位置，再沿 y 轴镜像。

（15）单击工具列的【修剪】按钮 ，利用第（14）步绘制的直线修剪圆形，如图 6-137 所示。

图 6-136 绘制直线

图 6-137 修剪圆形

（16）单击工具列的 /【可调式混接曲线】按钮 ，在 4 条直线与下面修剪过的圆形之间生成混接曲线，效果如图 6-138 所示，然后删除斜线。

（17）在 Perspective 视图中，选择下部的两个大圆，这时操作轴的方位会和该视图的工作平面方位相同，然后按住 Alt 键单击操作轴的 z 轴，再在输入框中输入数值 "5"，沿着 z 轴移动并复制曲线，效果如图 6-139 所示。

图 6-138 混接曲线（一）

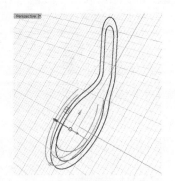

图 6-139 移动并复制曲线（一）

（18）右击工具列的 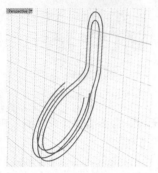/【还原工作平面】按钮 ，将 Perspective 视图的工作平面还原为前面保存好的 "2" 工作平面，如图 6-140 所示。

（19）在 Perspective 视图中选择下部的两个小圆和相邻的 4 条直线，这时操作轴的方位会和该视图的工作平面方位相同，然后按住 Alt 键单击操作轴的 z 轴，在输入框中输入数值 "5"，沿着 z 轴移动并复制曲线，效果如图 6-141 所示。

图 6-140　还原为 "2" 工作平面

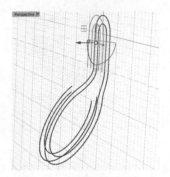

图 6-141　移动并复制曲线（二）

（20）单击工具列的 /【可调式混接曲线】按钮 ，在复制后的直线与下面复制的修剪过的圆形之间生成混接曲线，效果如图 6-142 和图 6-143 所示。

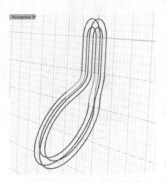

图 6-142　混接曲线（二）

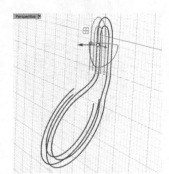

图 6-143　混接曲线（三）

（21）单击工具列的 /【放样】按钮 ，选择最上边的两个小圆，弹出【放样选项】对话框，在【造型】选项栏中选择【松弛】选项。放样的结果如图 6-144 所示。

（22）单击工具列的 /【放样】按钮 ，再生成图 6-145 所示的图形。

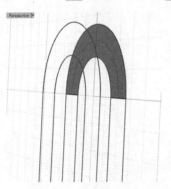

图 6-144　放样成面（一）

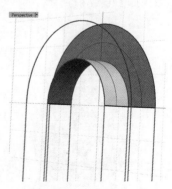

图 6-145　放样成面（二）

（23）再次利用【放样】工具，选择图 6-146 所示的 3 条曲线，放样形成曲面，如图 6-147 所示。

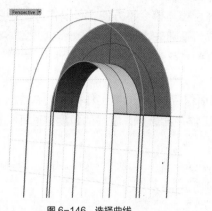

图 6-146 选择曲线

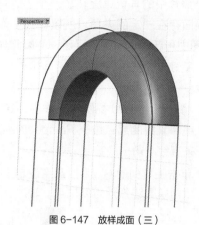

图 6-147 放样成面（三）

（24）以相同的方式将每一组曲线都用【放样】命令生成曲面，效果如图 6-148 所示。

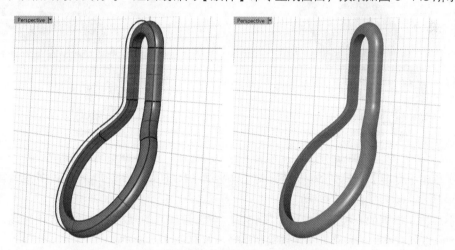

图 6-148 分别放样形成曲面

（25）切换到 Front 视图，单击工具列的 ⬚/【镜像】按钮 ◗◖，将做好的曲面沿着世界坐标系的 *y* 轴镜像，效果如图 6-149 所示。

图 6-149 镜像曲面

6.3.3 制作耳机罩

由于照片中的耳机罩旋转了一个小的角度，方位与前面建立的名称为"1"的工作平面存在一定的夹角，所以在此工作平面内直接建模会不方便，可以在Front 视图中再新建一个工作平面，并以此坐标方位为基础来建模。

Beats 耳机建模 -2

（1）新建一个图层，命名为"耳机罩"，并设置为当前图层，将【连接部件】图层隐藏。

（2）将 Perspective 视图的工作平面还原为前面保存好的"1"工作平面，并绘制图 6-150所示的直线。直线的起点位于 Perspective 视图的工作平面原点，直线的角度穿过耳机罩的旋转轴，另一条直线与前一条直线垂直。

（3）单击工具列的 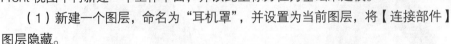 /【以三点设定工作平面】按钮，切换到 Front 视图，以辅助线交点为原点，以两条直线分别为 x 轴与 y 轴建立一个工作平面，如图 6-151 所示。

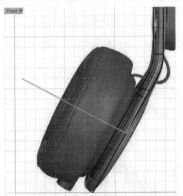

图 6-150　绘制直线

图 6-151　新建工作平面

（4）单击【标准】工具列的 /【正对工作平面】按钮，修改 Front 视图的查看角度，如图 6-152 所示，以方便曲线的绘制。

（5）单击工具列的【控制点曲线】按钮，参考底图耳机罩的造型绘制 3 条曲线，耳机罩内侧的剖面造型看不到，大家凭借理解绘制就好，如图 6-153 所示。

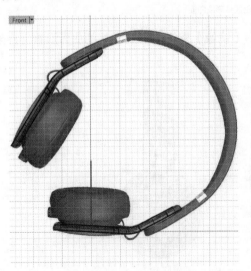

图 6-152　修改 Front 视图的查看角度

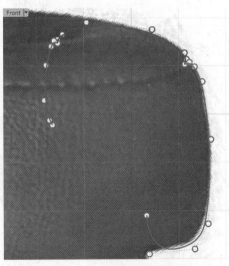

图 6-153　绘制耳机罩的剖面线

（6）切换到 Perspective 视图，单击工具列的 /【旋转成形】按钮 ，选择绘制好的曲线，以前面绘制的直线为旋转轴旋转形成曲面，效果如图 6-154 所示。

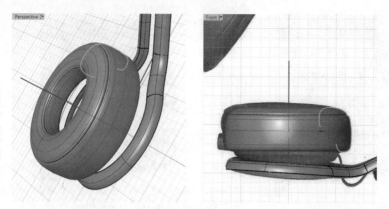

图 6-154　旋转成面

（7）单击工具列的【多重直线】按钮 ，绘制图 6-155 所示的直线。

（8）单击工具列的【曲线圆角】按钮 ，将直线倒圆角，半径大小为 "0.5"，如图 6-156 所示。

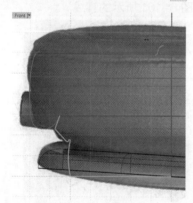
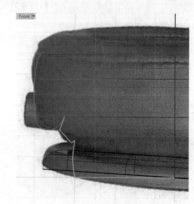

图 6-155　绘制直线　　　　　　　　　　　图 6-156　倒圆角

（9）切换到 Perspective 视图，单击工具列的 /【旋转成形】按钮 ，选择绘制好的曲线，以前面绘制的直线为旋转轴旋转形成曲面，效果如图 6-157 所示。

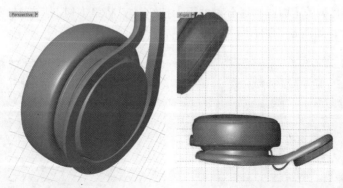

图 6-157　旋转成面

（10）单击工具列的【多重直线】按钮 ，绘制图 6-158 所示的直线。

（11）利用工具列的【修剪】按钮 与【曲线圆角】按钮 ，修剪曲线并倒圆角，半径大小为"0.5"，效果如图 6-159 所示。

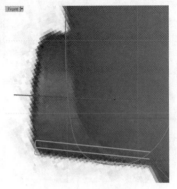

Beats 耳机建模 -3

图 6-158　绘制直线（一）　　　　　图 6-159　修剪并倒圆角

（12）切换到 Perspective 视图，单击工具列的 /【旋转成形】按钮 ，选择绘制好的曲线，以前面绘制的直线为旋转轴旋转形成曲面，效果如图 6-160 所示。

（13）单击工具列的【多重直线】按钮 ，绘制图 6-161 所示的直线。

图 6-160　旋转效果　　　　　　　图 6-161　绘制直线（二）

（14）切换到 Perspective 视图，单击工具列的 /【旋转成形】按钮 ，选择绘制好的曲线，以前面绘制的直线为旋转轴旋转形成曲面，效果如图 6-162 所示。

（15）右击工具列的【以结构线分割曲面】按钮 ，将第（14）步旋转得到的曲面分割开，并删掉外侧的部分，如图 6-163 所示。

图 6-162　旋转成曲面　　　　　　图 6-163　分割曲面再删除外侧部分

（16）单击工具列的【多重直线】按钮 ∧，绘制图 6-164 所示的直线，并与曲面边缘相切，如图 6-164 所示。

（17）单击工具列的 ▣ /【单轨扫掠】按钮 ⌒，以曲面边缘为路径，以直线为断面，生成两个单轨面，如图 6-165 所示。

图 6-164　绘制直线（三）

图 6-165　单轨成面

（18）仅显示耳机罩、分割的面与单轨面，如图 6-166 所示。

（19）单击工具列的【多重直线】按钮 ∧，绘制图 6-167 所示的直线。

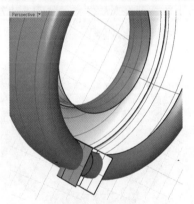

图 6-166　显示物件

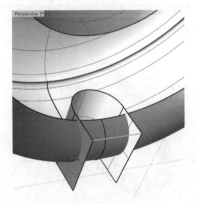

图 6-167　绘制直线（四）

（20）单击工具列的 ▣ /【以平面曲线建立曲面】按钮 ⊙，以曲面边缘与直线形成曲面，如图 6-168 所示。

（21）单击工具列的 ◈ /【将平面洞加盖】按钮 ⌂，给耳机罩加盖，效果如图 6-169 所示。

图 6-168　平面成面

图 6-169　加盖

（22）将分割用的物件组合起来，然后单击工具列的 🔗 /【布尔运算差集】按钮 🔗，用组合的面减去耳机罩的曲面，效果如图 6-170 所示。

（23）单击工具列的 🔗 /【不等距边缘圆角】按钮 🔲，对布尔运算差集后的曲面边缘倒圆角，倒圆角半径大小为"1"，效果如图 6-171 所示。

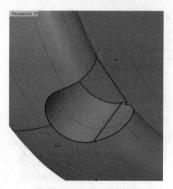

图 6-170　布尔运算差集

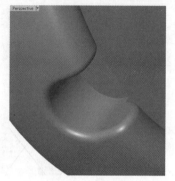

图 6-171　倒圆角效果

（24）仅显示耳机连接部件，再单击工具列的【多重直线】按钮 ⼈，绘制图 6-172 所示的四分点位置直线。

（25）单击工具列中的【单点】按钮 ∘，在直线上放置两个对称的点，如图 6-173 所示。

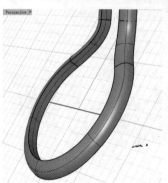

图 6-172　绘制直线（五）

图 6-173　绘制点

（26）单击工具列的【修剪】按钮 ✂，用点修剪直线，然后再单击工具列的 🔲 /【圆管（圆头盖）】按钮 🎈 形成圆管面，如图 6-174 所示。

（27）显示之前隐藏的物件并着色，效果如图 6-175 所示。

图 6-174　形成圆管面

图 6-175　显示物件

（28）单击工具列的  /【设定工作平面为世界 Front】按钮 ，再单击【标准】工具列的 /【正对工作平面】按钮 ，将 Front 视图的工作平面与视角恢复为初始状态，效果如图 6-176 所示。

（29）单击工具列的 /【镜像】按钮 ，将做好的耳机罩沿着世界坐标系的 x 轴镜像，效果如图 6-177 所示。

图 6-176　复原工作平面与视角

图 6-177　镜像物件

（30）切换到 Perspective 视图，单击【标准】工具列的 /【设定工作平面为世界 Top】按钮 ，将工作平面复原到默认状态，此时模型的着色效果如图 6-178 所示。

图 6-178　着色效果

6.3.4　制作头梁

头梁的制作比较简单，稍微难点的部位是头梁微微凸起的内侧面与外侧面。另外，头梁部分的分件也需要先做成多个封闭的实体物件才可以布尔运算成功。以头梁的中心新建一个工作平面也可以便于线条的绘制，尤其是圆形的绘制，可以以工作平面原点为圆心快速绘制好。

（1）新建一个图层，命名为"头梁"，并设置为当前图层，将【耳机罩】图层隐藏。

（2）单击工具列的【圆：中心点、半径】按钮 ，在 Front 视图中，以原点为基点，半径大小先估测一个绘制圆，效果如图 6-179 所示。

（3）垂直向上移动圆形，并调整大小，使圆形上半部与底图吻合，效果如图 6-180 所示。

（4）单击工具列的 /【以三点设定工作平面】按钮 ，以圆心为原点，x 轴与 y 轴方位不变，建立一个新工作平面，效果如图 6-181 所示。

Beats 耳机建模 -4

图 6-179　绘制一个圆形

图 6-180　调整圆形的大小和位置

（5）将圆复制 3 个，并参考底图调整圆的大小，效果如图 6-182 所示。这里需要注意外圈的两个圆半径相差很小。

图 6-181　新建工作平面

图 6-182　复制并调整大小

（6）将最小的圆形单轴缩小点，使之与底图头梁内侧大小相同，如图 6-183 所示。此时圆形与底图有缝隙，先忽略此缝隙，后面形成曲面后会调整这里的形态。

（7）单击工具列的【多重直线】按钮，在圆的四分点位置绘制垂直的 6 条直线，如图 6-184 所示。

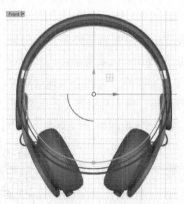

图 6-183　单轴调整圆形大小

图 6-184　绘制直线

（8）单击工具列的【修剪】按钮 ，利用直线修剪圆形，使圆形只留下上半部，如图 6-185 所示。

（9）选择图 6-186 所示的线条。

图 6-185　修剪圆形　　　　　　　　　　　　　　图 6-186　选择线条

（10）切换到 Right 视图，水平向右移动 13.2 个单位，如图 6-187 所示。

（11）在 Right 视图中，单击工具列的 /【镜像】按钮 ，将移动后的曲线沿着世界坐标系的 y 轴镜像，效果如图 6-188 所示。

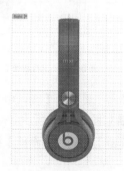

图 6-187　右移　　　　　　　　　　　　　　图 6-188　镜像曲线

（12）切换到 Perspective 视图，选择图 6-189 所示的 3 条半圆曲线。单击工具列的 /【放样】按钮 ，弹出【放样选项】对话框，在【造型】选项栏中选择【标准】选项，放样的结果如图 6-190 所示。

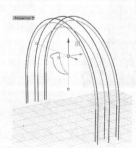

图 6-189　选择线条（一）　　　　　　　　　　图 6-190　放样成面（一）

（13）选择图 6-191 所示的 3 条半圆曲线，单击工具列的 /【放样】按钮 ，弹出【放样选项】对话框，在【造型】选项栏中选择【标准】选项，放样的结果如图 6-192 所示。

图 6-191　选择线条（二）

图 6-192　放样成面（二）

（14）选择图 6-193 所示的两条半圆曲线，单击工具列的 ■ /【放样】按钮 ，弹出【放样选项】对话框，在【造型】选项栏中选择【标准】选项，放样的结果如图 6-194 所示。

图 6-193　选择线条（三）

图 6-194　放样成面（三）

（15）单击工具列的【圆：中心点、半径】按钮 ，在 Right 视图中绘制一个半径为"13.2"的圆形，位置如图 6-195 所示。

（16）单击工具列的【修剪】按钮 ，利用相接的直线和圆互相修剪，修剪结果如图 6-196 所示。

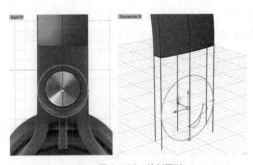

图 6-195　绘制圆形

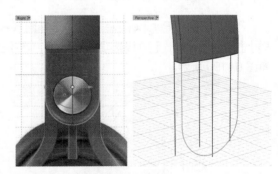

图 6-196　互相修剪

（17）单击工具列的 ■ /【双轨扫掠】按钮 ，以修剪后的两条直线为路径，以相接的曲面边缘为断面，如图 6-197 所示。

（18）弹出【双轨扫掠】对话框，勾选【最简扫掠】复选框，然后单击【确定】按钮，得到的双轨面如图 6-198 所示。

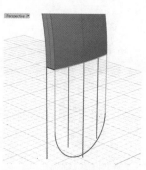

图 6-197　选择路径与断面

图 6-198　双轨成面

（19）单击工具列的 ▦ /【显示边缘】按钮 ⬦，显示外侧放样形成的面的边缘，再单击工具列的 ▱ / ◈ /【分割边缘】按钮 ⏦，在中点位置分割曲面边缘，分割后的效果如图 6-199 所示。

（20）右击工具列的 ◪ /【沿着路径旋转】按钮 ♟，以分割掉的一半边缘为轮廓，以半圆为路径旋转成面，效果如图 6-200 所示。

图 6-199　分割曲面边缘

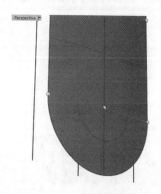

图 6-200　沿着路径旋转成面

（21）单击工具列的 ◪ /【单轨扫掠】按钮 ◜，形成图 6-201 所示的面，再在 Right 视图中沿着世界坐标系的 y 轴镜像一份。

（22）复制并调整半圆到图 6-202 所示的状态。

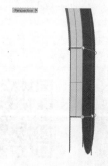

图 6-201　单轨成面

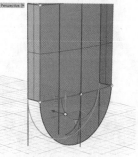

图 6-202　复制并调整半圆

（23）单击工具列的 ◪ /【放样】按钮 ◿，选择两个半圆，弹出【放样选项】对话框，在【造型】选项栏选择【标准】选项，放样的结果如图 6-203 所示。

（24）以相同的方式形成头梁内侧的面，如图 6-204 所示。

图 6-203　放样成面

图 6-204　生成内侧的面

（25）此时曲面之间有缝隙，需要利用衔接工具来消除。单击工具列的 🖐 /【衔接曲面】按钮 🖐，选择弧面的边缘去衔接相接的直线边缘，连续性选择为【相切】，衔接后的效果如图 6-205 所示。

（26）以相同的方式处理另一侧头梁，效果如图 6-206 所示。再将所有曲面组合成一个封闭的多重曲面。选择所有曲线，新建一个名称为"曲线 – 头梁"的图层，将曲线改到该图层并隐藏该图层。

图 6-205　衔接曲面

图 6-206　处理另一侧头梁

（27）利用工具列的【圆：中心点、半径】工具 ⊘、【多重直线】工具 ⋀ 和【修剪】工具 ⊿，绘制图 6-207 所示的线条。

（28）单击工具列的 ▱ /【直线挤出】按钮 ▮，在指令提示栏中将【两侧】选项修改为"是"，将绘制好的线条挤出成面，如图 6-208 所示。

图 6-207　绘制线条（一）

图 6-208　挤出成面（一）

Beats 耳机建模 -5

（29）单击工具列的 🔩 /【布尔运算分割】按钮 🔩，利用挤出的曲面分割第（26）步中组合后的封闭多重曲面物件，然后再删除挤出曲面，分割后效果如图 6-209 所示。

（30）利用工具列的【多重直线】工具 ╱，或利用工具列的 ⚹ /【镜像】工具 ⚹ 绘制图 6-210 所示的线条。

图 6-209　分割后的效果（一）

图 6-210　绘制线条（二）

（31）单击工具列的 🔲 /【直线挤出】按钮 🔲，在指令提示栏中将【两侧】选项修改为"是"，将绘制好的线条挤出成面，如图 6-211 所示。

（32）单击工具列的 🔩 /【布尔运算分割】按钮 🔩，利用挤出的曲面分割第（29）步中分割后的内侧头梁物件，然后再删除挤出曲面，分割后的效果如图 6-212 所示。

图 6-211　挤出成面（二）

图 6-212　分割后的效果（二）

（33）右击工具列的【抽离曲面】按钮 ⬓，抽离图 6-213 所示的曲面。

（34）单击工具列的 ⌐ /【插入节点】按钮 ╱，在指令提示栏中将【中点】选项修改为【对称（S）=是】状态，在图 6-213 所示的位置对称插入节点。

（35）选择抽离出来的曲面，按 F10 键，打开曲面的 CV 显示，选择图 6-214 所示的 CV，然后单击工具列的 ⌐ /【UVN 移动】按钮 ⬓，将选中的 CV 沿 N 向向外微微调整，使曲面断面弧形与底图造型吻合。

图 6-213　抽离曲面并插入节点

图 6-214　选择 CV

（36）放大局部查看，由于调整 CV 造成曲面边缘裂开，因此产生了缝隙，如图 6-215 所示。

（37）选择抽离出来的曲面，单击工具列的 ✋/【缩回已修剪曲面】按钮 ▣，将曲面缩回，然后右击工具列的【取消修剪】按钮 ✎，单击缩回后的曲面分割出的两端曲面边缘将曲面取消修剪，状态如图 6-216 所示。

图 6-215　存在缝隙

图 6-216　取消修剪

（38）单击工具列的 ✋/【衔接曲面】按钮 ↩，将取消修剪后的曲面边缘与相接的边缘衔接，连续性修改为【相切】，衔接后的效果如图 6-217 所示。

 要点提示

注意，修剪过的曲面边缘不能衔接别的曲面边缘，需要先取消修剪后才能执行【衔接曲面】命令。

（39）将调整后的曲面与之前的面组合起来，目前曲面的着色效果如图 6-218 所示。

图 6-217　衔接后的效果

图 6-218　着色效果

（40）单击工具列的 ⬭/【不等距边缘圆角】按钮 ⬡，选择图 6-219 所示的曲面边缘，半径设置为 "0.8"，圆角效果如图 6-220 所示。

图 6-219　选择曲面边缘（一）

图 6-220　圆角效果（一）

（41）单击工具列的 🔘/【不等距边缘圆角】按钮 🔲，选择图 6-221 所示的曲面边缘，半径设置为"0.8"，圆角效果如图 6-222 所示。

图 6-221　选择曲面边缘（二）

图 6-222　圆角效果（二）

（42）单击工具列的 🔘/【不等距边缘圆角】按钮 🔲，选择图 6-223 所示的曲面边缘，半径设置为"0.3"，圆角效果如图 6-224 所示。

图 6-223　选择曲面边缘（三）

图 6-224　圆角效果（三）

（43）单击工具列的 🔘/【不等距边缘圆角】按钮 🔲，选择图 6-225 所示的曲面边缘，半径设置为"0.3"，圆角效果如图 6-226 所示。

图 6-225　选择曲面边缘（四）

图 6-226　圆角效果（四）

6.3.5　制作细节

耳机的主体部件都制作好了，下面制作耳机各个连接部件的细节部分。这部分的制作方式很简单，但是由于有些连接件的细节被别的部件遮挡，所以有时并没有直观的底图形态可以参考，这时可以通过其他角度的照片或耳机实物来观察并绘制细节。

（1）显示【连接部件】图层并设置为当前图层，隐藏【头梁】图层。

（2）切换到 Right 视图，右击工具列的 🔲/【还原工作平面】按钮 🔲，将 Right 视图的工作平面还原为前面保存好的"2"工作平面。

Beats 耳机建模 -6　　Beats 耳机建模 -7

（3）单击工具列的【圆：中心点、半径】按钮⊙，以此工作平面的原点为圆心绘制一个半径为"10"的圆形，如图 6-227 所示。

（4）单击工具列的【多重直线】按钮∧，绘制图 6-228 所示的直线。

图 6-227　绘制圆形

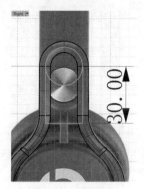

图 6-228　绘制直线

（5）单击工具列的【修剪】按钮✂，修剪掉圆的下半部，再利用工具列的【曲线圆角】工具∩将直线倒圆角，圆角半径大小为"5"，然后组合为一条封闭线条，如图 6-229 所示。

（6）单击工具列的▱/【直线挤出】按钮▣，在指令提示栏中将【实体】选项修改为"是"，将组合后的线条挤出成封闭多重曲面，效果如图 6-230 所示。

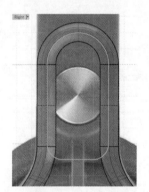

图 6-229　修剪并倒圆角

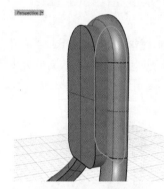

图 6-230　挤出成面

（7）利用操作轴调整 Front 视图中挤出曲面的位置到图 6-231 所示的状态。

（8）单击工具列的⬤/【布尔运算差集】按钮⬤，利用挤出曲面修剪耳机连接部件，布尔运算差集后的效果如图 6-232 所示。

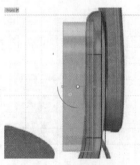

图 6-231　调整挤出曲面的位置

图 6-232　布尔运算差集效果

（9）单击工具列的 🔘 /【不等距边缘圆角】按钮 🔲，选择图 6-233 所示的曲面边缘，半径
设置为"0.3"，圆角效果如图 6-234 所示。

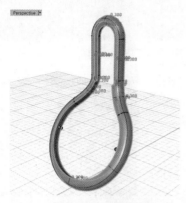

图 6-233　选择曲面边缘

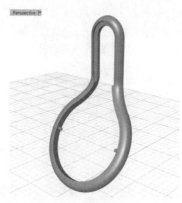

图 6-234　圆角效果

（10）单击工具列的【多重直线】按钮 ⋀ 与 ✏ / ▦ /【直线阵列】按钮 ✎，绘制图 6-235
所示的直线组。

（11）单击工具列的 🔲 /【圆管（圆头盖）】按钮 🍥 形成曲面，将直线变为圆管，效果如
图 6-236 所示。

图 6-235　绘制直线组

图 6-236　圆管

（12）单击工具列的 🔘 /【布尔运算差集】按钮 🔘，利用圆管剪掉倒圆角后的连接部件，差
集效果如图 6-237 所示。

（13）单击工具列的【圆：中心点、半径】按钮 ⊙，绘制一个半径为"9"的圆形，如图 6-238
所示。

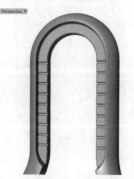

图 6-237　布尔运算差集结果

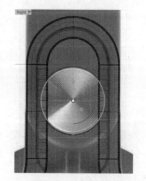

图 6-238　绘制一个圆

（14）切换到 Front 视图，以第（13）步绘制的圆为参考，绘制图 6-239 所示的曲线。

（15）单击工具列的 📐/【旋转成形】按钮 💡，将第（14）步绘制的曲线旋转成面，效果如图 6-240 所示。

图 6-239 绘制曲线

图 6-240 旋转成面

（16）再将第（13）步绘制的圆形挤出成面，并显示【头梁】图层的物件，如图 6-241 所示。

（17）单击工具列的 🔵/【布尔运算差集】按钮 🔵，利用挤出的面挖掉头梁部件，效果如图 6-242 所示。

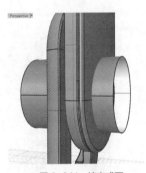

图 6-241 挤出成面

图 6-242 布尔运算差集效果

（18）单击工具列的【圆：中心点、半径】按钮 ⊙，绘制一个半径为"13.2"的圆形，如图 6-243 所示。

（19）单击工具列的 📐/【直线挤出】按钮 🔲，在指令提示栏中将【实体】选项修改为"是"，挤出效果如图 6-244 所示。

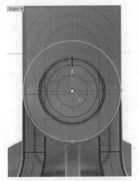

图 6-243 绘制圆

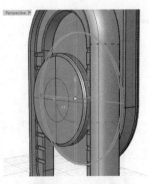

图 6-244 挤出成面

（20）绘制图 6-245 所示的圆形与矩形。

（21）单击工具列的【修剪】按钮，参考图 6-246 修剪曲线，并将修剪后的曲线组合成一个封闭线条。

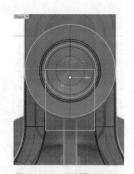

图 6-245　绘制圆形与矩形

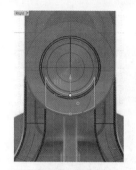

图 6-246　修剪曲线

（22）单击工具列的　/【直线挤出】按钮，在指令提示栏中将【实体】选项修改为"是"，挤出效果如图 6-247 所示。

（23）单击工具列的【控制点曲线】按钮，绘制图 6-248 所示的曲线。

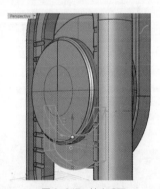

图 6-247　挤出成面

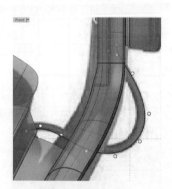

图 6-248　绘制曲线

（24）单击工具列的　/【直线挤出】按钮，在指令提示栏中将【两侧】选项修改为"是"，设置单向挤出宽度为"2"，挤出成面效果如图 6-249 所示。

（25）单击工具列的　/【偏移曲面】按钮，在指令提示栏中将【松弛】选项修改为"是"，将【实体】选项修改为"是"，将偏移【距离】设置为"1"，偏移曲面，效果如图 6-250 所示。

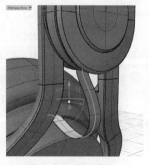

图 6-249　挤出成面

图 6-250　偏移曲面

（26）单击工具列的 🔩 /【不等距边缘圆角】按钮 📦，将偏移后的曲面进行倒圆角，效果如图 6-251 所示。

（27）将部件沿着世界坐标系 y 轴对称镜像，然后显示所有部件，整体模型的着色效果如图 6-252 所示。

图 6-251 圆角效果

图 6-252 最终效果

6.3.6 渲染

下面使用 KeyShot 对构建的模型进行渲染。

为方便对模型进行渲染，首先应按照模型的材质与色彩进行分层。因为线不需要渲染，所以把"线"单独分成一层并隐藏。根据最终效果图（见图 6-253）中的材质不同将各个部分分别放置在不同的图层内。

（1）启动 KeyShot，新建一个文件，将文件以"耳机 .bin"为名进行保存。

（2）在 KeyShot 中打开 6.3.5 小节创建的耳机模型，如图 6-254 所示。

图 6-253 渲染效果

图 6-254 导入模型

（3）单击工具栏中的【库】按钮 🖥️，切换到【环境】选项卡，选择合适的环境（可以多试一试不同的环境然后再调节亮度，达到自己满意的效果），然后调节亮度和角度；再设置【环境】选项卡下的【背景】为【色彩】模式，并将颜色调整为灰色，如图 6-255 所示。此时，场景的灯光效果如图 6-256 所示。

（4）单击【库】按钮 🖥️，在材质库中打开【Metal】栏，如图 6-257 所示；选择一款金属的材质拖曳到耳机头梁上，效果如图 6-258 所示。

图 6-255　导入模型　　　　　　　　　　图 6-256　灯光效果

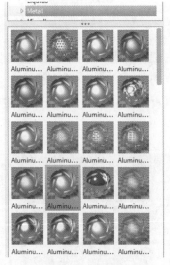

图 6-257　导入模型　　　　　　　　　　图 6-258　材质效果

（5）按住 Shift 键单击头梁物件，再将鼠标指针移动到耳机连接件上按住 Shift 键右击，将材质直接复制到连接件上，效果如图 6-259 所示。

（6）在材质库中打开【Scorense Leather 索伦森皮革】栏，如图 6-260 所示。

（7）选择一款黑色的皮革材质拖曳到耳机罩上，效果如图 6-261 所示。

（8）再选择一款黑色皮革材质拖曳到耳机头梁内侧物件上，材质效果如图 6-262 所示。

图 6-259　复制材质

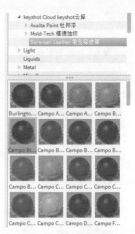

图 6-260　材质库

图 6-261　耳机罩材质效果

图 6-262　耳机头梁材质效果

（9）在材质库中打开 Plastic 栏，选择一款红色的塑料材质，如图 6-263 所示。将材质拖曳到耳机线上，效果如图 6-264 所示。

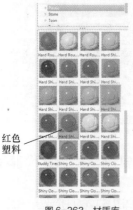

红色
塑料

图 6-263　材质库

图 6-264　耳机线材质效果

（10）执行【编辑】/【添加几何图形】/【地平面】命令，为场景添加一个地面物件，然后在场景树中将其选中，编辑地面的材质，参数设置如图 6-265 所示，地面反射效果如图 6-266 所示。

图 6-265　材质参数

图 6-266　地面效果

（11）各项调节完成，开始渲染。单击【渲染】按钮，弹出【渲染】对话框，参数调整如图 6-267 所示。

图 6-267　【渲染】参数设置

（12）调整物体到合适的角度，单击【渲染】按钮开始渲染，最终效果如图 6-268 所示。

图 6-268　最终效果

Chapter

7

第7章
小家电建模案例

【学习目标】
- 能够独立完成PHILIPS剃须刀建模。
- 能够独立完成足浴盆建模。
- 根据所学知识，能够完成其他小家电建模。

【素质目标】
1. 树立节能环保意识，了解前沿技术。
2. 培养爱岗敬业、精益求精的工匠精神。

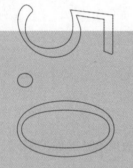

本章将依托几个经典的小家电建模案例介绍模型的建立过程，其中涉及的命令与操作步骤都是很常用的建模技术，读者需要反复练习以达到熟练的程度。

7.1 PHILIPS 剃须刀建模

创建好的剃须刀模型最终效果如图 7-1 所示。

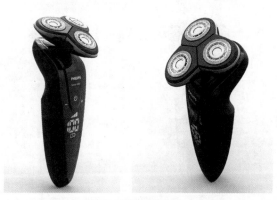

图 7-1　最终建模效果

7.1.1　构建主体

（1）在开始建模时，应当配置好文档的单位、公差等，基于不同的模型，单击【标准】工具列中的【选项】按钮 ，打开【Rhino 选项】对话框，展开【单位】选项，设置单位与公差，如图 7-2 所示。

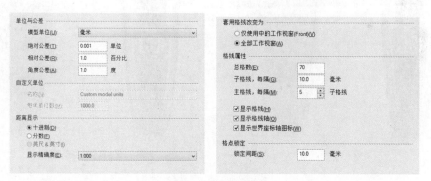

图 7-2　单位与公差

（2）在 Top 视图和 Front 视图中放置背景图，调整背景图（可以放置参考点、参考线或方体来帮助定位），如图 7-3 所示。

（3）单击工具列的【控制点曲线】按钮 ，参考底图绘制曲线，如图 7-4 所示。

（4）复制曲线，并调整曲线到图 7-5 所示的状态。

（5）单击工具列的 /【放样】按钮 ，选择第（4）步中得到的两条曲线，【造型】设置为【松弛】，放样形成曲面，如图 7-6 所示。

（6）单击工具列的 / /【分割边缘】按钮 ，在节点位置分割曲面边缘，如图 7-7 所示，再将分割边缘后的曲面沿着世界坐标系的 y 轴镜像。

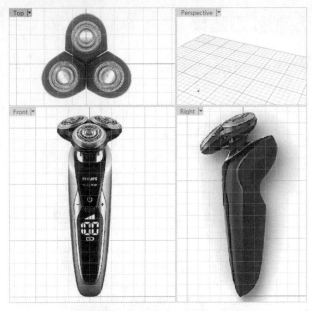

图 7-3　放置参考背景图

图 7-4　绘制曲线

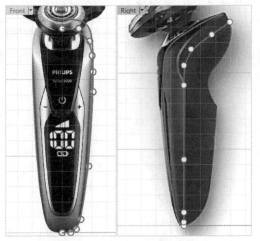

图 7-5　复制并调整曲线

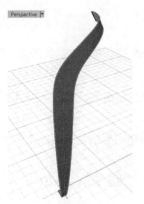

图 7-6　放样成面（一）

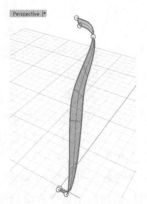

图 7-7　分割曲面边缘

（7）单击工具列的 ✐ /【放样】按钮 ☄，选择两侧分割后的中间段的曲面边缘，【造型】设置为【标准】，放样形成曲面，如图 7-8 所示。

（8）打开曲面的 CV 显示，选择图 7-9 所示的 CV。

图 7-8　放样成面（二）　　　　　　　　　　　　图 7-9　选择 CV

（9）单击工具列的 ✐ /【UVN 移动】按钮 ✐，将选中的 CV 沿法线方向向外移动，参考底图调整 CV，同时观察 Right 视图，使曲面侧面轮廓高度与底图大致吻合，如图 7-10 所示。

（10）切换到 Front 视图，利用操作轴将 CV 单轴放大些，缩放前后效果如图 7-11 所示。

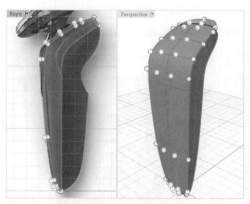

图 7-10　调整 CV　　　　　　　　　　　　　图 7-11　缩放前后效果比较

（11）单击【标准】工具列中的【着色】按钮 ◑，查看目前的曲面状态，着色效果如图 7-12 所示。

（12）右击工具列中的【以结构线分割曲面】按钮 ↧，在对称轴的位置分割曲面，再删除一侧的曲面，如图 7-13 所示。

（13）单击工具列的 ✐ /【缩回已修剪曲面】按钮 ▣，将曲面 CV 缩回。然后单击工具列的 ✐ /【衔接曲面】按钮 ✐，将曲面的上端边缘分别与相邻的边衔接为【位置】连续，衔接前后效果比较如图 7-14 所示。

（14）以相同方式处理曲面的下端边缘，衔接前后效果比较如图 7-15 所示。

图 7-12　着色效果（一）　　　　　　图 7-13　在对称轴位置分割曲面

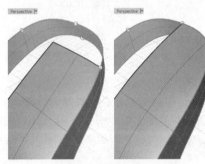
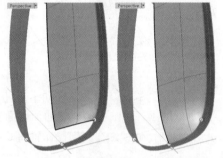

图 7-14　上端衔接前后效果比较　　　　图 7-15　下端衔接前后效果比较

（15）将衔接好的曲面沿着世界坐标系的 x 轴镜像一份，再单击【标准】工具列的【着色】按钮 ⊙ 进行着色，查看目前曲面状态，效果如图 7-16 所示。

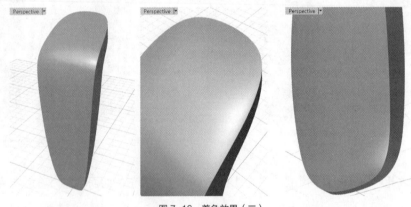

图 7-16　着色效果（二）

（16）当着色显示模型时，如果图 7-17 所示的圈选位置出现黑色阴影，就是模型显示精度不够造成的，单击【标准】工具列中的【选项】按钮 ⚙，在对话框左侧窗格中选择【网格】选项，在右侧窗格设置显示网格精度。参数设置可参考图 7-18。

（17）删除对称轴一侧的曲面，然后右击工具列的【以结构线分割曲面】按钮 ⤵，在图 7-19 所示的位置分割曲面。单击工具列的 ◐ /【缩回已修剪曲面】按钮 ▣，将曲面 CV 缩回。

（18）打开曲面的 CV 显示，参考底图调整曲面的造型，调整前后效果比较如图 7-20 所示。

图 7-17 右下角显示有黑影

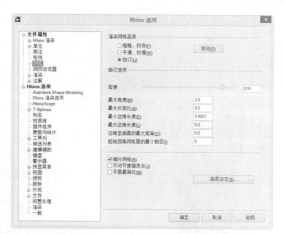

图 7-18 【网格】选项参数设置

图 7-19 分割曲面

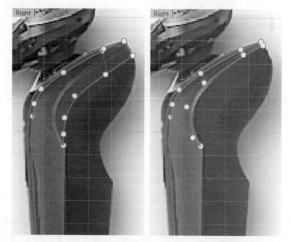

图 7-20 调整前后效果比较

（19）单击工具列的 ▄ / ◈ /【分割边缘】按钮 ⬛ ，在节点位置分割曲面边缘，如图 7-21 所示，再将分割后的曲面沿着世界坐标系的 y 轴镜像。

（20）单击工具列的 ▨ /【放样】按钮 ▨ ，选择两侧分割后的中间段的曲面边缘，【造型】设置为【标准】，放样形成曲面，如图 7-22 所示。

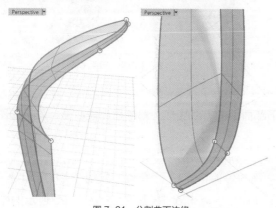

图 7-21 分割曲面边缘

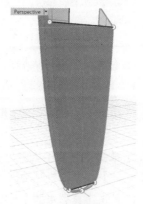

图 7-22 放样成面

（21）打开曲面的 CV 显示，选择中间两排 CV，如图 7-23 所示。

（22）单击工具列的 ⤵ /【UVN 移动】按钮 ⤶，将选中的 CV 沿法线方向向外移动，调整 CV 到图 7-24 所示的状态。

图 7-23　选择中间两排 CV

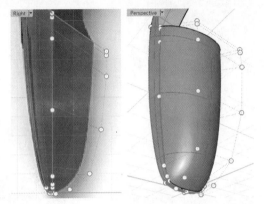

图 7-24　调整 CV

（23）右击工具列的【以结构线分割曲面】按钮 ⬒，分割曲面，再删除一侧的曲面，如图 7-25 所示。

（24）单击工具列的 ⤵ /【缩回已修剪曲面】按钮 ⊙，将曲面 CV 缩回。然后单击工具列的 ⤵ /【衔接曲面】按钮 ⬅，将曲面的上端边缘分别与相邻的边衔接为【位置】连续，衔接前后效果比较如图 7-26 所示。

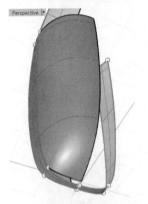

图 7-25　分割曲面并删除一侧曲面

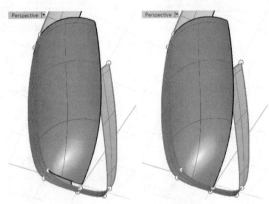

图 7-26　衔接前后效果比较

（25）按第（20）~（24）步中生成下部曲面的方式生成上部的后壳盖曲面，效果如图 7-27 所示。

（26）单击工具列中的 ⤵ /【偏移曲面】按钮 ⬤，指令提示栏的【松弛】选项修改到【松弛（L）= 是】状态，将剃须刀的机体前曲面向外偏移"1"个单位，如图 7-28 所示。

（27）单击工具列中的【控制点曲线】按钮 ⟲，在 Front 视图中绘制图 7-29 所示的曲线。

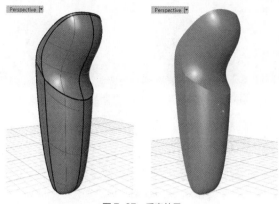

图 7-27　后壳效果

图 7-28　偏移曲面

图 7-29　绘制曲线

（28）将第（27）步中绘制的曲线复制一份，调整复制后的曲线的 CV 到图 7-30 所示的状态。

（29）单击工具列的【修剪】按钮 ，利用外圈曲线修剪掉原本前壳曲面的内边，利用内圈的曲线修剪掉偏移曲面的外边，效果如图 7-31 所示。

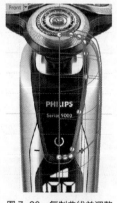

图 7-30　复制曲线并调整

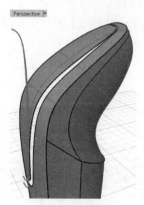

图 7-31　修剪曲面

（30）单击工具列的 /【放样】按钮 ，利用第（29）步中修剪后的曲面的修剪边缘放样形成曲面的侧面，放样后的曲面效果如图 7-32 所示。

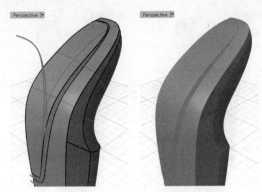

图 7-32　放样后的曲面效果

（31）单击工具列中的【控制点曲线】按钮，绘制图 7-33 所示的曲线，注意曲线的端头要超出修剪过的曲面修剪边缘，以使下面的分割曲面能分割成功。

（32）单击工具列中的　/【偏移曲线】按钮，将第（31）步绘制好的两条曲线分别向外偏移"0.2"个单位，如图 7-34 所示。

图 7-33　绘制曲线　　　　　　　　　　　　　图 7-34　偏移曲线

（33）选择剃须刀前侧曲面和所有曲线，单击【标准】工具列中的　/【隐藏未选取的物件】按钮，仅显示图 7-35 所示这些物件。

（34）单击工具列的【分割】按钮，用曲线分割曲面，并删除分割部分中间的间隙曲面，效果如图 7-36 所示。

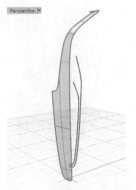

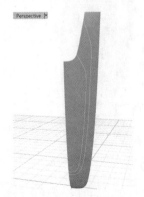

图 7-35　仅显示这个曲面和曲线　　　　　　　图 7-36　分割曲面

（35）单击工具列中的 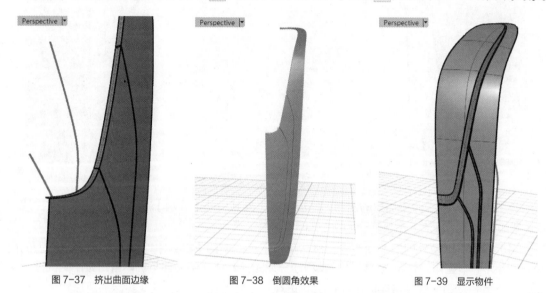 /【往曲面法线方向挤出曲线】按钮 ，将分割后的曲面边缘分别挤出"1"个单位，如图 7-37 所示。

（36）组合所有曲面，然后单击工具列中的 /【不等距边缘圆角】按钮 ，设置倒圆角大小为"0.3"，倒圆角效果如图 7-38 所示。

（37）单击【标准】工具列中的 /【显示选取的物件】按钮 ，显示图 7-39 所示的对象。

图 7-37　挤出曲面边缘　　　　　图 7-38　倒圆角效果　　　　　图 7-39　显示物件

（38）单击工具列中的 /【往曲面法线方向挤出曲线】按钮 ，将分割后的曲面边缘分别挤出"1"个单位，如图 7-40 所示。

（39）组合所有曲面，然后利用工具列中的 /【不等距边缘圆角】按钮 ，设置倒圆角大小为"0.3"，将做好的面沿着世界坐标系的 y 轴镜像，效果如图 7-41 所示。

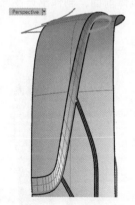

图 7-40　挤出曲面边缘

图 7-41　倒圆角后镜像

7.1.2　添加主体部分的文字与图案细节

（1）右击工具列中的【抽离曲面】按钮 ，在指令提示栏内将【复制】选项修改为"是"，然后单击机体前面上部的曲面，将其复制并提取为单一的曲面，如图 7-42 所示。

（2）单击工具列中的【文字物件】按钮 ，弹出【文字物件】对话框，在文本框内输入

"PHILIPS"，参数设置如图 7-43 所示。然后在 Front 视图中单击建立文字物件的曲线，再微调曲线间距、大小、位置与形态，效果如图 7-44 所示。

图 7-42　提取曲面

图 7-43　【文字物件】对话框

图 7-44　文字物件

（3）选择第（1）步中提取的曲面，然后单击工具列中的【分割】按钮 ，利用文字曲线分割提取后的曲面。注意分割操作在 Front 视图中执行。

（4）将文字区域外围的曲面删除，然后单击工具列中的【群组】按钮 ，将文字造型的曲面群组合为一个整体，并向机体外侧微微移动一点距离，让文字物件与机体留出微小的间隙，保证后面利用 KeyShot 软件渲染时不会产生花斑现象；将产品 LOGO 做成实际的曲面物件，可以免去在 KeyShot 软件渲染制作贴图并以标签的方式贴在物件表面来制作产品 LOGO 的步骤，当然用标签制作 LOGO 效果也是常用的手段。用这种实际物件做 LOGO 的方式的好处是，可以为 LOGO 图案制作出不同的材质效果，甚至可以赋予灯光材质来表现发光的效果。做好的 LOGO 曲面效果如图 7-45 所示。

（5）以与前述步骤相同的方式绘制曲线，并分割机体前面，制作出产品表面上的其他图案或文字细节，效果如图 7-46 所示。

图 7-45　着色效果

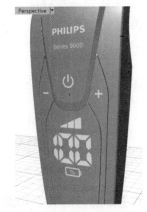

图 7-46　其他图案及文字效果

7.1.3　制作刀头

下面开始制作剃须刀的刀头部分，先基于原点制作刀头，然后再将刀头定位到剃须刀的机体上。

（1）新建一个图层，命名为"刀头底座"，并设置为当前图层，先暂时隐藏其他图层。

（2）单击工具列中的【多重直线】按钮 ∧，在 Top 视图中绘制一条起点在原点的直线，效果如图 7-47 所示。

（3）单击工具列中的 🔩 /【环形阵列】按钮 ⚙，将复制后的曲线以原点为基点，阵列数为"3"，阵列 360°，如图 7-48 所示。

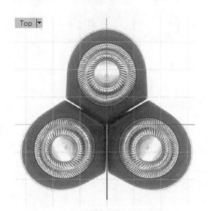

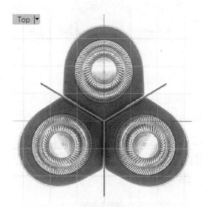

图 7-47　绘制起点在原点的直线　　　　　　　　　图 7-48　阵列 3 份

（4）单击工具列中的【多重直线】按钮 ∧，在 Top 视图中根据底图造型的趋势绘制出图 7-49 所示的直线。

（5）单击工具列中的【修剪】按钮 ⌐，利用第（3）步中生成的线修剪第（4）步的直线，效果如图 7-50 所示。

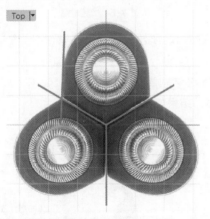

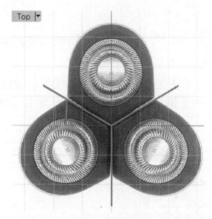

图 7-49　绘制直线　　　　　　　　　　　　　　图 7-50　修剪直线

（6）单击工具列中的 🔩 /【镜像】按钮 ⬧，将修剪后的线沿着坐标系的 y 轴镜像，效果如图 7-51 所示。

（7）单击工具列中的 ⌐ /【可调式混接曲线】按钮 ⬓，在打开的【调整曲线混接】对话框中将【连续性】选项设置为【曲率】，效果如图 7-52 所示。

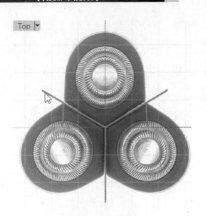

图 7-51　镜像

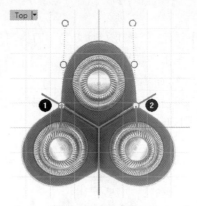

图 7-52　混接曲线

（8）单击工具列中的 ⌒ /【插入节点】按钮 ✓，在指令提示栏将【对称】选项修改为"是"，在混接曲线上插入两对节点，如图 7-53 所示。

（9）单击工具列中的 ⌒ /【参数均匀化】按钮 ⚬，将插入节点后的曲线均匀化，然后参考底图微调 CV，注意保持曲线对称，如图 7-54 所示。

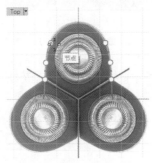

图 7-53　插入节点

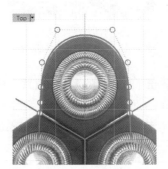

图 7-54　调整曲线

（10）将调整好的曲线复制一份，然后调整到图 7-55 所示的状态，在 Right 视图中使其倾斜一定角度，与水平线夹角为"9°"。

（11）单击工具列中的 ▨ /【放样】按钮 ◤，选择复制前后的两条曲线，弹出【放样选项】对话框，将【造型】选项设置为【标准】，放样曲面，结果如图 7-56 所示。

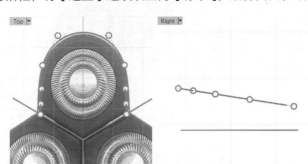

图 7-55　复制并调整曲线

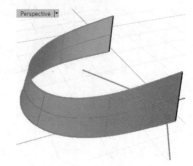

图 7-56　放样成面

（12）打开曲面的 CV 显示，选中中间两排 CV，然后单击工具列中的 ⌒ /【UVN 移动】按钮 ⬙，将选中的 CV 沿法线方向向外移动到图 7-57 所示的弧度。

（13）单击工具列中的 🔲/【环形阵列】按钮 ❀，以原点为基点，阵列数为"3"。将调整好的曲面阵列 360°，如图 7-58 所示。

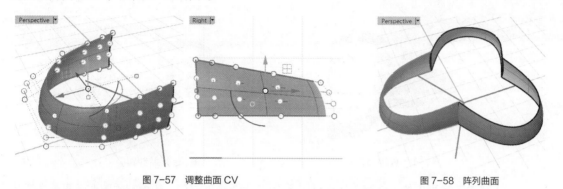

图 7-57 调整曲面 CV

图 7-58 阵列曲面

（14）放大可以发现曲面边缘没有搭接起来，单击工具列中的 ✎/【衔接曲面】按钮 ⭢，选择阵列后一个曲面的边缘，然后再选择其相邻的曲面边缘，弹出【衔接曲面】对话框，将【连续性】选项修改为【位置】，并勾选【互相衔接】复选框，衔接前后的效果比较如图 7-59 所示。

（15）单击工具列中的【多重直线】按钮 ∧，绘制图 7-60 所示的直线，该直线与第（7）步中绘制的曲线处于共面状态，并且端点位于模型中轴上。

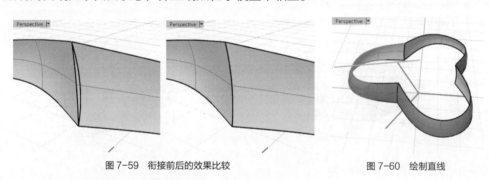

图 7-59 衔接前后的效果比较

图 7-60 绘制直线

（16）结合端点捕捉方式绘制出图 7-61 所示的直线。

（17）单击工具列中的 ✎/【直线挤出】按钮 🗊，在指令提示栏中将【两侧】选项修改为"是"，将第（15）步中绘制的直线挤出成面，如图 7-62 所示。

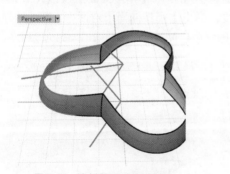

图 7-61 端点捕捉方式绘制直线

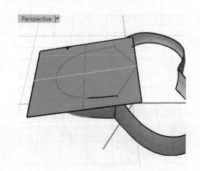

图 7-62 挤出成面

（18）单击工具列中的【修剪】按钮 ⬚，利用曲线和直线修剪挤出后的曲面，修剪效果如图 7-63 所示。注意只有线和面是共面状态才可以修剪成功。

（19）单击工具列中的【圆：中心点、半径】按钮⊙，绘制一个半径为"11.5"、圆心在原点的圆形，如图 7-64 所示。

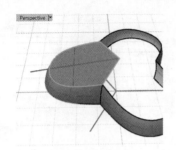

图 7-63　修剪曲面

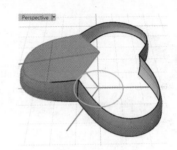

图 7-64　绘制圆形

（20）单击工具列中的【修剪】按钮⤵，利用直线修剪第（19）步绘制的圆形。再单击工具列中的⤢/【重建曲线】按钮📌，将修剪后的圆形重建为 5 阶 10CV 的曲线。

（21）单击工具列中的◿/【放样】按钮✍，选择复制前后的两条曲线，弹出【放样选项】对话框，将【造型】选项设置为【标准】，放样曲面，结果如图 7-65 所示。

（22）打开曲面的 CV 显示，选中中间两排 CV，然后单击工具列中的⤢/【UVN 移动】按钮⬚，将选中的 CV 沿法线方向向外调整到图 7-66 所示的弧度。

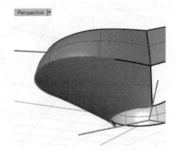

图 7-65　放样成面

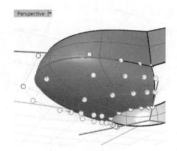

图 7-66　调整 CV

（23）单击工具列中的⬚/【环形阵列】按钮⟳，以原点为基点，阵列数为"3"，将调整好的曲面阵列 360°，如图 7-67 所示。

（24）可以发现曲面边缘没有搭接起来，单击工具列中的⬚/【衔接曲面】按钮⬚，选择阵列后一个曲面的边缘，然后再选择其相邻的曲面边缘，弹出【衔接曲面】对话框，将【连续性】选项修改为【位置】，并勾选【互相衔接】复选框，衔接前后的效果比较如图 7-68 所示。

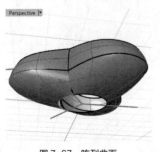

图 7-67　阵列曲面

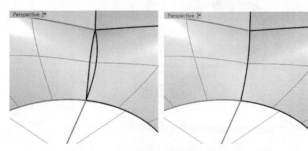

图 7-68　衔接前后的效果比较

（25）将阵列后的曲面删除，只留下一个单元，并且删除第（3）步阵列的直线，效果如

图 7-69 所示。

（26）单击工具列中的【多重直线】按钮 ∧，绘制图 7-70 所示的两条直线。

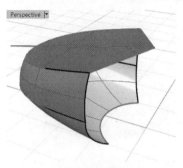

图 7-69　删除曲面

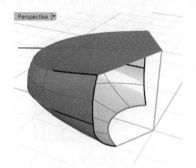

图 7-70　绘制直线

（27）单击工具列中的 ▱ /【以平面曲线建立曲面】按钮 ◎，利用曲面边缘与直线形成面，效果如图 7-71 所示。

（28）单击工具列中的 ▱ /【镜像】按钮 ◢◣，将做好的双轨曲面沿着世界坐标系的 y 轴镜像，效果如图 7-72 所示。然后将所有面组合成一个物件。

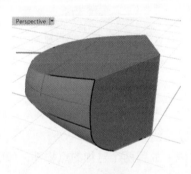

图 7-71　建立曲面

图 7-72　镜像

（29）利用工具列中的【多重直线】工具 ∧ 与【曲线圆角】工具 ⌐，绘制图 7-73 所示的线条，并组合成 3 个物件。

（30）单击工具列中的 ▱ /【直线挤出】按钮 ▣，在指令提示栏中将【两侧】选项修改为"是"，将第（29）步中绘制的线条挤出成面，如图 7-74 所示。

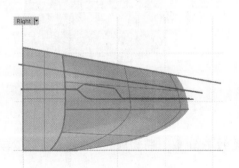

图 7-73　绘制线条

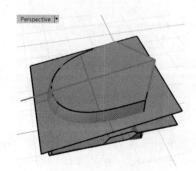

图 7-74　挤出成面

（31）单击工具列中的 🔧 /【布尔运算分割】按钮 🔧 ，用挤出的曲面分割组合的面，再删除挤出的曲面，分割效果如图 7-75 所示。

（32）选择图 7-76 所示的分割后的物件，利用操作轴单轴缩小一点。

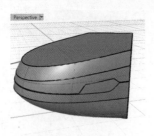

图 7-75　分割曲面

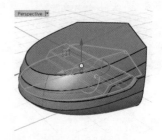

图 7-76　选择物件

（33）单击【标准】工具列中的 💡 /【隐藏未选取的物件】按钮 💡 ，仅显示图 7-77 所示的物件。

（34）单击工具列中的 🛢 /【复制边缘】按钮 📄 ，提取图 7-78 所示的曲面边缘。

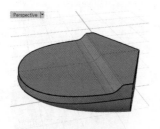

图 7-77　仅显示该物件

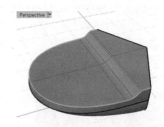

图 7-78　提取曲面边缘

（35）单击工具列中的【单点】按钮 ⚬ ，在曲面边缘上放置两个对称的点物件，如图 7-79 所示。

（36）利用点物件修剪提取的曲面边缘，修剪结果如图 7-80 所示。

图 7-79　点物件

图 7-80　修剪曲面边缘

（37）单击工具列中的 🔲 /【圆管（平头盖）】按钮 🔧 ，将修剪后的曲线边缘圆管成面，圆管半径大小为"0.8"，如图 7-81 所示。

（38）利用圆管修剪曲面，并删除圆管，效果如图 7-82 所示。

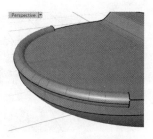

图 7-81 圆管成面

图 7-82 修剪曲面并删除圆管

（39）单击工具列中的 ▨ /【放样】按钮 ，选择修剪的曲面边缘，弹出【放样选项】对话框，【造型】设置为【标准】选项，放样曲面，结果如图 7-83 所示。

（40）单击工具列中的 ▨ /【延伸曲面】按钮 ，将第（39）步形成的曲面两端分别延伸"2"个单位，在指令提示栏中将【型式】选项修改为"平滑"，效果如图 7-84 所示。

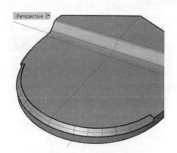

图 7-83 放样曲面

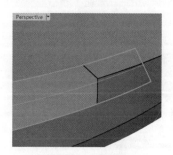

图 7-84 延伸曲面

（41）单击工具列中的 ▨ /【插入节点】按钮 ，在指令提示栏中将【对称】选项修改为"是"，结合端点捕捉方式在曲面上对称插入节点，如图 7-85 所示。

（42）打开曲面的 CV 显示，选择曲面两端边缘的 CV，单击工具列中的 ▨ /【UVN 移动】按钮 ，将选中的 CV 向法线方向（N）向外调整，在 U 向可以对称地微调一些，效果如图 7-86 所示。

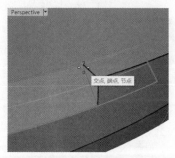

图 7-85 插入节点

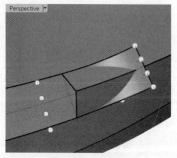

图 7-86 调整曲面

（43）单击工具列中的【修剪】按钮 ，将调整后的曲面与原始曲面相互修剪到图 7-87 所示的状态。

（44）单击【标准】工具列中的 ▨ /【显示选取的物件】按钮 ，显示之前隐藏的物件，如图 7-88 所示。

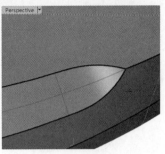

图 7-87　修剪曲面

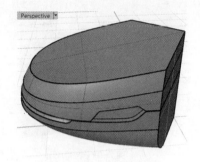

图 7-88　显示物件

（45）单击工具列中的【多重直线】按钮 ∧，绘制图 7-89 所示的直线。

（46）单击工具列中的 ◢/【直线挤出】按钮 ▣，在指令提示栏中将【两侧】选项修改为"否"，将第（45）步中绘制的直线分两次挤出成面，如图 7-90 所示。

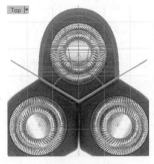

图 7-89　绘制直线

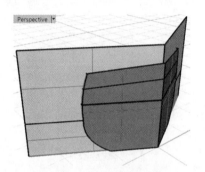

图 7-90　挤出成面

（47）打开曲面的 CV 显示，选中底部边缘的 CV，利用操作轴向 y 轴正向微调一点，如图 7-91 所示。

（48）单击工具列中的 ●/【布尔运算差集】按钮 ●，利用挤出曲面减去其他曲面，运算结果如图 7-92 所示。

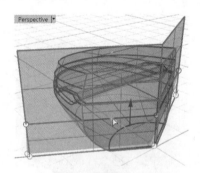

图 7-91　调整 CV

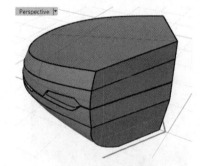

图 7-92　布尔运算差集

（49）单击工具列中的 ♂/【环形阵列】按钮 ✿，以原点为基点，阵列数为"3"，将布尔运算后的物件阵列 360°，效果如图 7-93 所示。

（50）新建一个图层，命名为"刀头网罩"，并修改为当前图层，将【刀头底座】图层隐藏，再构建刀片网罩的模型。

（51）单击工具列中的【多重直线】按钮 ∧，参考图 7-94 所示的尺寸标志绘制线段。左下角的点坐标为原点（0，0）。

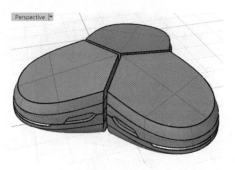

图 7-93　阵列曲面

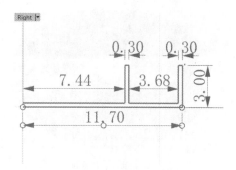

图 7-94　绘制线段

（52）单击工具列中的【控制点曲线】按钮🔄，绘制图 7-95 所示的曲线。

（53）单击工具列中的🔲 /【旋转成形】按钮💡，选择第（52）步绘制的曲线旋转形成曲面，如图 7-96 所示。

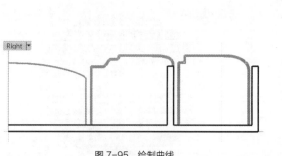

图 7-95　绘制曲线

图 7-96　旋转成面

（54）单击【标准】工具列中的【隐藏物件】按钮💡，将部分物件隐藏起来，仅保留图 7-97 所示的物件为显示状态。

（55）单击工具列中的【控制点曲线】按钮🔄，绘制网罩的花纹曲线，如图 7-98 所示。

图 7-97　隐藏物件

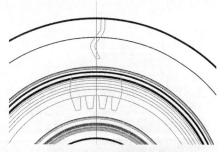

图 7-98　绘制网罩的花纹曲线

（56）单击工具列中的🔲 /【直线挤出】按钮🔳，选择第（52）步绘制的曲线，挤出成面，如图 7-99 所示。曲面挤出的高度不限，但是要穿透之前的旋转面，以便后面布尔运算能成功。

（57）单击工具列中的🔳 /【环形阵列】按钮✳，以原点为基点，将第（56）步挤出的曲面分别阵列 12 份和 85 份，效果如图 7-100 所示。

图 7-99　挤出成面

图 7-100　阵列

（58）单击工具列中的 / 【布尔运算差集】按钮 ，用阵列的曲面差集切除旋转曲面，如图 7-101 所示。注意这里布尔运算量比较大，需要等待稍微长一点时间，可以先存盘再进行布尔运算，布尔运算操作也可以分多次逐步完成。

（59）显示之前隐藏的曲面，刀片网罩的效果如图 7-102 所示。

图 7-101　布尔运算差集

图 7-102　刀片网罩效果

（60）显示【刀头底座】图层，将刀头网罩物件变换到相应的位置后阵列 3 份，刀头的效果如图 7-103 所示。

（61）绘制图 7-104 所示的线条。

图 7-103　定位并阵列

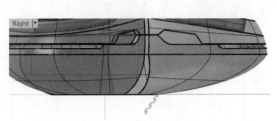

图 7-104　绘制线条

（62）单击工具列中的 / 【旋转成形】按钮 ，将第（61）步绘制好的线条沿世界坐标系的 z 轴旋转成面，效果如图 7-105 所示。

（63）单击工具列中的 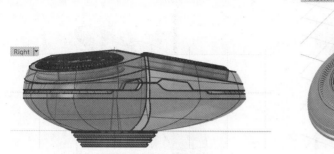/【不等距边缘圆角】按钮 ，对刀头物件倒圆角，效果如图 7-106 所示。

图 7-105 旋转效果

图 7-106 倒圆角效果

7.1.4 组装刀头

（1）显示【主体】图层物件，再将刀头定位到机体上面，效果如图 7-107 所示。

（2）单击工具列中的 /【复制边缘】按钮 ，提取图 7-108 所示的曲面的边缘曲线。

（3）仅显示提取的曲面边缘与机体前壳连接处的部件，如图 7-109 所示。

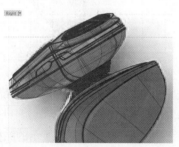

图 7-107 定位刀头

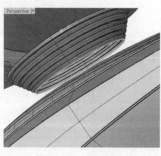

图 7-108 提取边缘

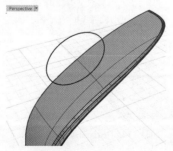

图 7-109 仅显示的物件

（4）单击工具列中的【控制点曲线】按钮 ，绘制图 7-110 所示的曲线。

（5）单击工具列中的【投影】按钮 ，在 Front 视图中将绘制好的曲线投影到前壳上，效果如图 7-111 所示。

（6）将第（2）步提取的曲面边缘修剪掉一半，单击工具列中的 ⌐ /【重建曲线】按钮 ⚙️，将提取的边缘重建为 5 阶 10CV 的曲线，此时控制点状态如图 7-112 所示。

（7）单击工具列中的 ✐ /【直线挤出】按钮 ▣，将重建后的曲线挤出成面，如图 7-113 所示。

图 7-110　绘制曲线

图 7-111　投影曲线

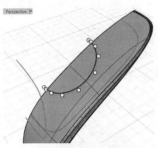

图 7-112　重建曲线

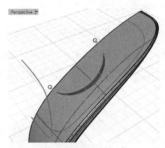

图 7-113　挤出成面

（8）单击工具列中的 ✎ /【衔接曲面】按钮 ✋，将挤出曲面的下边缘与镜像组合后的曲线衔接，在弹出的对话框中勾选【精确衔接】复选框，衔接好后的效果如图 7-114 所示。

（9）单击工具列中的 ⬡ /【抽离结构线】按钮 🖌️，提取图 7-115 所示的结构线（ISO）。

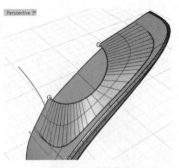

图 7-114　衔接曲面

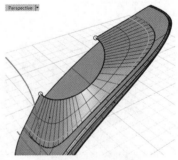

图 7-115　提取结构线

（10）删除之前衔接好的面，以相同的方式利用新曲线重新生成面，效果如图 7-116 所示。

（11）将做好的面镜像，再显示其他隐藏的曲面，此时模型着色效果如图 7-117 所示。

（12）单击工具列中的 🖌️ /【不等距边缘圆角】按钮 ▣，在需要的部位进行倒圆角处理，再利用【标准】工具列的【着色】工具 🔵 查看目前的曲面状态，着色效果如图 7-118 所示。

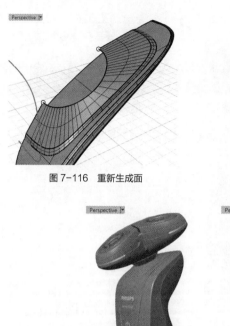

图 7-116　重新生成面

图 7-117　显示隐藏的曲面后模型着色效果

图 7-118　剃须刀模型着色效果

7.1.5　KeyShot 渲染

下面使用 KeyShot 对构建的模型进行渲染。

为方便对模型进行渲染，首先应按照模型的材质与色彩进行分层。因为线不需要渲染，所以把"线"单独分成一层并隐藏。根据最终效果图（见图 7-1）中各个部分的材质不同，将各部分分别放置在不同的图层内。

（1）启动 KeyShot，新建一个文件，将文件以"剃须刀 .bin"为名保存。

（2）在 KeyShot 中打开前面创建的剃须刀模型，如图 7-119 所示。

（3）单击工具栏中的【库】按钮🖳，切换到【环境】选项卡，选择合适的环境。然后再切换到【项目】/【环境】选项卡下调节环境的亮度和角度，设置【背景】为【色彩】模式，并将颜色调整为白色，如图 7-120 所示。

（4）单击工具栏中的【库】按钮🖳，在材质库中打开【Axalta Paint】栏，如图 7-121 所示；选择一款黑色的烤漆材质拖曳到主体面上，如图 7-122 所示。

（5）先赋予主体 LOGO 一个【金属】/【铝】材质，在材质库里面任意选择一个材质即可，然后在【项目】面板中单击【材质图】按钮，弹出【材质图】窗口，在空白位置右击，在弹出的快捷菜单中选择【纹理】/【拉丝】命令，将生成的纹理图节点链接到金属材质的【色彩】与【凹凸】通道内，参数设置如图 7-123 所示，材质效果如图 7-124 所示。

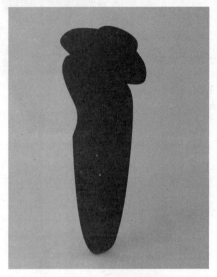

图 7-119　导入模型

图 7-120　【环境】选项卡

图 7-121　材质库

图 7-122　黑色烤漆材质效果

（6）将背壳的材质类型修改为【塑料（高级）】，然后在【项目】面板中单击【材质图】按钮，弹出【材质图】窗口，导入 KeyShot 材质库内自带的一幅刮痕纹理图片 "pebble_normal.JPG"，再将生成的纹理图节点链接到金属材质的【凹凸】通道内，参数设置如图 7-125 所示，材质效果如图 7-126 所示。

（7）赋予刀头侧面圈一个金属材质，在材质库里面任意选择一个材质即可，然后在【项目】面板中单击【材质图】按钮，弹出【材质图】窗口，在空白位置右击，在弹出的快捷菜单中选择【纹理】/【拉丝】命令，将生成的纹理图节点链接到金属材质的【色彩】与【凹凸】通道内，参数设置如图 7-127 所示，材质效果如图 7-128 所示。

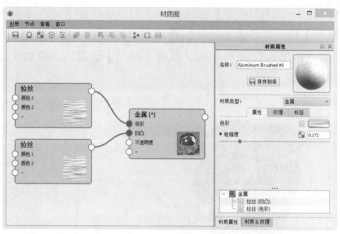

图 7-123　【材质图】窗口（一）

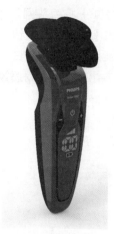

图 7-124　材质效果（一）

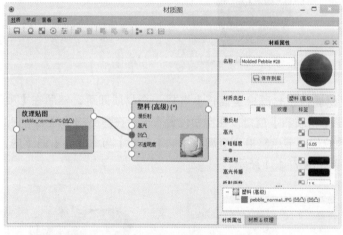

图 7-125　【材质图】窗口（二）

图 7-126　材质效果（二）

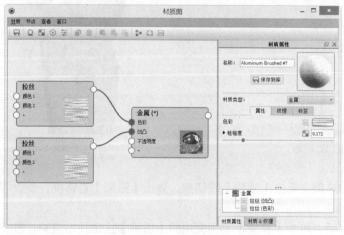

图 7-127　【材质图】窗口（三）

图 7-128　材质效果（三）

（8）将刀头网罩周围的部件的材质类型修改为【塑料（高级）】，然后在【项目】面板中单击【材质图】按钮，弹出【材质图】窗口，导入 KeyShot 材质库内自带的一幅刮痕纹理图片"pebble_normal.JPG"，将生成的纹理图节点链接到金属材质的【凹凸】通道内，参数设置如图 7-125 所示，材质效果如图 7-129 所示。

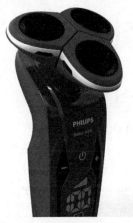

图 7-129 材质效果（四）

（9）赋予刀头网罩一个金属材质，在材质库里面任意选择一个材质即可，然后在【项目】面板中单击【材质图】按钮，弹出【材质图】窗口，在空白位置右击，在弹出的快捷菜单中选择【纹理】/【拉丝】命令，将生成的纹理图节点链接到金属材质的【色彩】与【凹凸】通道内，参数设置如图 7-130 所示，材质效果如图 7-131 所示。

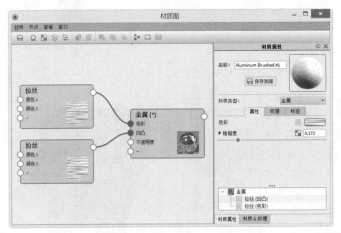

图 7-130 【材质图】窗口（四）

图 7-131 材质效果（五）

（10）各项调节完成后，开始渲染。单击【渲染】按钮 ，弹出【渲染】对话框，参数调整如图 7-132 所示。

（11）调整物体到合适的角度后，单击【渲染】对话框中的【渲染】按钮开始渲染，最终效果如图 7-133 所示。

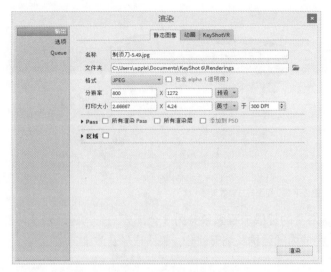

图 7-132　【渲染】对话框

图 7-133　最终渲染效果

7.2　足浴盆建模

　　这是为老年人设计的一款足浴盆，根据老年人的使用需求进行针对性设计：降低足浴盆口，方便腿脚不灵便的老年人使用；盆口前倾相应增大了盆口面积，适应不同的足浴姿势，符合人机工学，舒适宜人；从语意方面讲，前倾有服务的含义，充满了人情味。足浴盆造型应洗练流畅，圆润素雅，大方可爱，便于脱模生产和清洁使用，也可给用户全新的视觉感受和使用感受。下面就本模型的构建过程进行介绍。

　　在经过市场调研、草图方案创意设计、细节深入、具体尺寸的确定等流程后，确定最终方案，然后进行二维平面效果的绘制、三维建模及渲染，最终平面三视图与三维效果图如图 7-134 所示。

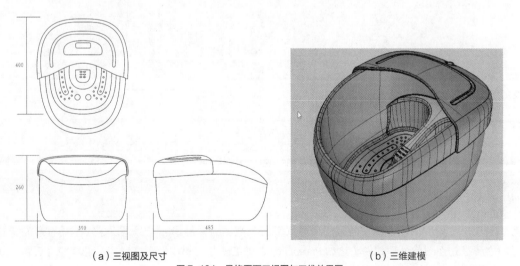

（a）三视图及尺寸　　　　　　　　　　　　　（b）三维建模

图 7-134　最终平面三视图与三维效果图

（c）三维渲染效果 1   （d）三维渲染效果 2

图 7-134　最终平面三视图与三维效果图（续）

为方便读者理解和操作，本节将足浴盆的建模流程大致分为 3 个部分，先构建足浴盆体部分，再完成足浴盆盖（保温盖）部分，完成内部结构及细节部分，最终成形及渲染。

7.2.1　构建足浴盆体部分

该部分的建模主要运用【双轨扫掠】【分割】【曲面偏移】【不等距边缘圆角】等重要的工具，体现出家电产品一般建模的方法以及细节处理的手段。具体操作如下所述。

（1）选择【查看】/【背景图】/【放置】命令，或在各视图左上角（视图名称的区域）右击后在弹出的快捷菜单中选择【背景图】/【放置】命令，将素材文件中"Map"目录下用平面软件绘制的三视图文件"zyp-front.jpg""zyp-right.jpg""zyp-top.jpg"导入 Rhino 各相应视图中，再使用【背景图】菜单中的【移动】【对齐】【缩放】等命令将图片调整至合适大小及位置，如图 7-135所示。此足浴盆长、宽、高分别为"430mm""390mm""260mm"）。

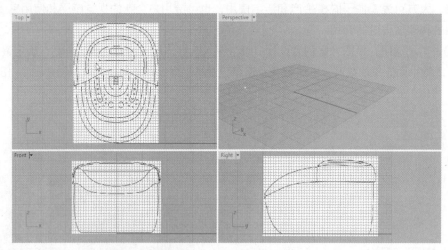

图 7-135　已经对齐的三视图

 要点提示

为了保证模型的准确，在建模的时候最好以平面三视图为标准参照。另外，导入图片时最简单有效的办法是先在图像处理软件（比如 Photoshop）里把图片大小以及角度对齐，处理好之后再导入 Rhino 的视图背景中，因为经过这样处理之后，手工调节对齐就很容易了。

（2）单击工具列中的【控制点曲线】按钮⟳，参考平面三视图中的 Top 视图绘制足浴盆的底线和腰线，画线时注意曲线的 CV 要尽量少，分布要均匀，这样画出来的曲线光滑、流畅、美观，且由曲线生成的曲面的结构线（ISO）均匀，曲面平滑易编辑。注意图中黄色 CV 要与起始CV 在同一水平位置上，这样镜像得到的封闭曲线才是连续的，如图 7-136 所示；再依次单击工具列的 🖊/【镜像】按钮 ⟆ 和【组合】按钮 🖏 得到图 7-137 所示的封闭曲线。参考完背景图后可以把背景图隐藏起来，便于观察检查曲线。

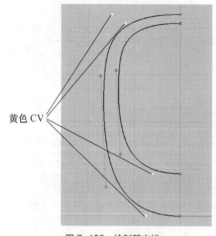

图 7-136　绘制基本线

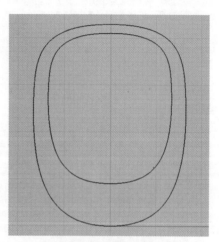

图 7-137　镜像并组合

（3）切换到 Right 视图，开启锁定格点功能，将大的封闭曲线往上拖动 "21" 个单位；开启【物件锁点】的【中点】选项，以便下一步绘曲线时捕捉封闭曲线的中点。参考背景图绘制图 7-138 所示的两条曲线，黄色的 CV 依然要和起始 CV 处于同一水平位置，得到图 7-139 所示的空间曲线组。

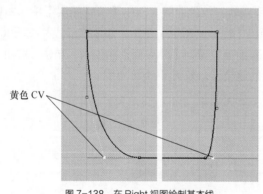

图 7-138　在 Right 视图绘制基本线

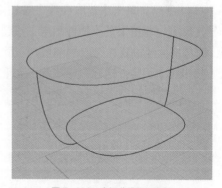

图 7-139　空间曲线组示意图

（4）单击工具列中的 🔲/【双轨扫掠】按钮 🡖，选择两条曲线作为路径，注意要同时选择它们的上端或下端，这样才能保证路径方向一致，创建的曲面才不会扭曲；再选择两个封闭曲线为断面曲线，如图 7-140（a）所示，按照指令提示栏的提示，右击确认后即得到原始扫掠曲面，如图 7-140（b）所示。

（5）单击工具列中的 🡖/【移除节点】按钮 ／，选取曲面，按照指令提示栏的提示，选择 V方向，可以发现 V 方向即水平方向的结构线以白色显示并随着鼠标光标移动，单击相应结构线即可将其移除，如图 7-140（c）所示。曲面变化越平缓，需要支撑的结构线越少，而曲面变化较大时需要支撑的结构线越多。可以看出，足浴盆曲面越到下面变化越大，所以移除的依据就是结构线由上往下依次增多。移除多余结构线后右击确认，得到图 7-140（d）所示的最终曲面。

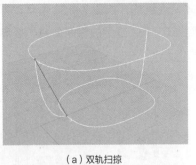

（a）双轨扫掠

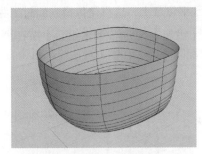

（b）得到原始扫掠曲面

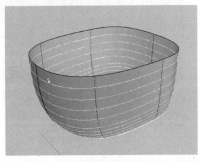

（c）移除多余结构线

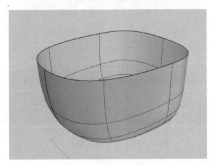

（d）最终曲面

图 7-140　创建曲面流程图

（6）单击工具列中的【编辑图层】按钮，打开【图层】面板，新建两个图层，分别命名为"扫描线""外表面"，以便管理各个部分的建模。单击【选取】按钮调出子工具列，如图 7-141 所示，单击【选取曲线】按钮，选取双轨扫掠的曲线。单击【编辑图层】按钮调出子工具列，单击【更改物件图层】按钮，弹出【物体的图层】窗口，选取扫描线并按 Enter 键，即可把曲线放置在选取的图层内。同理，选取曲面放置到【外表面】图层内。单击按钮隐藏【扫描线】图层，这样扫描线就不会干扰后面的建模了，如图 7-142 所示。

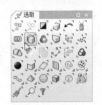

图 7-141　【选取】子工具列

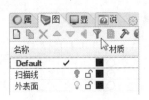

图 7-142　图层管理

 要点提示

Rhino 里的单个工具按钮往往还包含很多子工具列，可以右击、单击按钮中的小三角或者长按鼠标左键把其他命令调出来。【选取】工具方便用户筛选各种物件，如曲线、点、面等，可以实现快速选取。图层便于我们管理各个部分的建模，可以进行模型的显示、隐藏、锁定、选取、设置及备份等，熟练掌握图层命令也能提高建模的效率。

（7）切换到 Right 视图，单击工具列中的 🖐/【延伸曲面】按钮🧽，按照指令提示栏的提示单击曲面边缘，选择【延伸型式】为"平滑"以保证延伸面和原曲面连续，设置【延伸系数】为"3"，右击确定曲面延伸后，即有足够的裁剪余量，如图 7-143 和图 7-144 所示。

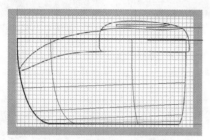

图 7-143 外表面过低裁剪余量不足

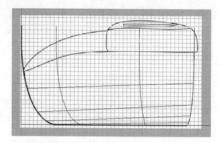

图 7-144 曲面延伸后有足够的裁剪余量

（8）单击工具列中的 🖐/【偏移曲面】按钮🦴，选取曲面，按照指令提示栏的提示依次设置【距离】为"2"，选择【松弛】、【全部反转】，其余选项不动。这里要注意选择【松弛】，偏移得到的曲面结构线才会和原曲面一样均匀简洁。右击确定偏移，如图 7-145 所示。选取内表面，右击工具列中的【反转方向】按钮➖，得到图 7-146 所示的内表面。按照第（6）步所述方法，新建"内表面"图层，将内表面放置这个图层中并隐藏，如图 7-147 所示，需要用时再显示，就不会影响后面的建模。

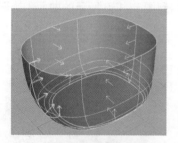

图 7-145 偏移曲面

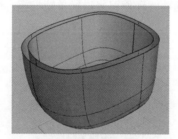

图 7-146 得到内表面

图 7-147 反转内表面法线方向

（9）切换到 Right 视图，参照背景图绘制切割曲线，如图 7-148 所示。注意曲线 CV 要少且分布均匀。图层名保存为"切割线"，选取切割线，单击工具列中的【修剪】按钮✂，用切割线切去外表面的顶部，右击确定切割，效果如图 7-149 所示。隐藏切割线以备用，同时显示内表面，如图 7-150 所示。

 要点提示

一般绘制的曲线或生成的曲面都不能随便删除，而要隐藏以备用。Rhino 制作模型时一定要经常存档备份，并且把制作进程中的各档案都保留下来，因为在制作中经常需要从以前的备份档案中提取一些曲线或曲面使用，如果没有这些备份档案，会对模型的制作造成很大麻烦。

（10）参照背景图中的足浴盆盖分析顶部曲面的大致走向，在 Right 视图里绘出扫描顶部曲面的路径曲线，如图 7-151 所示；在 Front 视图里绘制断面曲线，如图 7-152 所示。

（11）单击工具列中的 🔲/【单轨扫掠】按钮🌀，选择第（10）步绘制的曲线，得图 7-153 所示的曲面。由于这里的路径和断面曲线是十字相交的，所以要连续扫掠两次才能形成完整的曲面。

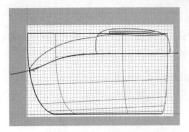

图 7-148　绘制切割线

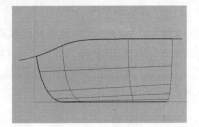

图 7-149　修剪外表面

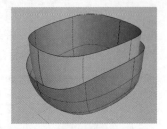

图 7-150　隐藏切割线并显示内表面

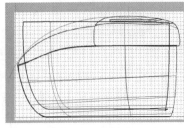

图 7-151　Right 视图路径

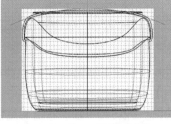

图 7-152　Front 视图断面曲线

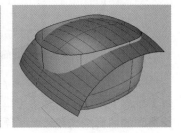

图 7-153　连续两次单轨扫掠

（12）单击工具列中的 🛢️/【复制边缘】按钮 🔷，分别单击曲面的前后边后右击确定复制，得到图 7-154 所示的两条黄色曲线。

（13）再以这两条曲线为断面曲线和原路径进行单轨扫掠，得到图 7-155 所示的曲面。选取曲面，单击工具列中的 🗝️/【移除节点】按钮 ✏️，移除曲面上多余的结构线，右击确定后得到最终顶部曲面，如图 7-156 所示。

图 7-154　复制边缘

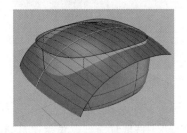

图 7-155　用复制的边缘再次单轨扫掠

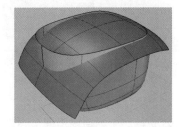

图 7-156　移除多余结构线得到顶部曲面

要点提示

从物件建立曲线的方法包括投影曲线、复制边缘、复制边框、交集、抽离结构线等，都是建模常用到的方便快捷的命令，掌握好这些命令，能够快速准确地建模。

（14）选取顶部曲面，单击工具列中的 🪙/【布尔运算差集】按钮 🪙，按照指令提示栏的提示选取内表面，如图 7-157 所示。右击确认后得到图 7-158 所示的相减结果，这就是初步的盆边缘。选取布尔运算结果，单击工具列中的【炸开】按钮 ⬢，炸开曲面组合体。单击工具列中的 🛢️/【抽离结构线】按钮 🔷，抽离顶部曲面的 ISO，右击确认得到图 7-159 所示的黄色曲线。

（15）切换到 Right 视图，大致在顶部曲面的最高处绘制垂直线，如图 7-160 所示。

（16）选取第（15）步绘制的直线，单击工具列中的【投影】按钮 🛢️，再选取顶部曲面和外表面，右击确认后得到投影曲线。

黄色曲线

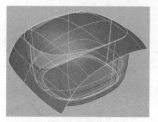

图 7-157 选取内表面

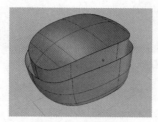

图 7-158 布尔运算结果

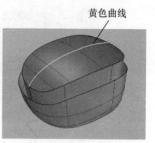

图 7-159 提取顶面结构线

（17）再选取外表面，单击工具列中的 /【抽离结构线】按钮 ，开启【物件锁点】中的【中点】捕捉，抽离其中点处的两条结构线，如图 7-161 所示。

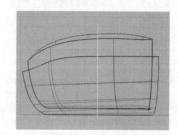

图 7-160 绘制直线

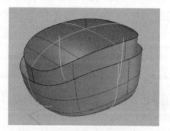

图 7-161 投影及抽离结构线

（18）单击工具列中的 /【可调式混接曲线】按钮 ，依次选择两两相对的曲线进行可调式混接，弹出对话框如图 7-162 所示，❶ 处连续性选择【正切】，❷ 处连续性选择【曲率】，右击确定；其余 3 条线的混接依此类推，得到图 7-163 所示的 4 条曲线，它们就是进行扫掠的断面曲线。

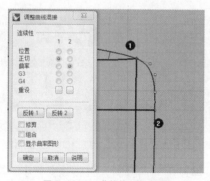

图 7-162 曲线的可调式混接

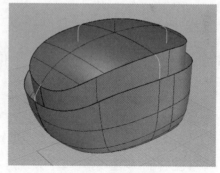

图 7-163 混接曲线结果

（19）单击工具列中的 /【双轨扫掠】按钮 ，如图 7-164 所示，以顶部曲面和外表面的边线为路径，以 4 条断面曲线进行双轨扫掠，弹出对话框，与顶部曲面相接处连续性选择为【相切】，与外表面相接处连续性选择为【曲率】，右击确定后得到图 7-165 所示的双轨曲面。

要点提示

可调式混接曲线功能可动态地对曲线形态进行调整，方便地设定生成的混接曲线与原有两曲线在端点处的连续性级别；除了可以混接曲线，还可以在曲面边缘、曲线与点、曲面边缘与点之间生成混接曲线。

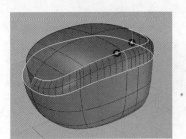

图 7-164　双轨扫掠

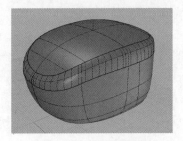

图 7-165　得到双轨曲面

（20）选择扫掠边缘的曲线，保存为新图层"边缘线"并隐藏备用。单击【标准】工具列中的 /【选取曲线】按钮 ，选取多余的曲线，保存为新图层"多余线"并隐藏备份。单击【标准】工具列中的 /【选取曲面】按钮 ，选取所有曲面，按 Ctrl + C 组合键和 Ctrl + V 组合键将生成的曲面原地复制一份并存至新图层隐藏备份。

 要点提示

建模的过程中会产生很多曲线和曲面，要及时整理隐藏暂时用不到的线和面，才不会干扰建模；同时对可能用到的线或面进行复制备份，这样后面建模用到的话只要调出来即可。

（21）隐藏顶部曲面备用，然后选取内表面与盆边缘，单击工具列中的【组合】按钮 ，将内表面与盆边缘组合，如图 7-166 所示。

（22）单击工具列中的 /【不等距边缘圆角】按钮 ，选取边缘，如图 7-167 所示，设置圆角半径为"0.5"，右击确定后结果如图 7-168 所示，至此，完成足浴盆体部分的建模。

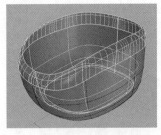

图 7-166　合并曲面

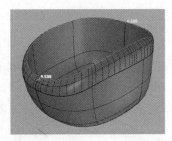

图 7-167　设置倒圆角半径为"0.5"

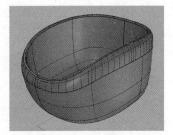

图 7-168　倒圆角结果

（23）切换到 Right 视图观察模型，发现足浴盆体过于向前倾斜，且腰线变化小，需要对模型旋转微调。

（24）锁定格点，在 Right 视图中打点作为旋转中心，如图 7-169 所示；选取所有物体顺时针旋转 3°，如图 7-170 所示。微调结果如图 7-171 所示。

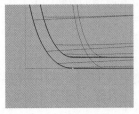

图 7-169　确定旋转点

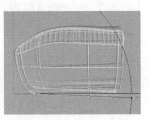

图 7-170　顺时针旋转 3°

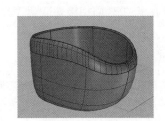

图 7-171　微调结果

7.2.2 构建保温盖部分

本小节讲述如何构建该产品的第二部分——保温盖。该部分建模比较简单，主要运用【曲面偏移】、【分割】、【不等距边缘圆角】、【布尔运算差集】等常用工具，体现出了家电产品一般建模的方法以及细节处理的手段。具体操作如下。

（1）开启显示备份的顶部曲面和外表面，将二者同时向外偏移"0.5"个单位，偏移结果如图 7-172 所示。

（2）切换到 Top 视图，参照背景图绘制顶部曲面切割线。注意，CV 要少且分布均匀，所绘切割线如图 7-173 所示。

（3）用切割线修剪顶部曲面，结果如图 7-174 所示。

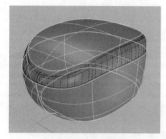
图 7-172 偏移两曲面

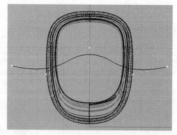
图 7-173 绘制切割保温盖的曲线

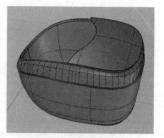
图 7-174 修剪顶部曲面

（4）再切换到 Right 视图，单击工具列中的 ⌐ / ─ /【延伸曲线（平滑）】按钮 ⤵，选中第（3）步修剪后顶部曲面的切割边，单击延伸如图 7-175 所示。

（5）继续在 Right 视图中选取延伸后的曲线，单击工具列中的【投影曲线】按钮 ⬚，将延伸曲线投影到由外表面偏移得到的曲面上，按 Enter 键后得到图 7-176 所示的投影曲线。

（6）开启【物件锁点】中的【交点】功能，在投影线和外表面偏移得到的曲面边线的交点处打点，用这个点来分割后者的曲面边缘。

（7）单击工具列中的 ⬚ / ⬚ /【分割边缘】按钮 ⊥，用第（6）步得到的点分割外表面偏移面的边缘，通过单击工具列中的 ⬚ /【显示边缘】按钮 ⬚，可以选取外表面偏移曲面，按 Enter 键后显示边缘已经被点所分割，如图 7-177 所示。

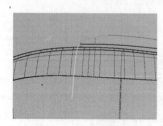
图 7-175 延伸切割边缘

图 7-176 投影延伸线、确定分割点

图 7-177 分析分割边缘

要点提示

Rhino 的延伸曲线功能可以实现线的延伸，可以方便地以直线或者平滑曲线延伸，准确且曲率和原曲线连续；边缘工具可以显示分析曲面边缘、分割合并边缘等，也是建模中常常使用到的重要工具。

（8）单击工具列中的 /【混接曲面】按钮 ，选取两曲面边进行混接，如图 7-178 所示，❶处连续性选择【正切】，❷处连续性选择【曲率】，右击确认后得到图 7-179 所示的混接曲面。

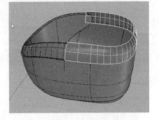

图 7-178　混接曲面选项设置　　　　　　　　　　　图 7-179　混接结果

（9）隐藏偏移曲面，组合混接曲面和顶部曲面，如图 7-180 所示。

（10）选取组合后的多重曲面，单击工具列中的 /【偏移曲面】按钮 进行偏移，按照指令提示栏的提示设置【距离】为"2"，选择【实体】、【松弛】，其余选项不动，偏移结果如图 7-181 所示。

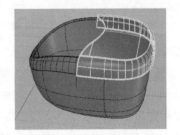

图 7-180　隐藏偏移曲面并组合曲面　　　　　　　　图 7-181　向外偏移"2"生成实体

（11）对结果进行倒圆角，圆角半径大小为"0.25"，倒圆角后效果如图 7-182 所示。

（12）单击工具列中的 /【偏移曲线】按钮 ，设置【距离】为"4.5"，得到图 7-183 所示的曲线。

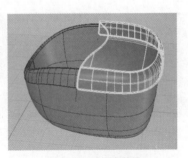
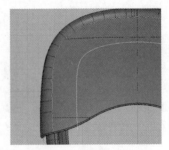

图 7-182　倒圆角效果　　　　　　　　　　　　　　图 7-183　偏移曲线

（13）选取曲线，执行【编辑】/【重建】命令，改变重建点数，这里输入 9 个点合适，曲线重建结果如图 7-184 所示。

（14）选取重建后的曲线，单击工具列中的 /【圆管（平头盖）】按钮 ，按照指令提示栏的提示设置起点和终点的直径都为"1"，加盖圆头，得到图 7-185 所示的圆管。

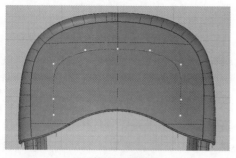

图 7-184　重建曲线

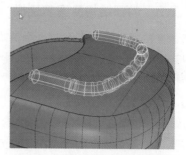

图 7-185　由曲线生成带圆头盖的圆管

 要点提示

建模时，曲线应尽量从现有曲面上提取建立，这样不仅可以提高效率，还可以得到准确高质量的曲线。另外，曲线的【重建】也是编辑控制点的重要方法，省去了手动删除控制点的麻烦，可以快速准确地改变曲线的 CV。

（15）切换到 Right 视图，调节圆管与保温盖相交的高度至合适位置，如图 7-186 所示。

（16）选取保温盖，单击工具列中的🖌/【布尔运算差集】按钮🖌，按照指令提示栏的提示选取圆管，右击确认后得到装饰槽。然后对槽边缘做半径为 "0.3" 的圆角，最终得到图 7-187 所示的装饰槽。

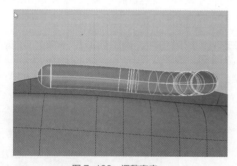

图 7-186　调整高度

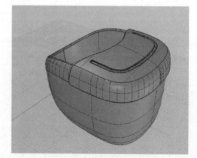

图 7-187　布尔运算差集结果

（17）与保温盖相连的进水口的制作比较简单，这里不做赘述，如图 7-188 所示。至此，完成足浴盆保温盖的建模，整体效果如图 7-189 所示。选取保温盖模型，存入命名为 "保温盖" 的新图层。

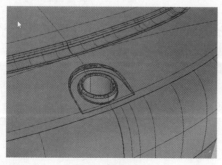

图 7-188　进水口

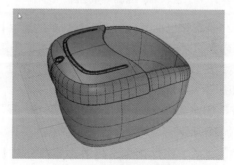

图 7-189　完成保温盖建模

7.2.3 内部结构及细节建模

市面上的足浴盆除有泡脚这个基本功能外，还有加热保温、振动按摩、气泡按摩、冲浪按摩、中药理疗等丰富的功能，这些功能都是在盆底安装相应构件及线路得以实现的，所以足浴盆底部结构的建模也较关键。

（1）开启【锁定格点】功能，切换到 Right 视图，绘制水平直线，如图 7-190 所示。以此切割线修剪掉足浴盆底部因旋转多余的面，底部边缘切割成水平。

（2）单击工具列中的 ▨ /【以平面曲线建立曲面】按钮 ◎，选取外表面底部边缘确认生成浴盆底部平面，如图 7-191 所示。将外表面和底部平面组合成多重曲面，并对多重曲面倒半径为 "2" 的圆角，效果如图 7-192 所示。

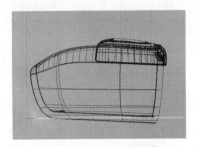

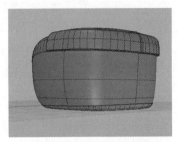

图 7-190　绘制水平切割线　　　图 7-191　建立浴盆底部平面　　　图 7-192　组合曲面并倒圆角

（3）隐藏外表面和保温盖，在 Right 视图中参照人脚部形状绘制曲线，如图 7-193 所示的红色曲线。

（4）选取红色曲线，单击工具列中的 ▨ /【直线挤出】按钮 ▥，挤出内底部平面，如图 7-194 所示。

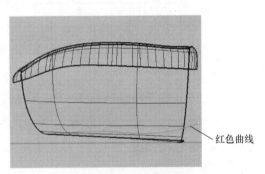
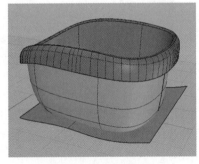

红色曲线

图 7-193　绘制水平切割线　　　　　　图 7-194　挤出内底部平面

（5）选取挤出曲面，单击工具列中的 ● /【布尔运算差集】按钮 ◉，按照指令提示栏的提示选取内表面，确认后得到图 7-195 所示的多重曲面，选取并存入【内表面】图层。

（6）在 Top 视图里绘制扫掠按摩台的路径，抽离内表面结构线作为断面曲线，进行双轨扫掠，如图 7-196 所示。

（7）切换至 Right 视图，绘制图 7-197 所示的曲线，再用绘制的曲线挤出台面曲线，效果如图 7-198 所示。

（8）单击工具列中的 ● /【布尔运算分割】按钮 ◢，并对其倒圆角得到图 7-199 所示内部图形。

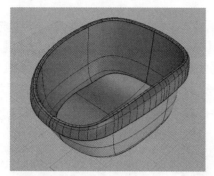

图 7-195　布尔运算差集结果

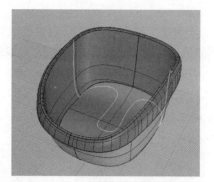

图 7-196　绘制的路径和抽离的断面曲线

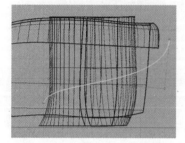

图 7-197　绘制挤出按摩平面的曲线

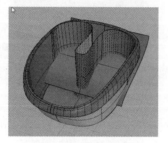

图 7-198　挤出按摩平面

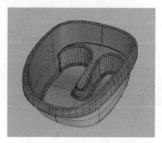

图 7-199　布尔运算并倒圆角

要点提示

布尔运算工具在建模中也发挥了重大的作用，准确得当地运用这个命令，可以起到事半功倍的效果。图 7-199 中因为有 5 个方向的曲面相交，倒圆角比较复杂，这里不具体介绍了，可以将其另存为 IGS 格式后再导入 SolidWorks 或 Pro/E 中辅助倒圆角比较省时快捷。

（9）内部结构的创建非常简单，这里不做赘述。显示外表面和保温盖，完成后的模型如图 7-200 和图 7-201 所示。

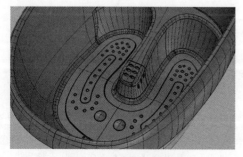

图 7-200　完成内部功能结构

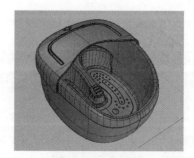

图 7-201　显示所有

（10）隐藏内表面，单击工具列中的 / 【复制边缘】按钮，选取外表面边缘并复制，如图 7-202 所示。

（11）单击工具列中的 / 【往曲面法线方向挤出曲面】按钮，按照指令提示栏提示选取复制得到的边缘为【曲面上的曲线】，选取外表面为【基底曲面】，【距离】设置为"1"，【方向】指向里，右击确认后得到图 7-203 所示的法线方向的曲面。

（12）把第（11）步得到的曲面和外表面组合为多重曲面，并倒半径为"0.08"的圆角，如图 7-204 所示。然后显示内表面，用同样的方法制作内表面的圆角，完成分模线的制作。

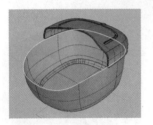 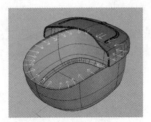 

图 7-202 复制边缘　　　　图 7-203 往曲面法线方向挤出曲面　　　　图 7-204 倒圆角

 要点提示

制作分模线是建模中常常会遇到的步骤，它可以客观真实地反映产品的结构、生产工艺等要素，所以熟练掌握分模线的建模很有必要。读者可多进行练习探索，因为分模线的制作不仅限于本实例介绍的这一种方法。

至此，足浴盆的全部建模完成，如图 7-205 所示，场景文件参见素材文件中的"足浴盆 .3dm"文件。

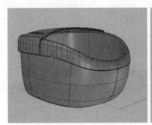 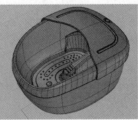 

图 7-205 模型最终效果

7.2.4 KeyShot 渲染

下面使用 KeyShot 软件渲染该模型。

（1）启动 KeyShot 渲染软件，执行【文件】/【打开】命令，打开素材文件中的"足浴盆 .3dm"文件进行渲染。

（2）单击【库】按钮，打开材质库，选择【材质库】/【塑胶】选项，选择【浑浊类】/【清澈类】中的【抛光混浊塑胶 – 淡青色】为外表面材质；选择【硬质类】/【光泽类】中的【硬质抛光塑胶 – 淡黄色】为内表面材质；选择【原色类】/【光泽类】中的【原色抛光塑胶 – 白色】为保温盖材质。

要点提示

一般在赋予产品材质时，很难一次性就得到满意的效果，材质也不是固定不变的，所以需要不断地尝试不同的材质，并不断调试这些材质的参数，最后才会得到最好的渲染效果图。调出好的材质后可以建立自己的材质库，或者为一个产品的几种材质建立材质库，方便快速调出需要的材质。具体方法是在材质库里新建文件夹，右击材质名称，在弹出的快捷菜单中选择【添加材质到库】命令，选择新建的文件夹即可。

（3）执行【项目】/【相机】/【查看方向】/【顶部】命令，切换至 Top 视图，双击保温盖，弹出【项目】对话框，选择【材质】/【标签】/【添加标签】命令，选择本书素材文件中"案例源文件"目录下的"面板 1.png"文件，再单击保温盖位置。这里设置【缩放】系数为"2.1"，【平移 X】为"0"，【平移 Y】为"0.2"（这些参数不是固定的，关键看贴图的原始位置，只要将贴图缩放平移至要求的位置即可），如图 7-206 所示。

 要点提示

我们可以利用【相机】选项卡中的【保存视角】选项来保存渲染时的各种视角，这样可以很方便地保存或者调出我们需要的产品视角。

（4）选择环境文件为"startup.hdr"，【对比度】为"1"，【亮度】为"1.106"，【大小】为"25"，【高度】为"0"，光源角度【旋转】为"141.5"，【背景】设置为白色（便于做展板时抠图），并勾选【地面阴影】和【地面反射】复选框，如图 7-207 所示。【相机】选项卡中【视角】设置为"30"。

图 7-206　【材质】选项卡

图 7-207　【环境】选项卡

（5）单击【渲染】按钮　并设置渲染参数，【打印大小】根据需要制作展板的大小设置，【格式】为【TIFF】，【分辨率】为"300DPI"，如图 7-208 所示。

（6）单击【渲染】按钮进行渲染，渲染效果如图 7-209 所示。

图 7-208 【渲染选项】对话框

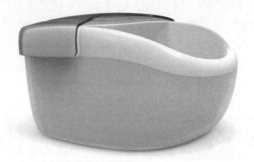

（a）三维渲染效果 1

（b）三维渲染效果 2

图 7-209　渲染效果图

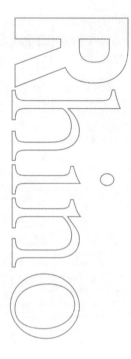

Chapter

8

第8章
电动工具建模案例

【学习目标】

● 能够独立完成电钻建模。

● 根据所学知识，能够完成其他电动工具建模。

【素质目标】

1. 树立节能环保意识，了解前沿技术。

2. 培养爱岗敬业、精益求精的工匠精神。

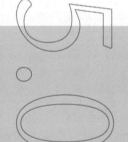

　　本章依托WORX电钻建模介绍模型的建立过程。WORX电钻的造型非常复杂，曲面的变化很丰富，在建模开始前需要好好规划建模思路，体会曲面转变的细节，在曲面转折的位置需要多做参考线帮助定位与确定形态变化的角度。

创建好的电钻模型最终效果如图 8-1 所示。

电钻建模 -1

图 8-1　电钻模型的最终效果

（1）在开始建模时，应当设置好文档的单位、公差等，不同的模型，选择的单位和精度不尽相同。图 8-2 所示为本案例建模所使用的单位及公差。

图 8-2　设置文档单位与公差

（2）在 Top 视图和 Front 视图中放置背景图，如图 8-3 所示。在调整背景图时可以放置参考点、参考线或方体来帮助定位。

图 8-3　放置背景图

8.1 构建电钻主体后部

　　首先创建电钻的主体大形，电钻电机部位的外壳与后面的把手造型都比较简洁平滑，之间的过渡曲面转折有点急剧，需要单独用面去搭接这两个部件。下面的把手部分看似都是简单的曲面，但是空间之间的搭接关系比较复杂。在这里需要多画辅助线帮助思考与定位。

　　（1）新建一个图层，名称设为"电钻主体后部"，并设置为当前图层。

　　（2）单击工具列中的 ⊙ /【圆：可塑形的】按钮 ⊙，将【阶数】修改为"5"，【点数】修改为"10"，在 Right 视图中绘制一个可塑圆，如图 8-4 所示。

　　（3）参考底图的轮廓，利用操作轴调整可塑圆的造型，如图 8-5 所示。

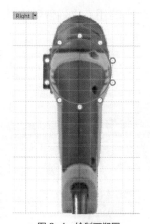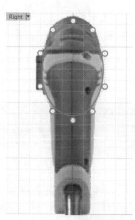

图 8-4　绘制可塑圆　　　　　　　　　　　　图 8-5　调整曲线

　　（4）单击工具列中的 ✄ /【直线挤出】按钮 ▣，将曲线挤出成面，如图 8-6 所示。

　　（5）打开曲面的 CV，微调曲面的 CV，使图 8-7 所示的曲面的结构线（利用【交点】捕捉，结合工具列中的 ⬚ /【抽离结构线】按钮 ✄，可以抽离出这条结构线）与底图吻合，未来在这里要利用这条结构线修剪曲面，所以先保证这条结构线处于所需的位置。

图 8-6　挤出成面　　　　　　　　　　　　图 8-7　调整曲面

　　（6）单击工具列中的【多重直线】按钮 ⋀，参考底图绘制一条直线，如图 8-8 所示。

　　（7）单击工具列中的【单点】按钮 ∘，结合最近点捕捉模式在曲面结构线与直线上放置两个点物件，点物件处于底图部件造型转折的位置，如图 8-9 所示。

图 8-8　绘制曲线

图 8-9　放置点物件

（8）单击工具列中的⏋/【可调式混接曲线】按钮，利用点物件修剪直线与结构线，在修剪后的线条间生成混接曲线，如图 8-10 所示。

（9）单击工具列中的【修剪】按钮，在 Front 视图中利用曲线修剪曲面，修剪后效果如图 8-11 所示。

图 8-10　混接曲线

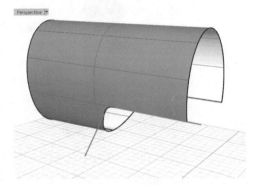

图 8-11　修剪曲面

（10）单击工具列中的【多重直线】按钮，绘制一条直线，然后在 Right 视图中微调直线的角度和位置到图 8-12 所示的状态。

（11）单击工具列中的⏋/【更改阶数】按钮，将直线升为 3 阶曲线，然后打开 CV，参照底图调整曲线的形态，到图 8-13 所示的状态。

电钻建模 -2

图 8-12　绘制并调整直线

图 8-13　调整曲线

（12）将调整好的曲线沿世界坐标系的 x 轴镜像一份。

（13）单击工具列中的 ![icon] /【复制边缘】按钮 ![icon]，复制修剪曲面的边缘，如图 8-14 所示。

（14）单击工具列中的 ![icon] /【设定 XYZ 坐标】按钮 ![icon]，将复制的边缘曲线的 CV 分别沿着垂直线对齐，如图 8-15 所示。

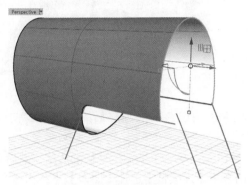

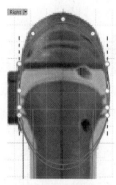

图 8-14　复制边缘曲线　　　　　　　　　　图 8-15　调整 CV

（15）单击工具列中的 ![icon] /【2 点定位】按钮 ![icon]，在指令提示栏中将【复制】选项修改为"是"，将【缩放】选项修改为"三轴"，然后利用端点捕捉方式将调整后的曲面边缘线复制定位到曲线的两端，如图 8-16 所示。

（16）单击工具列中的 ![icon] /【双轨扫掠】按钮 ![icon]，在弹出的【双轨扫掠】对话框中勾选【最简扫掠】复选框，然后单击【确定】按钮，利用之前绘制的曲线形成曲面，效果如图 8-17 所示。

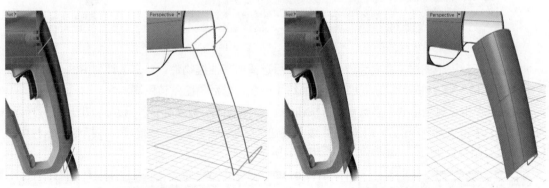

图 8-16　复制并定位曲线　　　　　　　　　图 8-17　双轨成面

（17）打开双轨曲面的 CV，激活【投影】模式。在 Front 视图中利用工具列中的 ![icon] /【单轴缩放】工具 ![icon]，分别调整中间两排 CV 的幅度，调整好的效果如图 8-18 所示。调整好后退出【投影】模式。

（18）右击工具列中的【以结构线分割曲面】按钮 ![icon]，在图 8-19 所示的位置分别以结构线分割两个曲面，然后删除图中选中的曲面。

（19）单击工具列中的 ![icon] /【放样】按钮 ![icon]，依次选择分割后曲面的曲面边缘，弹出【放样选项】对话框，【造型】设置为【标准】选项，勾选【与起始端边缘相切】和【与结束端边缘相切】复选框，放样曲面，结果如图 8-20 所示。

图 8-18　调整曲面

图 8-19　分割曲面

（20）单击工具列中的 💎/【更改曲面阶数】按钮 📐，将放样后的曲面的 U 向与 V 向都升为 5 阶。

（21）单击工具列中的 💎/【衔接曲面】按钮 👆，选择升阶后的曲面的边缘，然后再选择其搭接的曲面边缘，在弹出的【衔接曲面】对话框中【连续性】选择【曲率】，【结构线方向调整】选择【与目标结构线方向一致】，衔接后的效果如图 8-21 所示。

图 8-20　放样成面

图 8-21　衔接曲面效果

（22）新建一个图层，命名为"曲线"。然后选择所有曲线物件，单击工具列中的 🗂/【更改物件图层】按钮 🗂，将曲线物件更改到【曲线】图层，然后再隐藏该图层。

（23）单击工具列中的【多重直线】按钮 ⋀，参照底图造型绘制一条折线，如图 8-22 所示。

（24）单击工具列中的 ⌐/【偏移曲线】按钮 ⌐，选择折线来生成偏移，在指令提示栏中将【距离】选项修改为"2"，偏移效果如图 8-23 所示。

图 8-22　绘制折线

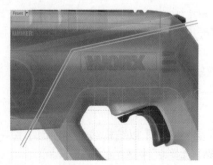

电钻建模 -3

图 8-23　偏移曲线

（25）单击工具列中的【曲线圆角】按钮 ⌐，将两条折线分别倒圆角，圆角半径大小分别为"9"与"7"，圆角效果如图 8-24 所示。

（26）单击工具列中的 ◈/【偏移曲面】按钮 ◈，将目前场景中的 3 个曲面分别向内偏移"1"个单位，指令提示栏的【松弛】选项修改为"是"，偏移后的效果如图 8-25 所示。

（27）单击工具列中的 ◈/【衔接曲面】按钮 ◈，将偏移后的曲面光顺衔接，在弹出的【衔接曲面】对话框中选择【连续性】为【曲率】，【结构线方向调整】为【与目标结构线方向一致】。

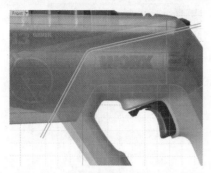

图 8-24　圆角曲线

图 8-25　偏移曲面

（28）单击工具列中的 ◈/【直线挤出】按钮 ◈，指令提示栏中【两侧】选项修改为"是"，将第（25）步倒圆角后的折线挤出成面，如图 8-26 所示。

（29）单击工具列中的【分割】按钮 ◈，将偏移前后的曲面用第（28）步的挤出曲面分割开，再倒过来用偏移的曲面分割挤出的曲面，然后删除多余的曲面，形成凹槽效果，如图 8-27 所示。

图 8-26　挤出成面

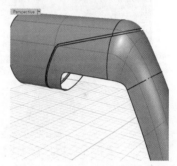

图 8-27　分割曲面后删除多余的面

（30）新建一个图层，命名为"电钻主体前部"，然后选择图 8-28 所示的曲面，单击工具列中的 ◈/【更改物件图层】按钮 ◈，将曲线物件更改到【电钻主体前部】图层，然后再隐藏该图层。

（31）删除一侧的分割后的面。

（32）单击工具列中的【多重直线】按钮 ◈，参照底图造型绘制一条直线，如图 8-29 所示。

图 8-28　选择曲面并更换图层

图 8-29　绘制直线

（33）将直线复制一份，然后移动到图 8-30 所示的位置，并微调直线两端 CV 使之与底图倾斜角度相同。

（34）单击工具列中的 🔲/【放样】按钮 🖉，弹出【放样选项】对话框，【造型】设置为【松弛】选项，放样曲面，结果如图 8-31 所示。

图 8-30　复制直线并调整位置

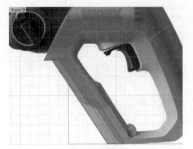

图 8-31　放样曲面

（35）右击工具列中的【以结构线分割曲面】按钮 ⬛，参照图 8-32 所示的结果分别以结构线分割两个曲面，并删除分割后多余的曲面。

（36）单击工具列中的 🔲/【可调式混接曲线】按钮 😄，在弹出的【调整曲线混接】对话框中，【连续性】选择【曲率】，在分割后的曲面边缘间生成混接曲线，如图 8-33 所示。

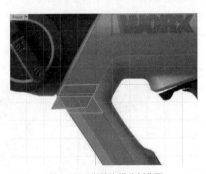

图 8-32　以结构线分割曲面

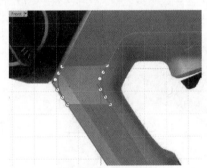

图 8-33　混接曲线

（37）单击工具列中的 🔲/【以二、三或四个边缘曲线建立曲面】按钮 🔲，以混接曲线与两侧的曲面边缘形成曲面，如图 8-34 所示。

（38）将做好的面沿着世界坐标系的 x 轴镜像一份。

（39）单击工具列中的 🔲/【显示边缘】按钮 ❖，显示图 8-35 所示的曲面边缘状态。目前曲面的边缘是自动分割开的，这是由于修剪曲面时使用曲线的为组合，所以在曲线分段位置会保留分割点。

电钻建模 -4

图 8-34　四边成面

图 8-35　显示边缘

（40）单击工具列中的 /【放样】按钮 ，选择图 8-36 所示的曲面边缘，弹出【放样选项】对话框，将【造型】选项设置为【标准】，放样曲面，结果如图 8-37 所示。

图 8-36　选择边缘

图 8-37　放样曲面

（41）打开放样曲面的 CV，选择中间两排的 CV，在 Front 视图中参考底图向下调整 CV，如图 8-38 所示。

（42）单击工具列中的 /【放样】按钮 ，选择图 8-39 所示的两条曲面边缘，弹出【放样选项】对话框，将【造型】设置为【标准】，放样曲面，结果如图 8-40 所示。

图 8-38　向下调整 CV

图 8-39　选择边缘

（43）打开放样曲面的 CV，选择中间两排的 CV，在 Front 视图中参考底图调整 CV，如图 8-41 所示。

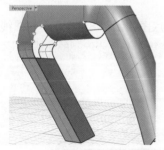

图 8-40　放样曲面

图 8-41　参考底图调整 CV

（44）单击工具列中的 /【抽离结构线】按钮 ，参考底图抽离图 8-42 所示的一条结构线。

（45）单击工具列中的【多重直线】按钮 ，绘制图 8-43 所示的直线。

（46）单击工具列中的【修剪】按钮 ，利用结构线与直线修剪曲面，效果如图 8-44 所示。要是修剪不掉曲面，可以利用 【曲线工具】子工具列中的【延伸曲线】工具 适当延长结构线的长度。

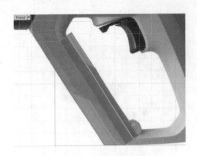

图 8-42 抽离结构线

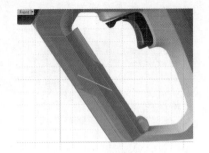

图 8-43 绘制直线

（47）打开曲面的 CV，在 Right 视图中，利用操作轴单轴缩放中间两排的 CV 宽度，并观察修剪曲面修剪出的状态，直到修剪边缘达到图 8-45 所示的状态。

 要点提示

这里先将曲面修剪掉后再调整曲面的 CV，可以很直观地看到曲面修剪边的变化，这里需要将修剪边的宽度适当调整大一些，这样和后面手柄的宽度相差才不那么大。

（48）调整好后可以删除抽离的结构线与直线。

图 8-44 修剪曲面

图 8-45 缩放 CV 宽度

（49）单击工具列中的【控制点曲线】按钮，参考底图绘制图 8-46 所示的曲线。

（50）单击工具列中的 /【直线挤出】按钮，选择第（49）步绘制的曲线，指令提示栏中【两侧】选项修改为"是"，挤出效果如图 8-47 所示。

图 8-46 绘制曲线

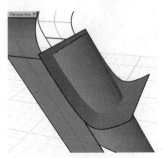

图 8-47 挤出成面

（51）单击工具列中的 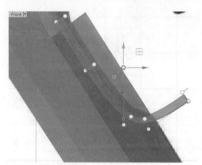 /【更改曲面阶数】按钮 ^{DEG}，将挤出的面 U 向与 V 向都升为 3 阶。

（52）选中中间两排 CV，单击工具列中的 /【UVN 移动】按钮，将选中的 CV 沿 N 向向外调整。

（53）激活状态栏的【记录建构历史】选项，然后选中两个曲面，单击工具列中的 /【物件交集】按钮，求取两个曲面的交线，如图 8-48 所示。

（54）再次调整挤出曲面的中间两排 CV，并观察交线的变化与底图的造型，直到交线与曲面轮廓都与底图吻合，效果如图 8-49 所示。

图 8-48　调整曲面

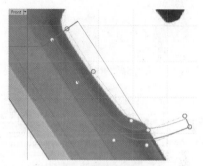
图 8-49　调整曲面造型

（55）单击工具列中的【修剪】按钮，将调整好的曲面与相交的曲面互相修剪，结果如图 8-50 所示。

（56）单击工具列中的 /【放样】按钮，利用图 8-51 所示的曲面边缘放样形成曲面。

图 8-50　曲面互相修剪

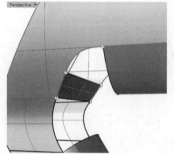
图 8-51　放样形成曲面

电钻建模 -5

（57）打开曲面的 CV，参考图 8-52 调整曲面中间两排的 CV。

（58）右击工具列中的【以结构线分割曲面】按钮，在图 8-53 所示的位置分割曲面，删除多余的一侧曲面，再将剩下的曲面沿着世界坐标系 x 轴镜像一份。

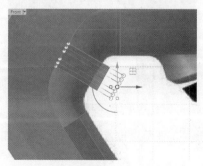
图 8-52　调整曲面中间两排 CV

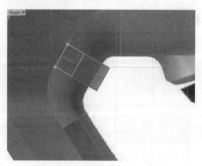
图 8-53　以结构线分割曲面

（59）单击工具列中的 /【放样】按钮 ，利用图 8-54 所示的曲面边缘放样成面。

（60）打开曲面的 CV，参考图 8-55 调整曲面中间两排的 CV。

图 8-54 放样成面

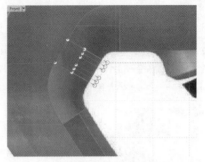

图 8-55 调整曲面 CV

（61）单击工具列中的 /【可调式混接曲线】按钮 ，在弹出的【调整曲线混接】对话框中将【连续性】选项设置为【曲率】，生成图 8-56 所示的曲线。

（62）单击工具列中的 /【以二、三或四个边缘曲线建立曲面】按钮 ，以曲面边缘与混接曲线形成曲面，效果如图 8-57 所示。

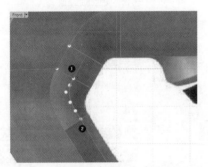

图 8-56 混接曲线

图 8-57 四边成面

（63）单击工具列中的 /【抽离结构线】按钮 ，抽离图 8-58 所示的结构线。

（64）单击工具列中的 /【可调式混接曲线】按钮 ，弹出的【调整曲线混接】、对话框中【连续性】选项设置为【曲率】，生成图 8-59 所示的曲线。

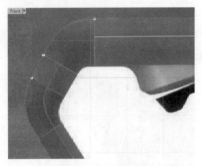

图 8-58 抽离结构线

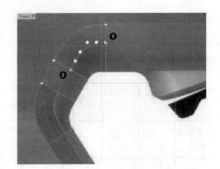

图 8-59 混接曲线

（65）单击工具列中的 / /【分割边缘】按钮 ，在节点位置分割曲面边缘，如图 8-60 所示。

（66）单击工具列中的 .../【以二、三或四个边缘曲线建立曲面】按钮 ，以曲面边缘与混接曲线形成曲面，效果如图 8-61 所示。

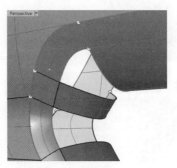

图 8-60　分割曲面边缘　　　　　　　　图 8-61　四边成面（一）

（67）将做好的 2 个四边曲面沿着世界坐标系的 x 轴镜像一份。

（68）单击工具列中的 /【以二、三或四个边缘曲线建立曲面】按钮 ，以曲面边缘形成曲面，如图 8-62 所示。

（69）单击工具列中的 /【衔接曲面】按钮 ，将做好的四边曲面的边缘与相接的面做衔接，在弹出的【衔接曲面】对话框中，将【连续性】选项修改为【曲率】，【结构线方向调整】选项修改为【与目标结构线方向一致】，两端都衔接一下，衔接后的效果如图 8-63 所示。

图 8-62　四边成面（二）　　　　　　　图 8-63　衔接曲面（一）

（70）单击工具列中的 /【以二、三或四个边缘曲线建立曲面】按钮 ，以曲面边缘形成曲面，如图 8-64 所示。

（71）单击工具列中的 /【衔接曲面】按钮 ，将做好的四边曲面的边缘与相接的面做衔接，在弹出的【衔接曲面】对话框中，将【连续性】选项修改为【曲率】，【结构线方向调整】选项修改为【与目标结构线方向一致】，两端都衔接一下，衔接后的效果如图 8-65 所示。

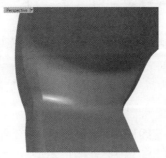

图 8-64　四边成面（三）　　　　　　　图 8-65　衔接曲面（二）

电钻建模 -6

（72）单击工具列中的 /【放样】按钮 ，利用图 8-66 所示的曲面边缘形成放样面。

（73）打开曲面的 CV，参考图 8-67 调整曲面中间两排的 CV。

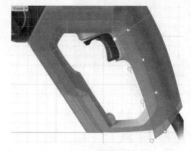

电钻建模 -7

图 8-66　放样成面　　　　　　　　图 8-67　调整曲面

（74）单击工具列中的 /【以二、三或四个边缘曲线建立曲面】按钮 ，以曲面边缘形成曲面，如图 8-68 所示。

（75）单击工具列中的 【衔接曲面】按钮 ，将做好的四边曲面的边缘与相接的面做衔接，在弹出的【衔接曲面】对话框中，将【连续性】选项修改为【曲率】，【结构线方向调整】选项修改为【与目标结构线方向一致】，两端都衔接一下，衔接后的效果如图 8-69 所示。

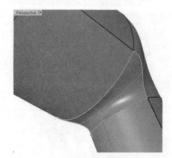

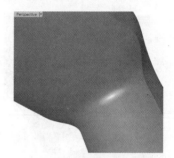

图 8-68　四边成面（四）　　　　　　图 8-69　衔接曲面（三）

（76）右击工具列中的【以结构线分割曲面】按钮 ，在图 8-70 所示的位置分割并调整好曲面，然后将分割出来的下面的一小块曲面删除。

（77）单击工具列中的【多重直线】按钮 ，结合端点捕捉方式绘制图 8-71 所示的直线。

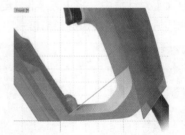

电钻建模 -8

图 8-70　分割并整理曲面　　　　　　图 8-71　绘制直线

（78）将绘制好的直线移动并复制到图 8-72 所示的位置。

（79）单击工具列中的 /【放样】按钮 ，利用两条直线放样成面，如图 8-73 所示。

图 8-72　复制直线

图 8-73　放样成面

（80）单击工具列中的 /【衔接曲面】按钮 ，将放样形成的曲面边缘与相接的面做衔接，在弹出的【衔接曲面】对话框中，将【连续性】选项修改为【位置】，【结构线方向调整】选项修改为【维持结构线方向】，衔接后的效果如图 8-74 所示。

（81）激活捕捉辅助栏的投影模式，绘制图 8-75 所示的两条直线。

图 8-74　衔接曲面

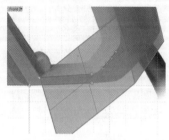

图 8-75　绘制直线

（82）单击工具列中的 /【可调式混接曲线】按钮 ，在弹出的【调整曲线混接】对话框中将【连续性】选项设置为【曲率】，生成图 8-76 所示的曲线。

（83）单击工具列中的【控制点曲线】按钮 ，绘制图 8-77 所示的线条。

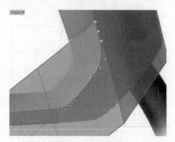

图 8-76　混接曲线

图 8-77　绘制线条

（84）单击工具列中的【修剪】按钮 ，用绘制好的曲线修剪曲面，效果如图 8-78 所示。再将修剪后的曲面沿世界坐标系的 x 轴镜像一份。

（85）单击工具列中的 /【直线挤出】按钮 ，在指令提示栏中【两侧】选项修改为"是"，然后再将第（83）步中绘制的曲线挤出成面，效果如图 8-79 所示。

（86）单击工具列中的【修剪】按钮 ，利用相邻的曲面修剪挤出面，效果如图 8-80 所示。

（87）选择所有曲线，将曲线物件改变到隐藏的【曲线】图层内。

（88）单击工具列中的 /【放样】按钮 ，然后用图 8-81 所示的两对边缘放样成两个面。

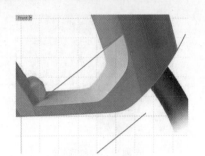

图 8-78　修剪曲面

图 8-79　挤出成面

图 8-80　修剪挤出面

图 8-81　放样成面

电钻建模 -9

（89）打开曲面的 CV，参考图 8-82 所调整曲面中间两排的 CV。

（90）单击工具列中的 ▦ /【以二、三或四个边缘曲线建立曲面】按钮 ▦，以曲面边缘形成两个曲面，如图 8-83 所示。

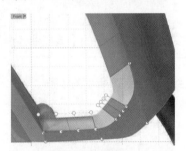

图 8-82　调整曲面

图 8-83　四边成面

（91）单击工具列中的 ▦ /【衔接曲面】按钮 ▦，将做好的四边面的边缘与相接的面做衔接，在弹出的【衔接曲面】对话框中，将【连续性】选项修改为【曲率】，【结构线方向调整】选项修改为【与目标结构线方向一致】，两端都衔接一下，衔接后的效果如图 8-84 所示。

（92）单击工具列中的 ▦ /【抽离结构线】按钮 ▦，抽离图 8-85 所示的结构线。

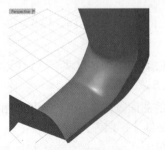

图 8-84　衔接曲面

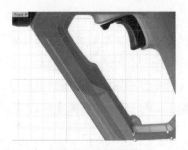

图 8-85　抽离结构线

（93）单击工具列中的 /【延伸曲线】按钮 ，将抽离的结构线延长，如图 8-86 所示。

（94）单击工具列中的【修剪】按钮 ，利用延长的线条修剪其下的曲面，效果如图 8-87 所示。

图 8-86　延长抽离的结构线

图 8-87　利用延长的线条修剪曲面

电钻建模 -10

（95）绘制图 8-88 所示的直线。

（96）单击工具列中的【修剪】按钮 ，利用直线修剪曲面，效果如图 8-89 所示。

图 8-88　绘制直线

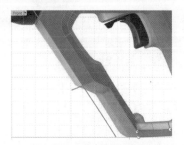

图 8-89　利用直线修剪曲面

（97）利用【建立曲面】子工具列 中的【放样】工具 使第（95）步绘制的直线形成图 8-90 所示的两个曲面。

（98）打开曲面的 CV，参考图 8-91 调整曲面中间两排的 CV。

图 8-90　放样成面

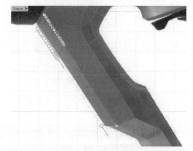

图 8-91　调整曲面

（99）单击工具列中的 /【复制边缘】按钮 ，复制图 8-92 所示的曲面边缘。

（100）将复制的边缘调整到图 8-93 所示的位置。

（101）单击工具列中的 /【放样】按钮 形成图 8-94 所示的曲面。

（102）单击工具列中的 /【复制边缘】按钮 复制图 8-95 所示的曲面边缘。

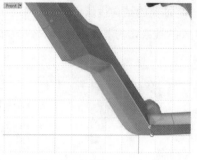

图 8-92 复制曲面边缘（一）

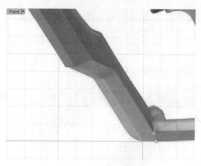

图 8-93 调整位置

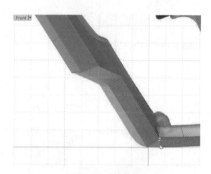

图 8-94 放样成面

图 8-95 复制曲面边缘（二）

（103）单击工具列中的 📐/【2 点定位】按钮 ◈，将指令提示栏中的【复制】选项修改为"是"，【缩放】选项修改为"三轴"，然后利用端点捕捉方式将调整后的曲面边缘线复制定位到图 8-96 所示的位置。

（104）单击工具列中的 📄/【以二、三或四个边缘曲线建立曲面】按钮 📄，利用曲面边缘与复制的曲线形成曲面，如图 8-97 所示。

图 8-96 2 点定位

图 8-97 四边成面

（105）将第（103）~（104）步做好的面沿世界坐标系 x 轴镜像一份。

（106）利用 📄【建立曲面】子工具列中的【放样】按钮 📄 形成图 8-98 所示的曲面。

（107）打开曲面的 CV，参考图 8-99 调整曲面中间的两排 CV。

（108）单击工具列中的 📄/【以二、三或四个边缘曲线建立曲面】按钮 📄，利用曲面边缘形成曲面，如图 8-100 所示。

（109）右击工具列中的【以结构线分割曲面】按钮 📐，将图 8-101 所示的两个曲面分别以结构线分割开，然后删除小块的面。

图 8-98　放样成面

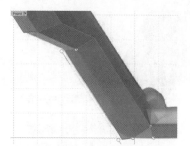

图 8-99　调整曲面

图 8-100　四边成面

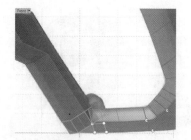

图 8-101　分割曲面

（110）单击工具列中的 ↷ /【可调式混接曲线】按钮 ，在弹出的【调整曲线混接】对话框中将【连续性】选项设置为【曲率】，生成图 8-102 所示的曲线。

（111）将混接的曲线沿世界坐标系 x 轴镜像后，再单击工具列中的 /【以二、三或四个边缘曲线建立曲面】按钮 ，利用曲面边缘与复制的曲线形成曲面，如图 8-103 所示。

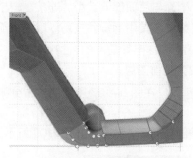

图 8-102　混接曲线

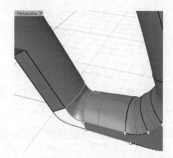

图 8-103　利用曲面边缘和复制的曲线四边成面

（112）单击工具列中的 /【衔接曲面】按钮 ，将做好的四边面的边缘与相接的面做衔接，在弹出的【衔接曲面】对话框中，将【连续性】选项修改为【曲率】，【结构线方向调整】选项修改为【与目标结构线方向一致】，两端都衔接一下，衔接后的效果如图 8-104 所示。

（113）其余面也依次利用【建立曲面】子工具列 中的【以二、三或四个边缘曲线建立曲面】工具 形成曲面，效果如图 8-105 所示。

（114）单击【曲面工具】子工具列 /【衔接曲面】工具 将做好的面与相接的面光顺衔接，此时把手的着色效果如图 8-106 所示。

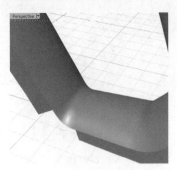

图 8-104　衔接曲面

图 8-105　四边成面

图 8-106　着色效果

8.2 构建电钻主体前部

电钻主体前部由一个倾斜的线条分割开，这个倾斜设计使电钻的造型更具动感与冲击力。这里对"面"的处理会稍微难一些，尤其是倾斜的分割面与后面部分造型的连接是一个光滑到转折的变化。这就涉及一个渐消面的调整，需要读者好好体会其中的操作技巧。现在将前面隐藏的【电钻主体前部】图层显示出来，以此图层的面为基础来制作电钻前部的造型。

（1）显示【电钻主体前部】图层的物件，并设置为当前图层。

（2）右击工具列中的【以结构线分割曲面】按钮，在图 8-107 所示的位置分割曲面，然后删除分割后的小部分的面。

（3）绘制一条直线，用直线剪掉前部与后部凹槽部分的面，效果如图 8-108 所示。

图 8-107　分割曲面

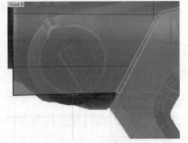

图 8-108　修剪曲面

电钻建模 -11

（4）单击工具列中的 ⌐/【可调式混接曲线】按钮，选择两对曲面边缘形成混接曲线，在【调整曲线混接】对话框中，将【连续性】选项设置为【曲率】，生成的两条曲线如图 8-109 所示。

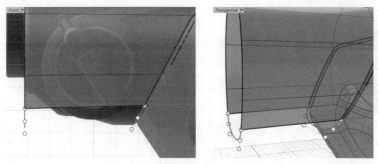

图 8-109　混接曲线（一）

（5）单击工具列中的　/【以二、三或四个边缘曲线建立曲面】按钮　，以混接曲线与相接的曲面边缘形成曲面，效果如图 8-110 所示。

（6）单击工具列中的　/【可调式混接曲线】按钮　，另选择两对曲面边缘形成混接曲线，在【调整曲线混接】对话框中，将【连续性】选项设置为【曲率】，生成的两条曲线如图 8-111 所示。

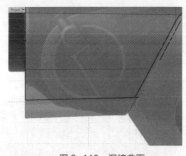
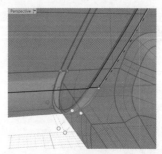

图 8-110　混接曲面　　　　　　　　　图 8-111　混接曲线（二）

（7）单击工具列中的【多重直线】按钮　，结合端点与垂点捕捉方式绘制图 8-112 所示的直线。

（8）利用【建立曲面】子工具列　中的【放样】工具　与【以二、三或四个边缘曲线建立曲面】工具　补齐这里的曲面，效果如图 8-113 所示。

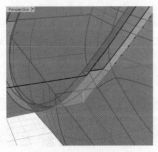
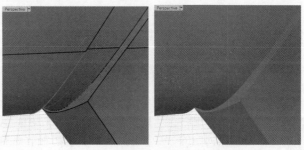

图 8-112　绘制直线　　　　　　　　　图 8-113　曲面效果

（9）将【电钻主体后部】图层隐藏起来。

（10）单击工具列中的【多重直线】按钮　，绘制图 8-114 所示的 3 条直线。

（11）单击工具列中的【投影曲线】按钮　，在 Front 视图中将 3 条直线投影到其下的曲面上，效果如图 8-115 所示。

图 8-114　绘制直线

图 8-115　投影曲线

（12）单击工具列中的【组合】按钮 🧩，将投影曲线组合起来。

（13）单击工具列中的 ⌐ /【重建曲线】按钮 🚴，将组合后的曲线重建一下，在【重建】对话框中观察【最大偏差值】的数据，以此来调整创建以后的【点数】，建议将偏差值控制在 "0.03" 以下，如图 8-116 所示。

（14）单击工具列中的【修剪】按钮 🛴，用最下边的直线修剪曲面，效果如图 8-117 所示，再将 3 条直线隐藏起来。

图 8-116　重建曲线

图 8-117　修剪曲面

（15）利用【缩放】子工具列 🎲 中的【单轴缩放】按钮 ▯ 或操作轴将重建后的 3 条曲线调整一下，中间的曲线在 Perspective 视图宽度调整稍微宽一些。

（16）单击工具列中的 🔲 /【放样】按钮 🏹，利用调整后的 3 条曲线两两一组形成放样曲面，效果如图 8-118 所示。

（17）右击工具列中的【以结构线分割曲面】按钮 🛴，结合端点捕捉方式在图 8-119 所示的位置分割放样形成的曲面中位于下方的曲面，对面也要分割开，变成 3 块曲面。

（18）单击工具列中的 🖌 /【缩回已修剪曲面】按钮 🔲，将分割后的 3 块曲面缩回。

（19）单击工具列中的 🖌 /【衔接曲面】按钮 🖐，选择分割后的前部曲面的边缘，然后再选择其搭接的曲面边缘，在弹出的【衔接曲面】对话框中，将【连续性】选项修改为【曲率】，【结构线方向调整】选项修改为【维持结构线方向】，衔接前后的着色效果对比如图 8-120 所示。

（20）再次利用【衔接曲面】工具，将后部的曲面边缘以前部的边缘衔接到【曲率】连续。衔接前后的着色效果对比如图 8-121 所示。

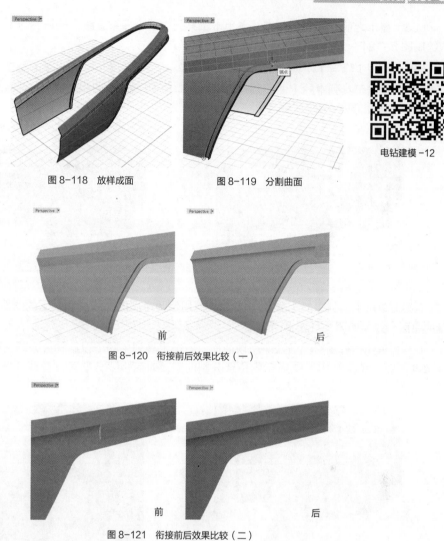

图 8-118　放样成面　　　　图 8-119　分割曲面

电钻建模 -12

前　　　　　　　　后

图 8-120　衔接前后效果比较（一）

前　　　　　　　　后

图 8-121　衔接前后效果比较（二）

（21）当前后部曲面的变化太过急剧，可以通过调整曲面上的 CV 来使转折平滑些，打开曲面的 CV，结合点捕捉方式绘制图 8-122 所示的参考线。

（22）利用捕捉将参考线附近的曲面 CV 调整到直线上，调整后的曲面着色效果如图 8-123 所示。

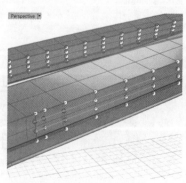

图 8-122　绘制参考线

图 8-123　曲面着色效果

（23）显示之前隐藏的 3 条直线，单击工具列中的【多重直线】按钮 ⊿，结合最近点捕捉方式绘制图 8-124 所示的直线。

（24）利用【修剪】工具 ⊿ 修剪曲线。

（25）单击工具列中的【曲线圆角】按钮 ⌐，将修剪后的曲线倒圆角，半径大小分别为 "9" 与 "7"，效果如图 8-125 所示。

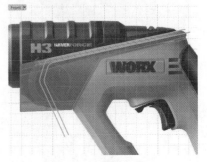

图 8-124　绘制直线　　　　　　　　　　　　图 8-125　曲线倒圆角

（26）单击工具列中的【分割】按钮 ⊿，用倒圆角后的曲线分割其下的曲面，然后删除最左侧的曲面，效果如图 8-126 所示。

（27）再删除分割后的前端一小块曲面，右击工具列中的【以结构线分割曲面】按钮 ⊿，结合端点捕捉方式在图 8-127 所示的位置分割曲面，对面也要分割开，变成 3 块曲面，再删除左侧一小块曲面。

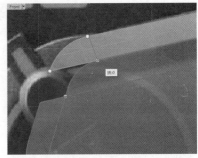

图 8-126　分割曲面并删除最左侧曲面　　　　　　图 8-127　分割曲面

（28）切换到 Perspective 视图，利用操作轴将图 8-128 所示的 3 个曲面的宽度调整得稍微窄一些。

（29）单击工具列中的 ⊿/【复制边缘】按钮 ◇，复制出调整后的曲面的左侧边缘，如图 8-129 所示，然后再删除调整后的曲面。

电钻建模 -13

图 8-128　调整曲面　　　　　　　　图 8-129　复制边缘

（30）打开复制后的曲线的 CV，选中下部的 CV，然后激活捕捉辅助栏的投影模式。再单击工具列中的 /【单轴缩放】按钮 ，结合点捕捉模式将选中的 CV 沿着原始的倾斜角度单轴缩小一些，如图 8-130 所示。

（31）单击工具列中的 /【可调式混接曲线】按钮 ，在弹出的【调整曲线混接】对话框中将【连续性】选项设置为【曲率】，生成图 8-131 所示的曲线。

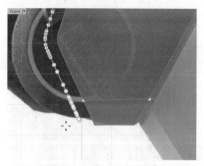

图 8-130　调整曲线 CV

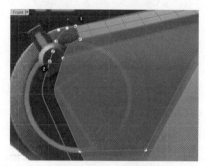

图 8-131　混接曲线

（32）单击工具列中的 /【放样】按钮 ，利用曲面边缘与混接曲线形成曲面，效果如图 8-132 所示。

（33）单击工具列中的 /【直线挤出】按钮 ，将图 8-133 所示的曲面边缘单向挤出成面，挤出方向和长度任意。

图 8-132　放样成面

图 8-133　挤出成面

（34）单击工具列中的 /【衔接曲面】按钮 ，选择挤出曲面的边缘，然后再选择对应的曲线，将曲面边缘衔接到曲线，效果如图 8-134 所示。

（35）单击工具列中的 /【放样】按钮 ，利用下面的曲面边缘与对应的曲线形成曲面，效果如图 8-135 所示。

（36）将做好的面沿世界坐标系 x 轴镜像，临时显示【电钻主体后部】图层的内容，此时曲面着色效果如图 8-136 所示。

（37）绘制图 8-137 所示的两条直线。

（38）单击工具列中的 /【以平面曲线建立曲面】按钮 ，以直线与相接的曲面边缘分别形成两个平面，效果如图 8-138 所示。

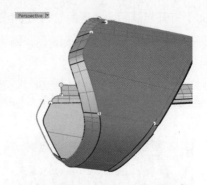

图 8-134　衔接效果　　　　　　　　图 8-135　利用曲面边缘与对应的曲线放样成面

图 8-136　着色效果　　　　　　　　　　图 8-137　绘制直线

（39）单击工具列中的 ◢ /【放样】按钮 ◣，利用曲面边缘形成面，效果如图 8-139 所示。

图 8-138　平面成面　　　　　　　　　　图 8-139　放样成面

（40）单击工具列中的【控制点曲线】按钮 ◝，参考底图绘制图 8-140 所示的曲线。

（41）单击工具列中的 ◝ /【偏移曲线】按钮 ◞，将绘制好的曲线偏移"2"个单位，如图 8-141 所示。

电钻建模 -14

图 8-140　绘制曲线　　　　　　　　　　图 8-141　偏移曲线

（42）单击【标准】工具列中的 💡/【隐藏未选取的物件】按钮 💡，仅显示尾部把手部位的两个曲面和刚绘制好的两条曲线，然后单击工具列中的 🖐/【偏移曲面】按钮 🖐，将尾部的两个曲面分别向内偏移 "1" 个单位，将指令提示栏中【松弛】选项修改为 "是"，偏移后的效果如图 8-142 所示。然后单击工具列中的 🖐/【衔接曲面】按钮 🖐，将偏移后的曲面衔接光顺，在弹出的【衔接曲面】对话框中，将【连续性】选项修改为【曲率】，【结构线方向调整】选项修改为【与目标结构线方向一致】。

（43）单击工具列中的 🔲/【直线挤出】按钮 🔲，将指令提示栏中【两侧】选项修改为 "是"，将刚绘制好的曲线挤出成面，如图 8-143 所示。

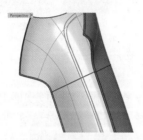

图 8-142　偏移曲面

图 8-143　挤出曲面

（44）单击工具列中的【分割】按钮 🔲，将偏移前后的曲面用挤出曲面分割开，再倒过来用偏移的曲面分割挤出的曲面，然后删除多余的曲面，形成凹槽效果，如图 8-144 所示。

（45）显示之前隐藏的物件，再参考图 8-145，仅显示这些曲面，并组合成一个对象。

图 8-144　分割曲面并删除不要的部分

图 8-145　仅显示这些曲面

（46）单击工具列中的【矩形：角对角】按钮 🔲，参考底图绘制图 8-146 所示的 3 个矩形。

（47）单击工具列中的 🔲/【直线挤出】按钮 🔲，将指令提示栏中【两侧】选项修改为 "是"，将刚绘制好的 3 个矩形挤出成面，如图 8-147 所示。

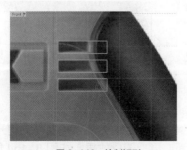

图 8-146　绘制矩形

图 8-147　挤出成面

（48）单击工具列中的 🔲/【布尔运算差集】按钮 🔲，利用挤出的面去剪组合的面，布尔差集运算结果如图 8-148 所示。

（49）显示之前隐藏的物件，做好的散热孔效果如图 8-149 所示。

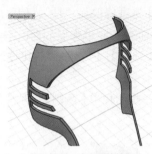

图 8-148　布尔运算差集

图 8-149　显示隐藏的物件

（50）单击【标准】工具列中的 💡 /【隐藏未选取的物件】按钮 💡 ，再仅显示图 8-150 所示的两个曲面。

（51）单击工具列中的 🔘 /【偏移曲面】按钮 🔘 ，将尾部的两个曲面分别向内偏移"1"个单位，将指令提示栏中的【松弛】选项修改为"是"，偏移后的效果如图 8-151 所示。

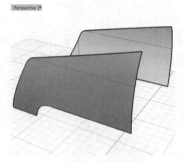

图 8-150　仅显示对象

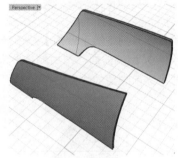

图 8-151　偏移曲面

（52）单击工具列中的 □ /【圆角矩形】按钮 🔲 ，参考底图绘制图 8-152 所示的圆角矩形。

（53）单击工具列中的 📦 /【直线挤出】按钮 📦 ，将指令提示栏中【两侧】选项修改为"是"，将刚绘制好的矩形挤出成面，如图 8-153 所示。

图 8-152　绘制圆角矩形

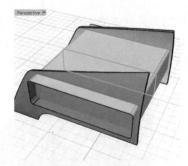

图 8-153　挤出成面

（54）单击工具列中的【分割】按钮 🔳 ，将偏移前后的曲面用挤出曲面分割开，再倒过来用偏移的曲面分割挤出的曲面，然后删除多余的曲面，形成凹槽效果，如图 8-154 所示。

（55）单击工具列中的【文字物件】按钮 🔠 ，参考图 8-155 设置【文字物件】对话框中的参数。

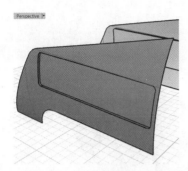

图 8-154　分割曲面并删除不要的面　　　　　　　图 8-155　【文字物件】对话框

（56）单击【确定】按钮，在 Front 视图中创建文字曲线物件，如图 8-156 所示。

（57）微调文字的间距与造型，并利用【修剪】工具 、【组合】工具 与【多重直线】工具 将曲线调整到如图 8-157 所示的状态。

图 8-156　创建文字曲线物件　　　　　　　　　　图 8-157　调整曲线

（58）单击工具列中的 /【直线挤出】按钮 ，将指令提示栏中【实体】选项修改为"是"，挤出效果如图 8-158 所示。

（59）将外侧的曲面复制一份后，右击工具列中的【取消修剪】按钮 ，将复制后的曲面中间的洞口取消修剪。然后右击工具列中的 【反转方向】按钮，将曲面的法线方向调整为向内，如图 8-159 所示。

图 8-158　将文字物件直线挤出　　　　　　　　　图 8-159　取消修剪并调整法线方向

（60）单击工具列中的 /【布尔运算差集】按钮 ，利用调整法线方向后的曲面去剪挤出后的曲面，效果如图 8-160 所示。

（61）将做好的 LOGO 物件旋转 180° 后，调整到另外一侧，再显示隐藏物件，效果如图 8-161 所示。

图 8-160 布尔运算差集

图 8-161 另一侧效果

（62）由于本案例只做这个模型的外壳，不创建内部结构，所以散热口位置在渲染时会不好处理，将内部的面取消修剪后微微向内偏移一点，挡住这里的内部空间，在渲染时就会方便很多，处理好的效果如图 8-162 所示。

图 8-162 处理散热口位置

8.3 构建电钻主体上部

构建电钻主体上部的造型难点是表面的微微转折和几个凹痕处理，微微的转折可以先忽略，做成一个整体，然后微调边缘处的 CV 来形成转折效果。而这里的凹痕用布尔运算差集命令很难得到需要的造型，需要拆分为 3 个面分别制作。

电钻建模 -15

（1）新建一个图层，命名为"电钻主体上部"，并设置为当前图层，隐藏其他图层。

（2）单击工具列中的 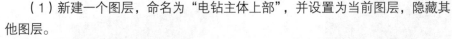/【圆：可塑形的】按钮，将指令提示栏中的【阶数】修改为"5"，【点数】修改为"10"，在 Right 视图绘制一个可塑圆，如图 8-163 所示。

（3）参考底图的轮廓，利用操作轴调整可塑圆的造型，如图 8-164 所示。

（4）单击工具列中的 /【直线挤出】按钮，将绘制的可塑圆曲线挤出成面，效果如图 8-165 所示。

（5）对挤出的曲面执行【曲面工具】/【更改曲面阶数】命令，将曲面 U 方向阶数改为 5 阶，V 方向阶数改为 3 阶。再打开曲面的 CV，参考图 8-166 调整曲面的造型。

图 8-163 绘制可塑圆

图 8-164 调整可塑圆曲线

图 8-165 挤出成面

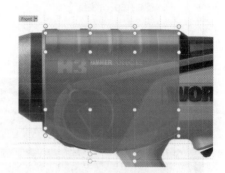

图 8-166 调整曲面造型

（6）显示之前的模型部件，查看模型之间的位置、大小关系，如图 8-167 所示。由于上部的物件后边有些大，通过调整曲面的 CV，使其与其他部件的造型趋势一致，调整效果如图 8-168 所示。

图 8-167 查看部件之间的大小

图 8-168 调整曲面造型

（7）单击工具列中的 ⑧/【物件交集】按钮 ⬡，求出调整后曲面与其相交面的交线，如图 8-169 所示。

（8）单击工具列中的 ⌐/【可调式混接曲线】按钮 ⬡，在弹出的【调整曲线混接】对话框中将【连续性】选项设置为【曲率】，生成图 8-170 所示的曲线。

（9）右击工具列中的【以结构线分割曲面】按钮 ⬡，在图 8-171 所示的结构线位置分割曲面。再单击工具列中的 ⬡/【缩回已修剪曲面】按钮 ⬡，将分割后的曲面缩回。

（10）隐藏其他图层，打开分割并缩回的曲面的 CV，如图 8-172 所示，分割后的曲面边缘有比较密集的 CV。

图 8-169　求交线

图 8-170　混接曲线

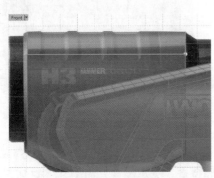

图 8-171　分割曲面

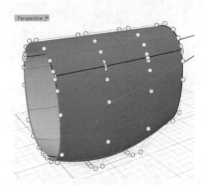

图 8-172　曲面 CV 状态

（11）选中图 8-173 所示的 3 个曲面每个曲面边缘处第二排的 CV。

（12）按 Delete 键，删除第（11）步选中的 CV，删除后的效果如图 8-174 所示。

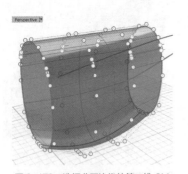

图 8-173　选择曲面边缘处第二排 CV

图 8-174　删除选中 CV 后的效果

（13）选中图 8-175 所示的曲面边缘处的 CV。

（14）利用操作轴，沿着世界坐标系的 y 轴单轴微微放大 CV 的间距，使曲面直接形成微微转折的效果，如图 8-176 所示。

（15）右击工具列中的【以结构线分割曲面】按钮 ，在图 8-177 所示的结构线位置分割曲面，再删除中间的小面。

（16）单击工具列中的 /【抽离结构线】按钮 ，抽离图 8-178 所示位置的结构线。

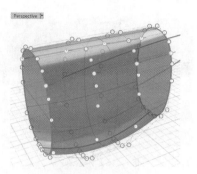

图 8-175　选择曲面边缘处 CV

图 8-176　调整后的效果

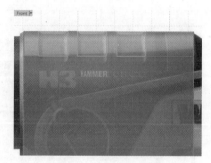

图 8-177　分割曲面

图 8-178　抽离结构线

（17）单击工具列中的【单点】按钮 ，结合最近点捕捉方式在图 8-179 所示的位置放置点物件，然后将点物件与抽离的结构线沿着世界坐标系的 x 轴镜像。

（18）单击工具列中的 /【复制边缘】按钮 ，复制出图 8-180 所示的曲面边缘。

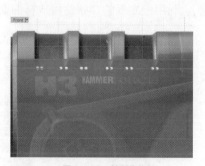

图 8-179　放置点物件

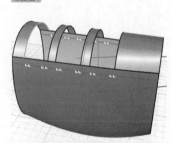

图 8-180　复制边缘

（19）单击工具列中的 /【2 点定位】按钮 ，将指令提示栏中的【复制】选项修改为"是"，【缩放】选项修改为"三轴"，然后利用点捕捉方式将复制的曲面边缘线复制定位到对应的两个点上，如图 8-181 所示。

（20）单击工具列中的 /【单轴缩放】按钮 ，激活捕捉辅助栏里的投影模式。在 Front 视图中，结合端点与四分点捕捉方式调整曲线高度，调整好的效果如图 8-182 所示。调整好后取消【投影】模式。

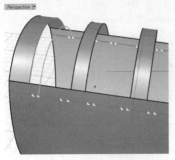

图 8-181　复制定位对象

图 8-182　调整曲线

（21）以相同方式复制并定位其他曲线，如图 8-183 所示。

（22）利用点修剪抽离的结构线，如图 8-184 所示。

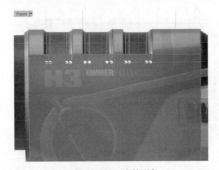

图 8-183　定位对象

图 8-184　抽离结构线

（23）单击工具列中的 ▨ /【以二、三或四个边缘曲线建立曲面】按钮 ▦ ，利用定位后的曲线与修剪后的曲线，分别形成图 8-185 所示的 3 个面。

（24）单击工具列中的 ▨ /【放样】按钮 ◪ 。利用最左侧的 3 条曲线形成曲面。在弹出的【放样选项】对话框中，将【造型】选项设置为【松弛】。利用最左侧的 3 条曲线放样曲面，结果如图 8-186 所示。

图 8-185　四边成面

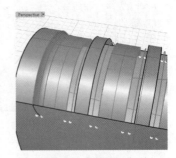

图 8-186　放样成面（一）

（25）以相同的方式形成另外一个放样曲面，如图 8-187 所示。

（26）单击工具列中的 ◈ /【延伸曲面】按钮 ▱ ，将两个放样曲面的两端都延长"1"个单位，效果如图 8-188 所示。

（27）单击工具列中的【修剪】按钮 ✂ ，曲面之间相互修剪，得到图 8-189 所示的结果。

（28）以相同的方式形成另外两个凹面，效果如图 8-190 所示。

图 8-187　放样成面（二）

图 8-188　延伸成面

图 8-189　修剪曲面

图 8-190　凹面效果

（29）单击工具列中的 / /【分割边缘】按钮 ，结合端点捕捉方式在图 8-191 所示的位置分割曲面边缘。

（30）单击工具列中的【单点】按钮 ，结合最近点捕捉方式在图 8-192 所示的位置放置点物件。然后将点物件沿着世界坐标系的 x 轴镜像。

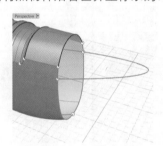

图 8-191　分割曲面边缘

图 8-192　放置点物件

（31）单击工具列中的【分割】按钮 ，利用点物件分割所处的曲线。

（32）将分割后的曲线后部复制一份后，参考底图调整大小与位置，如图 8-193 所示。

（33）单击工具列中的 /【放样】按钮 ，选择分割后的曲线与其复制曲线，在弹出的【放样选项】对话框中设置【造型】选项为【标准】，放样曲线结果如图 8-194 所示。

图 8-193　利用点物件分割曲线

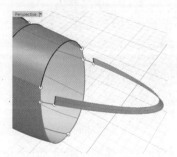

图 8-194　放样成面（三）

（34）单击工具列中的 🔲 / 🔲 /【分割边缘】按钮 🔲，结合中点捕捉方式在图 8-195 所示的位置分割曲面边缘。

（35）单击工具列中的 🔲 /【放样】按钮 🔲，选择分割后的曲面边缘，在弹出的【放样选项】对话框中将【造型】选项设置为【标准】，放样曲面结果如图 8-196 所示。

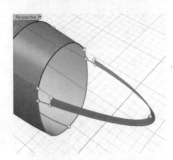

图 8-195　分割曲面边缘

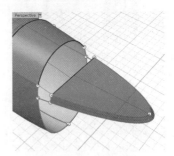

图 8-196　放样成面（四）

（36）打开放样曲面的 CV，调整中间两排 CV（除去尾部收敛点的 CV），使其造型如图 8-197 所示。

（37）单击工具列中的 🔲 /【放样】按钮 🔲，选择曲面边缘，在弹出的【放样选项】对话框中将【造型】选项设置为【松弛】，放样曲面结果如图 8-198 所示。

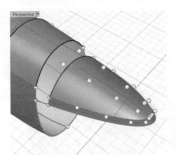

图 8-197　调整曲面造型

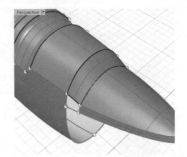

图 8-198　放样成面（五）

（38）单击工具列中的 🔲 /【以二、三或四个边缘曲线建立曲面】按钮 🔲，利用曲面边缘与曲线，形成图 8-199 所示的四边曲面。然后将四边曲面沿着世界坐标系的 x 轴镜像。

（39）单击工具列中的 🔲 /【复制边缘】按钮 🔲，复制出图 8-200 所示的曲面边缘。

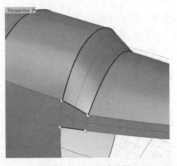

图 8-199　四边曲面

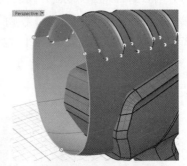

图 8-200　复制边缘

（40）调整复制的边缘的位置与大小到图 8-201 所示的状态。

（41）单击工具列中的 ![]/【放样】按钮![]，选择复制的边缘与对应的原始边缘，在弹出的【放样选项】对话框中将【造型】选项设置为【松弛】，放样曲面效果如图 8-202 所示。

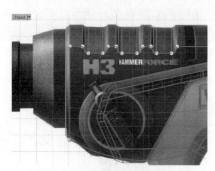

图 8-201　调整曲线位置与大小

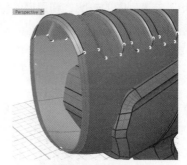

图 8-202　放样成面（六）

（42）单击工具列中的 ![]/【以平面曲线建立曲面】按钮![]，利用调整后的曲面边缘成面，效果如图 8-203 所示。

（43）单击【标准】工具列中的【着色】按钮![]，查看目前建模的效果状态，着色效果如图 8-204 所示。

图 8-203　以平面曲线建立曲面

图 8-204　着色效果

（44）新建一个图层，命名为"电钻钻头"，并设置为当前图层，然后隐藏其他图层。

（45）单击工具列中的【多重直线】按钮![]，绘制图 8-205 所示的线段。注意，先绘制一条对称旋转轴，剖面左侧的位置有凹陷，在底图上看不到，要依据其他角度的照片理解这里的造型。

（46）单击工具列中的 ![]/【旋转成形】按钮![]，沿着旋转轴旋转剖面线形成曲面，效果如图 8-206 所示。

电钻建模 -16

电钻建模 -17

图 8-205　绘制线段

图 8-206　旋转曲面

（47）单击工具列中的⊙/【圆：可塑形的】按钮⊙，将指令提示栏中的【阶数】修改为"5"，【点数】修改为"10"，在 Right 视图绘制一个可塑圆，如图 8-207 所示。

（48）参考底图的轮廓，利用操作轴调整可塑圆的造型，如图 8-208 所示。

图 8-207　绘制可塑圆

图 8-208　调整可塑圆

（49）切换到 Front 视图，将调整好的可塑圆复制一份，然后调整其位置和大小到图 8-209 所示的状态。

（50）单击工具列中的 ✿/【放样】按钮✿，在指令提示栏中完成"移动曲线接缝点，按 Enter 完成"步骤时单击【原本的】选项，在弹出的【放样选项】对话框中将【造型】选项设置为【标准】，放样曲面结果如图 8-210 所示。

图 8-209　复制并调整可塑圆

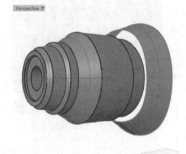

图 8-210　调整曲面造型

（51）单击工具列中的 ✿/【直线挤出】按钮🎁，将曲线挤出成面，效果如图 8-211 所示。再将放样曲面与挤出曲面组合成一体。

（52）单击工具列中的 ✿/【将平面洞加盖】按钮🎁，为组合后的物件加盖，效果如图 8-212 所示。

图 8-211　挤出成面

图 8-212　平面洞加盖

（53）显示之前的模型部件，查看模型之间的位置、大小关系，最后的着色效果如图 8-213 所示。

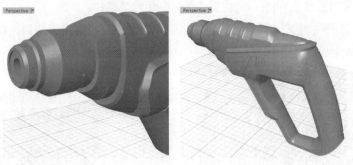

图 8-213　着色效果

8.4　制作开关、按钮等细节

　　下面完成开关、按钮等细节，并将整体进行倒圆角处理。在倒圆角之前应先备份一个未倒圆角的模型版本，当需要对整体造型修整时可以基于未倒圆角的模型展开工作。

　　（1）新建一个图层，名称设为"开关等细节"，并设置为当前图层，然后隐藏其他图层。

　　（2）单击工具列中的【圆：中心点、半径】按钮 ⊙，绘制图 8-214 所示的 3 个圆形。

　　（3）单击工具列的【旋转】按钮 ◊，将两个小圆旋转到水平角度，如图 8-215 所示。

图 8-214　绘制圆形

图 8-215　旋转角度

　　（4）利用工具列中的【矩形：角对角】工具 □ 与【多重直线】工具 ∧，绘制图 8-216 所示的矩形与直线。

　　（5）单击工具列中的【修剪】按钮 ◁，利用直线修剪圆，效果如图 8-217 所示。

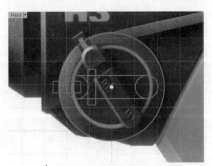

图 8-216　绘制矩形与直线

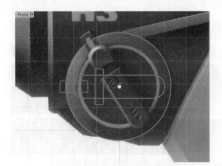

图 8-217　修剪圆

（6）单击工具列中的 ⌐ /【偏移曲线】按钮 ⌐，设置偏移间距为"1.5"，将半圆、直线与矩形向内偏移，效果如图 8-218 所示。再将曲线分别组合成整体。

（7）单击工具列中的 ▨ /【直线挤出】按钮 ▣，将曲线分别挤出成面，挤出长度与方向参考图 8-219。

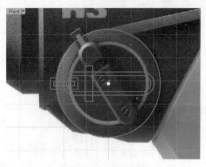

图 8-218 偏移曲线

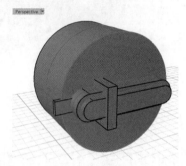

图 8-219 挤出成面

（8）单击工具列中的 ◉ /【布尔运算差集】按钮 ◉，利用竖着的矩形修剪小的圆物件，效果如图 8-220 所示。

（9）单击工具列中的【立方体：角对角、高度】按钮 ▣，在布尔差集形成的空隙中创建图 8-221 所示的立方体。

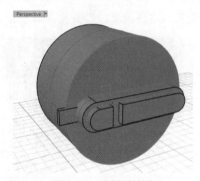

图 8-220 布尔运算差集

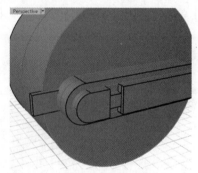

图 8-221 创建立方体物件

（10）利用工具列中的【矩形：角对角】工具 □ 与【多重直线】工具 ⋀，绘制图 8-222 所示的图形与线条。

（11）单击工具列中的 ▨ /【直线挤出】按钮 ▣，将线条挤出成面，挤出长度与方向参考图 8-223。

图 8-222 绘制图形与线条

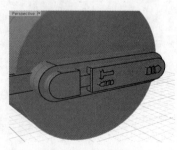

图 8-223 挤出成面

（12）单击工具列中的 / 【布尔运算差集】按钮 ，利用挤出的图标物件修剪小的圆物件，效果如图 8-224 所示。

（13）单击工具列中的【圆：中心点、半径】按钮 ，绘制图 8-225 所示的圆形。

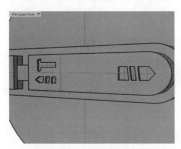

图 8-224　布尔运算差集

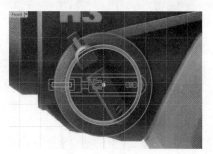

图 8-225　绘制圆形

（14）利用【建立曲面】子工具列 中的【直线挤出】工具 ，挤出成面，如图 8-226 所示。

（15）单击工具列中的 / 【布尔运算分割】按钮 ，利用挤出后的曲面分别去分割对应的圆柱与立方体，然后删除挤出物件，分割结果如图 8-227 所示。

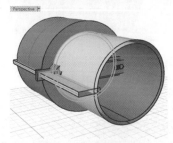

图 8-226　挤出成面

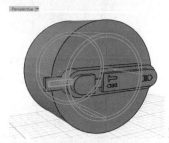

图 8-227　布尔运算分割

（16）单击工具列中的【旋转】按钮 ，参考底图将旋钮旋转到图 8-228 所示的角度。

（17）显示之前的模型部件，查看模型之间的位置、大小关系，如图 8-229 所示。

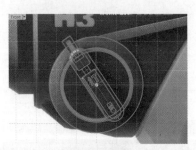

图 8-228　旋转

图 8-229　整体效果

（18）单击【标准】工具列中的 / 【隐藏未选取的物件】按钮 ，仅显示图 8-230 所示的曲面。

（19）单击工具列中的【多重直线】按钮 ，绘制图 8-231 所示的封闭线条。

（20）单击工具列中的 / 【直线挤出】按钮 ，将指令提示栏中的【实体】选项修改为"是"，【两侧】选项修改为"是"，效果如图 8-232 所示。

图 8-230　仅显示物件

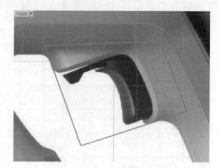

图 8-231　绘制封闭线条

（21）单击工具列中的 / 【不等距边缘圆角】按钮，将图 8-233 所示的边缘倒半径为"10"的圆角。

图 8-232　挤出成面

图 8-233　边缘倒圆角（一）

（22）将图 8-234 所示的边缘倒半径为"8"的圆角。

（23）右击工具列的【抽离曲面】按钮，抽离圆角后的曲面并删除，效果如图 8-235 所示。

图 8-234　边缘倒圆角（二）

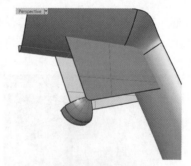

图 8-235　抽离并删除

（24）单击工具列中的 / 【混接曲面】按钮，选择修剪后的两条曲面边缘，形成混接曲面，在【调整曲面混接】对话框中单击 图标锁定两边的混接强度，然后拖曳滑块调整混接强度，并观察视图里面曲面的状态直到形成需要的造型，如图 8-236 所示。

（25）将混接曲面与原来的面组合成一体，另外的面也需要组合成一体。

（26）单击工具列中的 / 【布尔运算联集】按钮，将两个组合后的物件做布尔运算联集，效果如图 8-237 所示。

图 8-236 混接曲面

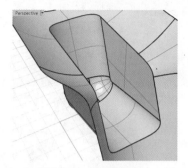

图 8-237 布尔运算联集

（27）利用工具列中的【多重直线】工具 ∧、【控制点曲线】工具 ⌒ 与【可调式混接曲线】工具 ⌐/⌣绘制图 8-238 所示的曲线。

（28）单击工具列中的【修剪】按钮 ⬚，利用曲线修剪曲面，修剪后的效果如图 8-239 所示。

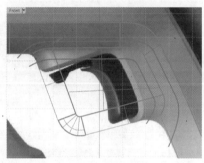

图 8-238 绘制曲线

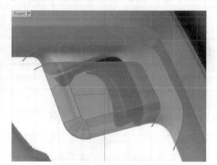

图 8-239 修剪曲面

（29）单击工具列中的 ✎/【混接曲面】按钮 ⬚，在修剪曲面之间形成混接曲面，效果如图 8-240 所示。

（30）利用工具列中的【多重直线】工具 ∧、【控制点曲线】工具 ⌒ 与 ⌐/【可调式混接曲线】工具 ⌣绘制图 8-241 所示的曲线，并组合成一体。

图 8-240 混接曲面

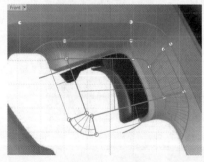

图 8-241 绘制曲线

（31）单击工具列中的 ▨/【直线挤出】按钮 ⬚，将指令提示栏【两侧】选项修改为"是"，挤出效果如图 8-242 所示。

（32）单击工具列中的 ◉/【布尔运算差集】按钮 ◉，利用挤出曲面剪切组合后的物件，效果如图 8-243 所示。

图 8-242　挤出曲面

图 8-243　布尔运算差集

（33）单击工具列中的 /【不等距边缘斜角】按钮 ，将布尔运算后的边缘倒斜角，效果如图 8-244 所示。

（34）新建一个图层，命名为"电钻开关"，并设置为当前图层，隐藏其他图层。

（35）单击工具列中的【多重直线】按钮，绘制图 8-245 所示的封闭线条。

图 8-244　边缘倒斜角

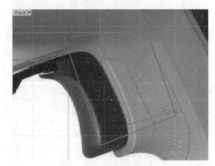

图 8-245　绘制封闭线条

（36）单击工具列中的 /【直线挤出】按钮，将指令提示栏中的【实体】选项修改为"是"，【两侧】选项修改为"是"，效果如图 8-246 所示。

（37）右击工具列中的【抽离曲面】按钮，抽离并删除图 8-247 所示的曲面。

图 8-246　挤出成面

图 8-247　抽离并删除曲面

（38）单击工具列中的 /【混接曲面】按钮，选择修剪后的两条曲面边缘，形成混接曲面，在【调整曲面混接】对话框中单击图标锁定两边的混接强度。然后拖曳滑块调整混接强度，直到形成图 8-248 所示的状态。

（39）右击工具列中的【抽离曲面】按钮，抽离图 8-249 所示的曲面，并将 U、V 向都升为 3 阶。

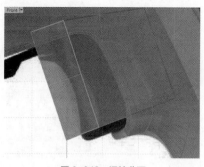

图 8-248　混接曲面

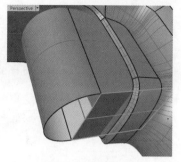

图 8-249　抽离并升阶

（40）打开曲面的 CV，选中中间两排 CV，在 Front 视图中参考底图调整 CV 到图 8-250 所示的状态。

（41）单击工具列中的【控制点曲线】按钮 ◯，绘制一条图 8-251 所示的 5 阶 6CV 的曲线。

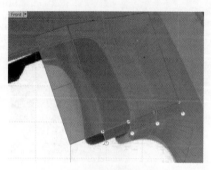

图 8-250　调整曲面

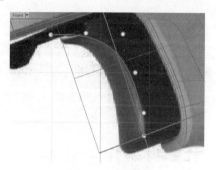

图 8-251　绘制曲线

（42）查看第（41）步绘制的曲线在 Perspective 视图中的位置，如图 8-252 所示，并沿世界坐标系的 x 轴镜像该曲线。

（43）单击工具列中的 ▱ /【放样】按钮 ✎，选中镜像的两条曲线，在弹出的【放样选项】对话框中设置【造型】为【标准】选项，放样曲面结果如图 8-253 所示。

图 8-252　查看曲线状态

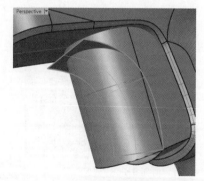

图 8-253　放样成面

（44）打开曲面的 CV，选中中间两排 CV，在 Front 视图中参考底图调整 CV 到图 8-254 所示的状态。

（45）单击工具列中的【修剪】按钮 ✄，将放样曲面与之前的曲面互相修剪，结果如图 8-255 所示。

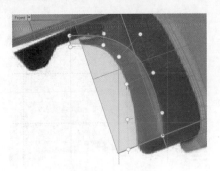

图 8-254　调整曲面

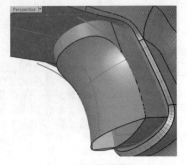

图 8-255　修剪曲面

（46）单击工具列中的 ⏚ / 🔊 /【分割边缘】按钮 ⏚，在图 8-256 所示的位置分割曲面边缘。

（47）单击工具列中的 ⌐ /【可调式混接曲线】按钮 ⌐，在弹出的【调整曲线混接】对话框中将【连续性】选项设置为【曲率】，生成图 8-257 所示的曲线。

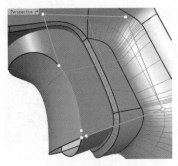

图 8-256　分割曲面边缘

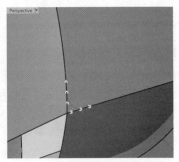

图 8-257　混接曲线

（48）单击工具列中的【修剪】按钮 ⏚，利用混接曲线修剪曲面，结果如图 8-258 所示，对面同样处理。

（49）右击工具列中的【以结构线分割曲面】按钮 ⏚，结合端点捕捉方式在图 8-259 所示的位置分割两个曲面，并删除分割下的小块面。

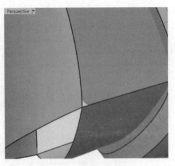

图 8-258　修剪曲面

图 8-259　分割曲面

（50）单击工具列中的 ⏚ /【以二、三或四个边缘曲线建立曲面】按钮 ⏚，以曲面边缘形成曲面，如图 8-260 所示。

（51）单击工具列中的 🖐 /【衔接曲面】按钮 🖐，选择四边曲面的边缘，然后再选择与其搭接的曲面边缘，在弹出的【衔接曲面】对话框中，将【连续性】选项修改为【曲率】，【结构线方向调整】选项修改为【与目标结构线方向一致】，两端都要衔接一下，衔接后的效果如图 8-261 所示。

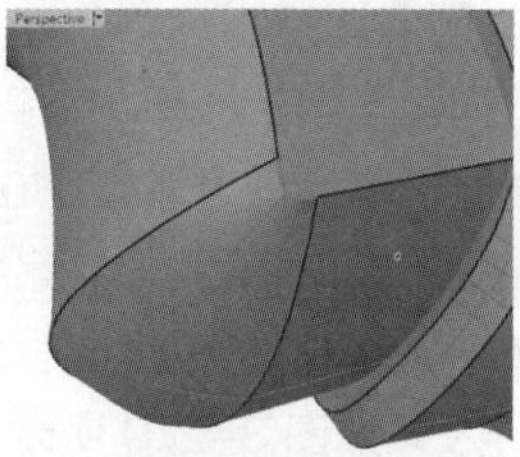

图 8-260　四边成面

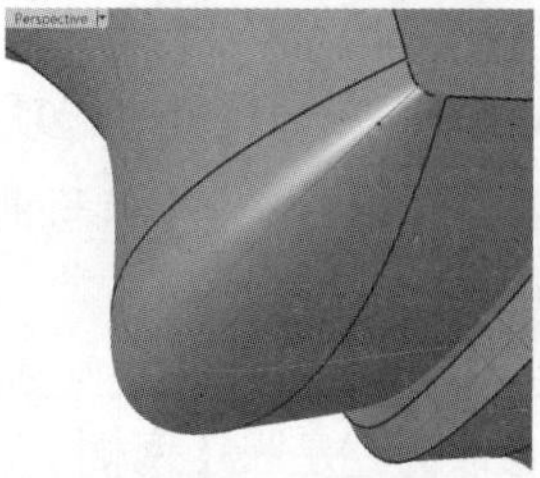

图 8-261　衔接曲面

（52）单击工具列中的 /【不等距边缘圆角】按钮，对图 8-262 所示的曲面边缘进行倒圆角，圆角半径大小为“1”。放大看局部，圆角在转折位置有些扭曲和皱褶。

（53）右击工具列中的【抽离曲面】按钮，抽离图 8-263 所示的曲面并删除。

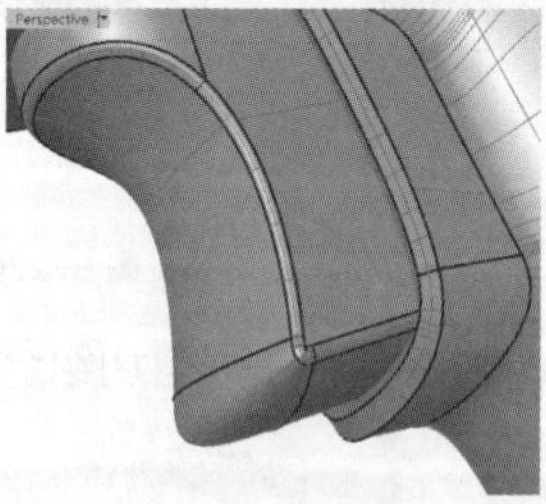

图 8-262　边缘圆角

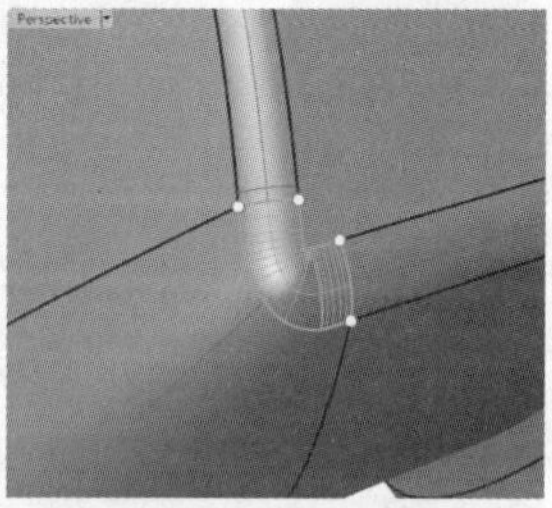

图 8-263　抽离曲面

（54）单击工具列中的 /【可调式混接曲线】按钮，在弹出的【调整曲线混接】对话框中将【连续性】选项设置为【曲率】，生成图 8-264 所示的曲线。

（55）单击工具列中的【修剪】按钮，利用混接曲线修剪曲面，效果如图 8-265 所示。

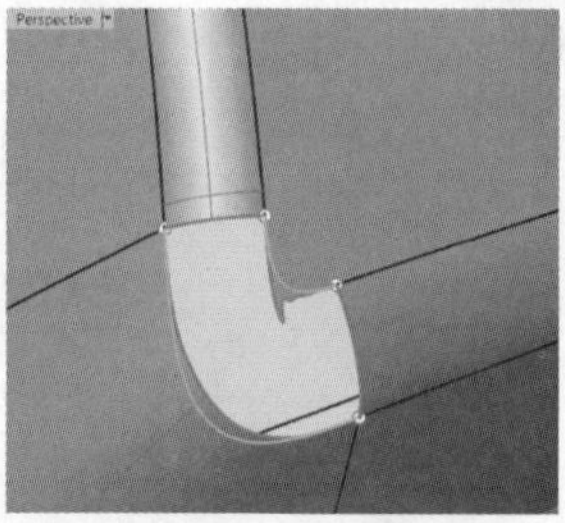

图 8-264　混接曲线

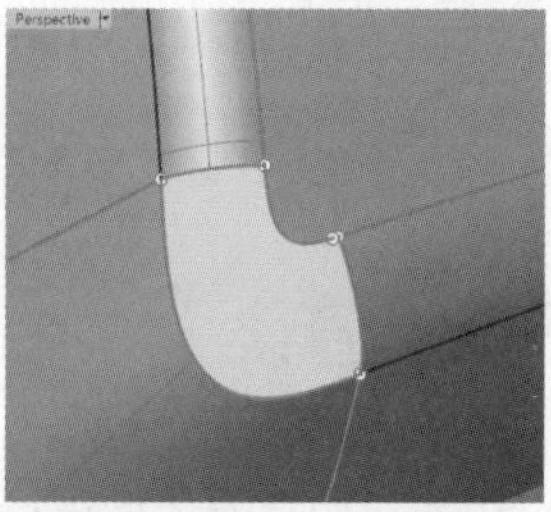

图 8-265　利用混接曲线修剪曲面

（56）单击工具列中的 /【以二、三或四个边缘曲线建立曲面】按钮，利用第（54）步生成的曲线重新生成四边曲面，如图 8-266 所示。

（57）利用工具列中的【控制点曲线】工具和【多重直线】工具，绘制图 8-267 所示的线条，然后组合成封闭曲线。

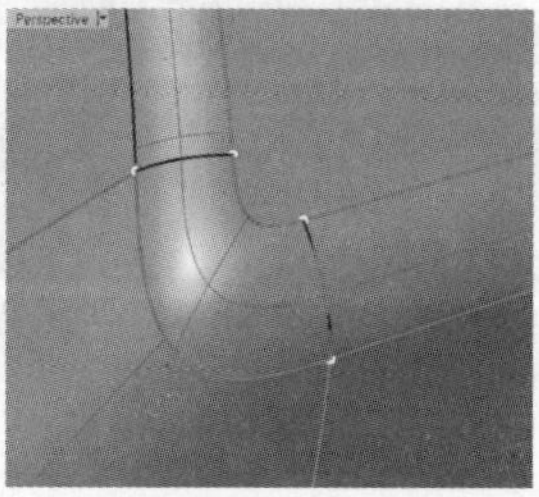

图 8-266　四边成面

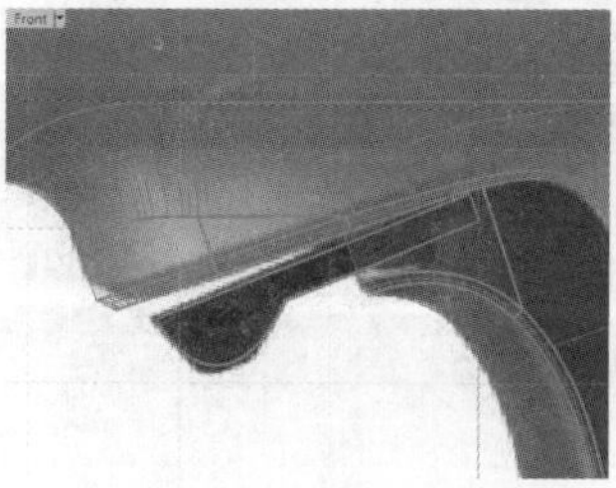

图 8-267　绘制线条

（58）单击工具列中的 ◢ /【直线挤出】按钮 ▣，将封闭曲线挤出成面，将指令提示栏中的【实体】选项修改为"是"，【两侧】选项修改为"是"，效果如图 8-268 所示。

（59）单击工具列中的 ⌐ /【偏移曲线】按钮 ⌐，将封闭曲线向外偏移"0.5"个单位，如图 8-269 所示。

（60）单击工具列中的 ◢ /【直线挤出】按钮 ▣，将偏移的曲线挤出成面，将指令提示栏中的【实体】选项修改为"是"，【两侧】选项修改为"是"，效果如图 8-270 所示。

 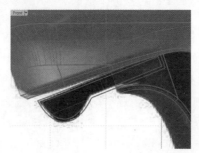 

图 8-268　挤出成面　　　　　　　　图 8-269　偏移曲线　　　　　　　　图 8-270　挤出成面

（61）单击工具列中的 ◯ /【布尔运算差集】按钮 ◯，利用挤出曲面剪切组合后的物件，效果如图 8-271 所示。

（62）显示所有部件，对模型的所有边缘倒圆角，然后单击【标准】工具列中的【着色】按钮 ◉，查看目前的曲面状态，着色效果如图 8-272 所示。

图 8-271　布尔运算差集　　　　　　　　图 8-272　着色效果

8.5 KeyShot 渲染

下面使用 KeyShot 对构建的模型进行渲染。

根据最终效果图（见图 8-273）中各个部分的材质不同将各部件分别放置在不同的图层内。

（1）启动 KeyShot，新建一个文件，将文件以"电钻 .bin"为名保存。

（2）在 KeyShot 中打开创建的电钻模型，如图 8-274 所示。

图 8-273　最终效果　　　　　　　　图 8-274　导入模型

（3）单击工具列中的【库】按钮  展开材质库，如图 8-275 所示。

（4）在材质库中打开【Mold-Tech 模德蚀纹】栏，如图 8-276 所示。选择一款黑色的材质拖曳到主体面上，如图 8-277 所示。

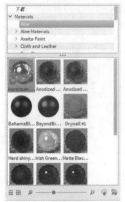

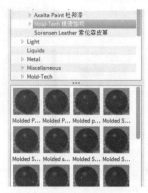

图 8-275　材质库（一）　　　　图 8-276　材质库（二）　　　　图 8-277　材质效果（一）

（5）再选择一款黑色的材质拖曳到模型其他面上，如图 8-278 所示。

（6）单击工具列中的【库】按钮，切换到【环境】选项卡，选择合适的环境，然后调节亮度和角度。再设置【背景】为【色彩】模式，并将颜色调整为灰色，如图 8-279 所示，此时场景的灯光效果如图 8-280 所示。

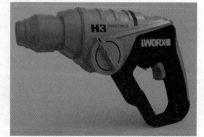

图 8-278　材质效果（二）　　　　图 8-279　材质参数设置（一）　　　　图 8-280　材质效果（三）

（7）执行【编辑】/【添加几何图形】/【地平面】命令，为场景添加一个地面物件，然后在场景树中将其选中后编辑材质，材质参数设置如图 8-281 所示。

（8）赋予把手一款黑色材质，然后双击把手部件，编辑此部件的材质，材质参数设置如图 8-282 所示，相应的材质效果如图 8-283 所示。

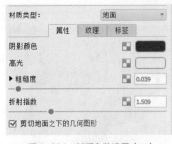

图 8-281　材质参数设置（二）

图 8-282　材质参数设置（三）

图 8-283　材质效果（四）

（9）各项调节完成，开始渲染。单击【渲染】按钮，弹出【渲染】对话框，参数调整如图 8-284 所示。

图 8-284　【渲染】对话框

（10）调整物体至合适的角度，单击【渲染】按钮开始渲染，最终效果如图 8-285 所示。

图 8-285　最终效果